Verwendung von Zementbeton für dynamisch belastete Strukturbauteile von Werkzeugmaschinen

Use of Cement Concrete for Dynamically Loaded Structural Components of Machine Tools

Von der Fakultät für Maschinenwesen
der Rheinisch-Westfälischen Technischen Hochschule Aachen
zur Erlangung des akademischen Grades einer
Doktorin der Ingenieurwissenschaften
genehmigte Dissertation

vorgelegt von

Caroline Constanze Kiesewetter-Marko,

geb. Kiesewetter

Berichter:

Univ.-Prof. Dr.-Ing. Christian Brecher
Univ.-Prof. Dr.-Ing. Michael Raupach

Tag der mündlichen Prüfung: 14. November 2025

Diese Dissertation ist auf den Internetseiten der Universitätsbibliothek online verfügbar.

ERGEBNISSE AUS DER PRODUKTIONSTECHNIK

Caroline Kiesewetter-Marko

Verwendung von Zementbeton für dynamisch belastete Strukturbauteile von Werkzeugmaschinen

Herausgeber:
Prof. Dr.-Ing. Dipl.-Wirt. Ing. G. Schuh
Prof. Dr.-Ing. C. Brecher
Prof. Dr.-Ing. R. H. Schmitt

Band 26/2025

WZL | RWTH AACHEN UNIVERSITY

Fraunhofer IPT

Bibliografische Information der Deutschen Nationalbibliothek
Die Deutsche Nationalbibliothek verzeichnet diese Publikation in der Deutschen Nationalbibliografie; detaillierte bibliografische Daten sind im Internet über https://portal.dnb.de abrufbar.

Caroline Kiesewetter-Marko:

Verwendung von Zementbeton für dynamisch belastete Strukturbauteile von Werkzeugmaschinen

1. Auflage, 2026

Gedruckt auf holz- und säurefreiem Papier, 100% chlorfrei gebleicht.

Wissenschaftsverlag des Instituts für Industriekommunikation und Fachmedien an der RWTH Aachen
Steinbachstr. 25, 52074 Aachen, Deutschland
Internet: www.apprimus-verlag.de, E-Mail: info@apprimus-verlag.de

Druck: CPI Druckdienstleistungen GmbH
Ferdinand-Jühlke-Straße 7 | 99095 Erfurt | Deutschland

ISBN 978-3-98555-322-8

Vorwort

Preamble

Die vorliegende Arbeit entstand während meiner Tätigkeit als wissenschaftliche Mitarbeiterin am Werkzeugmaschinenlabor (WZL) der RWTH Aachen (Lehrstuhl für Werkzeugmaschinen). An dieser Stelle möchte ich mich bei allen Personen bedanken, deren Unterstützung die Erstellung dieser Dissertation möglich gemacht hat.

Zunächst gilt mein Dank meinem Doktorvater Prof. Dr.-Ing. Christian Brecher für die Betreuung, Unterstützung und kritische Durchsicht dieser Arbeit. Für die Übernahme des Korreferats danke ich Prof. Dr.-Ing. Michael Raupach, für die Übernahme des Vorsitzes meines Promotionsverfahrens danke ich Prof. Dr.-Ing. Bernd Markert.

Bei Dr.-Ing. Alexander Epple, Stephan Neus, Dr.-Ing. Marcel Fey und Dr.-Ing. Werner Herfs möchte ich mich für die langjährige Unterstützung bedanken, mein Promotionsvorhaben Gestalt annehmen zu lassen, kontinuierlich fortzuführen und letztlich erfolgreich zu beenden. Karsten Meier, Johannes Windelen und Axel Kaunzner danke ich für die tatkräftige Unterstützung bei allen Fragen und Anliegen rund um Mess- und Maschinentechnik, ohne die meine zahlreichen Versuche nicht durchführbar gewesen wären.

Dr.-Ing. Simo Schmidt und Dr.-Ing. David Jasper möchte ich meinen Dank aussprechen für die zahlreichen fachlichen Diskussionen sowie für Ihre Vorarbeiten zum Themenfeld meiner Arbeit im Rahmen der ersten Förderphase des von der DFG geförderten Projekts „Verwendung von Zementbeton als eigenständiger Werkstoff und als Verbundwerkstoff im Werkzeugmaschinenbau“ (BR 2905/53-1). Hierdurch wurde die Grundlage für die vorliegende Dissertation am WZL geschaffen. Die in dieser Arbeit vorgestellten Ergebnisse wurden im Wesentlichen in der zweiten Förderperiode des durch die DFG geförderten Projekts „Verwendung von Zementbeton als eigenständiger Werkstoff und als Verbundwerkstoff im Werkzeugmaschinenbau“ (BR 2905/53-2) erarbeitet, womit der DFG an dieser Stelle Dank für die finanzielle Unterstützung der Forschungsprojekte gebührt. Ebenfalls gilt mein Dank Dr.-Ing. Matthias Kalthoff für die gute fachübergreifende Zusammenarbeit im Forschungsprojekt und die Einblicke in den Werkstoff Beton aus Sicht des Bauingenieurwesens.

Den Studierenden, die durch Ihre Beiträge als wissenschaftliche Hilfskräfte sowie in Form von Projekt-, Bachelor- und Masterarbeiten zu dieser Dissertation entscheidend beigetragen haben möchte ich ebenfalls danken. Namentlich sind dies Igor Saymoylenko, Tobias Schramm, Artem Bituzki, Steffen Bleiker, Jan Knieper, Tuhin Ali Mondal sowie Janis Müller-Dott und Simon Leo Schwichtenberg.

Weiterhin gilt mein Dank allen Mitarbeitenden des Instituts, die mich über die Jahre durch fachliche Diskussionen und ein kollegiales Arbeitsumfeld bei der Erstellung dieser Dissertation und in meiner Arbeit als wissenschaftliche Mitarbeiterin unterstützt und motiviert haben. Namentlich möchte ich an dieser Stelle erwähnen: (Dr.-Ing.) Christian Bergs, Dr.-Ing. Frédéric du Bois-Reymond, Dr.-Ing. Prateek Chavan, Dr.-Ing. Robert

Spierling, Dr.-Ing. Jens Falker, Dr.-Ing. Hans-Martin Eckel, Daniel Volpert, Anton Strachkov, Tim Kaczinski, Ralph Klimaschka, Julia Herrmann, Marcel Wittmann, Cordula Borgmann, Mathias Dehn, Guifeng Zhao.

Bei meinen Eltern Dr.-Ing. Stephen Kiesewetter und Ellen Kiesewetter, die mich in meinem Lebens- und Bildungsweg entscheidend geprägt, unterstützt und gefördert haben möchte ich mich ebenfalls herzlich bedanken.

Nicht zuletzt gilt mein besonderer Dank noch meinem Mann Carlo Marko sowie unseren Kindern Magdalena Marko und Melinda Marko, die gerade in der Endphase der Promotion mit viel liebevoller Nachsicht und Geduld entscheidend dazu beigetragen haben, das Verfahren erfolgreich zu beenden.

Würselen, im November 2025 Caroline Kiesewetter-Marko

Zusammenfassung

Die Arbeit stellt ein methodisches Vorgehen vor, mit dem eine werkstoffgerechte und effiziente Konstruktion und Auslegung von dynamisch belasteten Strukturbauteilen von Werkzeugmaschinen aus Zementbeton möglich ist.
Zunächst werden die Motivation und der Hintergrund des Forschungsthemas eingeführt. Anschließend folgt die Darstellung des Stands der Forschung und Technik sowohl im Bereich der Konstruktion und Auslegung von Werkzeugmaschinen als auch bzgl. relevanter Eigenschaften von Betonwerkstoffen und deren Einsatz im Werkzeugmaschinenbau. Der Fokus liegt in beiden Themenbereichen auf statischen und dynamischen Eigenschaften. Darauf aufbauend wird die zentrale Forschungsfrage der Arbeit formuliert und in drei Teilforschungsfragen zur methodischen Bearbeitung der Aufgabenstellung aufgegliedert.

Zunächst wird ein methodisches Vorgehen zur systematischen Ermittlung der bauteilseitigen Anforderungen eingeführt und beispielhaft an zwei Werkzeugmaschinen durchgeführt. Anschließend wird ein Resonanzprüfstand zur Untersuchung der dynamischen Wechseldauerbelastung von Zementbeton für hohe Frequenzen zwischen 300 und 550 Hz weiterentwickelt. Ein entsprechendes Versuchsprogramm wird aufgestellt und durchgeführt. Mittels Einführung eines Klassifizierungsmodus wird eine vergleichbare Auswertung der Ergebnisse erreicht. Aus der Ergebnisanalyse wird ein Bereich für die Dauerfestigkeitsgrenze von ultra-hochfestem Beton (UHPC) im genannten Frequenzbereich ermittelt und eine Auslegung zur sicheren Seite abgeleitet.

Die gewonnenen Erkenntnisse werden im weiteren Verlauf auf ein aufgestelltes methodisches Vorgehen zur systematischen Auslegung von Strukturkomponenten einer Werkzeugmaschine angewendet. Anhand simulationsgestützter Untersuchungen verschiedener Konstruktionsvarianten wird deren Einfluss auf das dynamische Strukturverhalten untersucht, bewertet sowie zentrale Aussagen zur Konstruktion von Strukturbauteilen aus Zementbeton getroffen.
Anschließend erfolgt die Validierung der Erkenntnisse anhand umfassender messtechnischer Untersuchungen. Erstmalig werden Dauerschwing- und Überlastversuche an einer Maschinenbaugruppe durchgeführt, mit denen die bisherigen Ergebnisse in die Praxis überführt werden.

Die Ergebnisse tragen zu einer besseren Einschätzung der Verwendbarkeit von Zementbeton in Werkzeugmaschinen bei und liefern, neben der Adressierung von Forschungslücken, auch praktisch verwertbare Erkenntnisse für die Auslegung von Beton-Komponenten im Werkzeugmaschinenbau. Ein konkreter Nutzen ist jedoch weiterhin immer am Einzelteil zu bewerten.

Summary

This thesis introduces a methodical procedure for material-appropriate and efficient construction and design of dynamically loaded structural components of machine tools made of cement concrete.
First, motivation and background of the research topic are presented. Subsequently, the current state of the art in research and technology regarding the design and dimensioning of machine tools, as well as relevant properties of concrete materials and their applications in machine tools construction, is discussed. The focus in both areas lies on static and dynamic characteristics. Based on this foundation, the central research questions of this work are formulated and divided into three sub-research questions for methodological processing.

First, a methodological approach for the systematic determination of component-specific requirements is introduced and exemplarily applied to two different machine tools. Following this, a resonance test bench for the investigation of long-term dynamic alternating loads of machine tools at high frequencies between 300 and 550 Hz is further developed. A corresponding experimental program is established and conducted. By introducing a classification mode, a comparable evaluation of the results is achieved. From the analysis of the results, an area for the endurance limit of ultra-high-performance concrete (UHPC) within the specified frequency range is derived, along with a conservative estimate.

The insights gained are further applied to a developed methodological approach for the systematic design of structural components of a machine tool. Through simulation-based investigations of various design variants, their influence on dynamic structural behavior is examined and evaluated and key statements regarding the design of structural components made of concrete are established. Subsequently, these findings are validated through extensive measurement-based investigations. For the first time, endurance and overload tests are conducted on a machine assembly to translate the previous results into practice.

The results contribute to a better assessment of the usability of concrete in machine tools and provide, in addition to addressing research gaps, practically applicable insights for the design of concrete components in machine tools. However, a specific benefit must be evaluated for each individual component.

Inhaltsverzeichnis

Content

Formelzeichen und Abkürzungsverzeichnis

Formula Symbols and Abbreviations

$\{F\}$	[N]	Vektor der äußeren Kräfte und Momente
$\{\ddot{x}\}$	[m/s²]	Vektor der zeitabhängigen Beschleunigungen
$\{\dot{x}\}$	[m/s]	Vektor der zeitabhängigen Geschwindigkeiten
$[D]$	[Ns/m]	Dämpfungsmatrix
$[K]$	[N/µm]	Gesamtsteifigkeitsmatrix
$[M]$	[kg]	Massenmatrix
$\{x\}$	[m]	Vektor der zeitabhängigen Verlagerungen
B	mm	Breite
c_p	J/g K	Spezifische Wärmekapazität
D	mm	Durchmesser
E	N/mm²	Elastizitätsmodul
F	N	Kraft
f	Hz	Frequenz
G	µm/N	Nachgiebigkeit
H/h	mm	Höhe
J	m^4	Flächenträgheitsmoment
k	N/µm	Steifigkeit
L	mm	Länge
m	kg	Masse
N	[-]	Lastwechselanzahl
S_o	N/mm²	Oberspannung
S_u	N/mm²	Unterspannung
V	mm^3	Volumen
x	mm	X-Koordinate
y	mm	Y-Koordinate
z	mm	Z-Koordinate
ε	[-]	
λ	W/m K	Wärmeleitfähigkeit

ρ	kg/dm^3	Dichte
ω	rad/s	Eigenkreisfrequenz

BAZ	Bearbeitungszentrum
Bspw.	Beispielsweise
Bzgl.	Bezüglich
Bzw.	Beziehungsweise
Ca.	Circa
CAD	Computer Aided Design
Et. al.	
Etc.	
Evtl.	Eventuell
FEM	Finite-Elemente-Methode
ff	Folgende
FRF	Frequency Response Function (Nachgiebigkeitsrequenzgang)
GFK	Glasfaserkunstoff
Ggf.	Gegebenenfalls
Ggü.	Gegenüber
i. d. R.	In der Regel
ibac	Institut für Bauforschung und Lehrstuhl für Baustoffkunde
KGT	Kugelgewindetrieb
L7	Normallagerung
Max.	Maximum/ maximal
Min.	Minimum/ minimal
MKS	Mehrkörpersysteme
mSF	Mit Stahlfasern
o. g.	Oben genannt
o.ä.	oder ähnliches
oSF	Ohne Stahlfasern

RHB	Reaktionsharzbeton
RWTH Aachen	Rheinisch Westfälische Technische Hochschule Aachen
S-N-Diagramm	Spannung über Lastwechselanzahl aufgetragen
Spez.	Spezifisch
TCP	Tool Center Point
u. v. a.	Und viele andere
UHPC	Ultra-High-Performance Concrete (Ultrahochfester Beton)
Vgl.	Vergleiche
W/Z-Wert	Wasser/Zement-Wert
WZL	Werkzeugmaschinenlabor
z. B.	Zum Beispiel

1 Einleitung

Bei der stetigen Weiterentwicklung von Produktionsanlagen und Werkzeugmaschinen stehen zwei allgemeine Forderungen im Mittelpunkt:

- Die Maschinen sollen eine immer höhere Leistungsfähigkeit aufweisen bei
- möglichst reduzierten Produktionskosten.

Dabei wird vor allem die strukturelle Ausgestaltung der Maschinen immer wichtiger. Dies begründet sich unter anderem aus eingeschränkter Verfügbarkeit bestimmter Materialien, Energieeffizienzgründen, ökologischen Betrachtungen sowie technologischem Wettbewerb [MÖHR15], [HUAN10]. Gerade die letzten Jahre mit den zahlreichen unterschiedlich gearteten globalen Krisen haben den Nutzen und die Notwendigkeit von diversifizierteren Wertschöpfungsketten deutlich sichtbar gemacht.

Die Verwendung alternativer Materialien im Werkzeugmaschinenbau ist ein möglicher Lösungsansatz und eröffnet großes Potential zur signifikanten Verbesserung der Maschineneigenschaften und zur besseren Ausnutzung der theoretisch erreichbaren Leistungsfähigkeit und Produktivität. Der Werkstoff Zementbeton ist durch die hohe Materialdämpfung, die große Gestaltungsfreiheit durch Fertigung bei niedrigen Temperaturen und die vergleichsweise geringen Materialkosten ein interessantes alternatives Material für Werkzeugmaschinenkomponenten [JACK15]. Der Einsatz dieses Werkstoffes beinhaltet jedoch auch einige Herausforderungen, sodass eine gezielte werkstoffgerechte Konstruktion nötig ist, um die Vorteile von Zementbeton effizient nutzen zu können. Hierfür muss der Konstrukteur über ein fundiertes Wissen über die Eigenschaften und das Verhalten, sowohl der Werkzeugmaschinen selbst als auch des Werkstoffes, verfügen.

Die Idee der Verwendung von Zementbeton ist nicht neu, sondern wurde erstmals bereits in den 1920er-Jahren aufgrund von Ressourcenknappheit aufgegriffen. Vereinzelt wurden damals Teile von Maschinenbetten einfacher Geometrie aus Zementbeton hergestellt. Ende der 1970er-Jahre führte die Entwicklung von Polymerbeton mit höheren Festigkeiten und einer besseren Maßhaltigkeit bei ähnlicher Dämpfung zur zwischenzeitlichen Verdrängung von Zementbeton aus dem Werkzeugmaschinenbau. Mitte der 1990er Jahre sorgte jedoch die Entwicklung von hochfesten und ultrahochfesten Zementbetonmischungen dafür, dass wieder Forschungen und Untersuchungen zur Verwendung von Zementbeton in Werkzeugmaschinen aufgenommen wurden. In der industriellen Praxis werden bereits vereinzelt Maschinenbetten aus ultrahochfestem Zementbeton verwendet. Es bestehen jedoch noch eine Vielzahl an Unsicherheiten und Unbekannten bzgl. des Werkstoffs. [MÖHR15]; [JACK15]; [SAGM17]

Abfragen bei Maschinenherstellern ergaben, dass insbesondere Unsicherheiten in Bezug auf die niedrigen Zugfestigkeitswerte bzw. fehlende Grundlagenuntersuchungen bzgl. des Werkstoffverhaltens unter länger andauernden höherfrequenten wechselnden dynamischen Lasten bestehen. Hinzu kommen Bedenken bzgl. des Crash-Verhaltens sowie fehlender geprüfter Vorgehensweisen zur werkstoffgerechten Konstruktion. Die Untersuchung dieser Themenfelder ist Gegenstand der vorliegenden Arbeit.

Sie hat das Potential das Verständnis des Werkstoffs im Hinblick auf den Maschinenbau allgemein zu verbessern und ggf. auch die breitere Anwendung zu ermöglichen. Maßhaltigkeit und Wirtschaftlichkeit sind seitens der Maschinenhersteller ebenfalls wichtige Themen. Ihre Behandlung setzt die Erforschung der hier fokussiert behandelten o. g. technologischen Potentiale voraus, daher werden sie nachfolgenden Forschungsarbeiten überlassen.

Mit der vorliegenden Arbeit wird folglich ein Beitrag dazu geleistet, den Werkstoff Zementbeton und seine Anwendungsmöglichkeiten im Bereich des Werkzeugmaschinenbaus technologisch besser einschätzen zu können. Dazu wird zunächst der Stand von Forschung und Technik (Kapitel 2) erläutert und eingeordnet, woraus die Zielstellung der Arbeit (Kapitel 3) abgeleitet wird. Anschließend werden methodische Vorgehensweisen zur Ermittlung der Anforderungen an Maschinenbauteile aus Zementbeton (Kapitel 4) sowie des Werkstoffverhaltens unter dynamischen Lasten bei hohen Frequenzen (Kapitel 5) definiert und angewandt. Mithilfe der bis dahin gewonnenen Erkenntnisse werden methodische Konstruktionsstrategien abgeleitet und beispielhaft an einer Demonstratormaschine angewandt (Kapitel 6). Die Auswirkungen unterschiedlicher Bauteilvarianten werden dabei zunächst simulationsgestützt analysiert. Dabei werden Konstruktionshinweise abgeleitet und definiert. Abschließend werden die Ergebnisse anhand messtechnischer Untersuchungen validiert und vertieft (Kapitel 7). Die Zusammenfassung der Ergebnisse und ein Ausblick auf weitere Forschungsmöglichkeiten runden die Dokumentation der Forschungsarbeiten ab (Kapitel 8).

Introduction

Regarding the continuous development of production systems and machine tools, two general demands are the focus:

- The machines should have a higher performance and at the same
- they should have reduced production costs.

Especially the structural design of the machines is getting more important. The reasons for this are the limited availability of certain materials, energy efficiency, ecological considerations and technological competition [MÖHR15]; [HUAN10]. Particularly the last years with the numerous different global crises have clearly shown the benefit and necessity of diversified value-added chains.

The usage of alternative materials in machine tools is one possible solution and opens great potential for the significant improvement of the machine characteristics and for the better utilization of the theoretically achievable performance and productivity. The material cement concrete is an interesting alternative for components of machine tools because of the high material damping, the great freedom of design due to manufacturing at low temperatures and comparably low material costs [JACK15]. However, the usage of this material contains some challenges. Therefore, a specific design suitable for the material is required to use the advantages of cement concrete efficiently. To do so, the designer must have profound knowledge of the characteristics and the behavior of the machine tool itself as well as the material.

The idea of using cement concrete is not new but was first announced in the 1920's because of shortage of resources. In this time occasionally parts of machine tools with simple geometry were made of cement concrete. In the end of the 1970's the development of polymer concrete with higher strengths and a better dimensional accuracy in addition to comparable damping led to the intermediate suppression of cement concrete in machine tools. However, in the middle of the 90's the development of high and ultra-high performance concrete lead to a resumption of research and investigations of cement concrete in machine tools. In the industrial practice occasionally, beds made of ultra-high-performance concrete are used. But there still exist numerous uncertainties and unknown facts regarding this material. [MÖHR15]; [JACK15]; [SAGM17]

Inquiries with machine manufacturers revealed uncertainties regarding the material's low tensile strength and a lack of fundamental research on its behavior under prolonged high frequency alternating dynamic loads. Furthermore, concerns exist regarding crash behavior and lack of tested procedures for material-compatible design. The investigation of these issues is the main focus of this work. It has the potential to improve the general comprehension of the material regarding its usage in machine tools and to facilitate broader applications if applicable. Dimensional stability and economic efficiency are also key considerations for machine manufacturers. These investigations require the technological potentials highlighted in this research as a foundation, pavinf the way for future studies.

The present work therefore contributes to the ability to technologically evaluate the material cement concrete and its possible applications in the field of machine tools. First, the state of the art is described and categorized (Chapter 2). Based on this, the objective of this work is derived (Chapter 3). Afterwards, methodical approaches for the determination of requirements regarding parts of machine tools made of cement concrete (Chapter 4) as well as the behavior of the material under dynamic loads at high frequencies (Chapter 5) are defined and applied. Based on the insights gained until this point, methodical design strategies are derived and exemplarily applied to a demonstrator machine (Chapter 6). At first, the effects of different versions of machine parts are analyzed by simulation. Design instructions are derived and defined. Finally, the results are validated and deepened by measurements (Chapter 7). The summary of the results as well as an outlook on further possible research topics round off the documentation of the research (Chapter 8)

2 Stand der Technik in Forschung und Industrie

State of the art in research and industrial praxis

Um alternative Materialien wie Zementbeton im Werkzeugmaschinenbau effizient nutzen zu können, muss der Konstrukteur über ein fundiertes Wissen über die Eigenschaften und das Verhalten, sowohl der Werkzeugmaschinen selbst als auch des Werkstoffes, verfügen. Daher wird in Kapitel 2.1 zunächst ein Überblick über den Stand der Technik bzgl. der Eigenschaften und des Verhaltens von Werkzeugmaschinen gegeben, bevor in Kapitel 2.2 auf die wichtigsten Werkstoffeigenschaften verschiedener Betone eingegangen wird. Kapitel 2.3 dient der Einführung in den Stand der Technik bzgl. der bisherigen Erkenntnisse zur Anwendung von Betonwerkstoffen in Werkzeugmaschinen. In Kapitel 2.4 werden anschließend die Defizite aus dem Stand der Technik abgeleitet, aus denen wiederum die Aufgabenstellung gemäß Kapitel 3 resultiert.

2.1 Eigenschaften und Verhalten von Werkzeugmaschinen

Characteristics and behavior of machine tools

Die Einhaltung der Anforderungen an das statische, dynamische und thermische Maschinenverhalten wird maßgeblich durch die konstruktive Ausführung und Gestaltung einer Werkzeugmaschine beeinflusst. Der Konstrukteur muss daher zumindest grundlegendes Wissen über die relevanten Eigenschaften und das Verhalten der Maschinen sowie über die entsprechenden Einflussfaktoren darauf haben. Daher wird in Kapitel 2.1.1 zunächst auf das statische und dynamische Maschinenverhalten eingegangen. In Kapitel 2.1.2 wird anschließend ein Überblick über unterschiedlichste Konstruktionsweisen von Werkzeugmaschinen gegeben. Zuletzt wird in Kapitel 2.1.3 kurz auf weitere Maschineneigenschaften eingegangen, die jedoch nicht im Fokus dieser Arbeit stehen.

2.1.1 Statisches und dynamisches Maschinenverhalten

Static and dynamic machine behavior

Ausgangspunkt für die Unterscheidung in statisches und dynamisches Maschinenverhalten sind die Verformungen in einer Werkzeugmaschine und deren Ursachen. Die Verformungen, die durch zeitlich konstante Belastungen in einer Werkzeugmaschine auftreten, werden als statisches Maschinenverhalten bezeichnet. Ursache der statischen Belastungen in Werkzeugmaschinen sind entweder Gewichtskräfte oder stationäre Prozesskräfte. [BREC17a]

Die Verformungen, die durch zeitlich wechselnde Belastungen einer Werkzeugmaschine auftreten, werden als dynamisches Maschinenverhalten bezeichnet. Diese Verformungen treten im Prozess in Form von Schwingungen auf. Es werden selbsterregte und fremderregte Schwingungen unterschieden. Ursachen für fremderregte Schwingungen sind beispielsweise ein unterbrochener Schnitt, über das Fundament eingeleitete Störkräfte von außen, Unwuchten oder Lagerfehler sowie wechselnde Schnittkräfte. Selbsterregte Schwingungen hingegen werden beispielsweise durch den Regenerativeffekt, Lagekopplung oder auch Aufbauschneidenbildung verursacht. [BREC17a]; [NEUG13]

Die für die Bewertung des statischen Maschinenverhaltens relevante Größe ist die Verlagerung des Tool Center Points (TCP), die durch die Verformungen der einzelnen Gestellbauteile hervorgerufen wird und maßgeblich die Produktgenauigkeit beeinflusst. Sowohl für die Auslegung als auch für eine Analyse und ggf. Optimierung der TCP-Verlagerungen müssen alle Bauteile der Maschine berücksichtigt werden, die im Kraftfluss liegen. Der Einfluss einzelner Bauteile auf die Gesamtverlagerung am TCP kann im statischen Fall im Zuge einer Sensitivitätsanalyse oder auch Kraftfluss- bzw. Verformungsanalyse erfolgen. Bezogen auf das dynamische Verhalten kann durch eine sogenannte Schwachstellenanalyse der zugrundeliegenden Eigenschwingungsform festgestellt werden, welche lokalen Maschinenbereiche maßgebliche Ursache einer Eigenschwingung sind. [BREC17a]; [NEUG13]

Ein ungenügendes statisches Maschinenverhalten hat überwiegend Formfehler (wie beispielsweise eine nicht ausreichende Maßhaltigkeit) am Werkstück zur Folge. Zudem kann auch die verwendete Aufstellung Auswirkungen auf das statische Maschinenverhalten haben. Ein ungenügendes dynamisches Maschinenverhalten bewirkt zum einen eine schlechte Oberflächenqualität der Werkstücke, führt zum anderen jedoch auch zu erhöhtem Verschleiß sowie in Extremfällen zu Beschädigungen von Werkzeug, Werkstück und/oder Maschine. [BREC17a]; [NEUG13]

Die charakteristische Kenngröße des statischen Maschinenverhaltens ist die Steifigkeit oder deren Kehrwert, die Nachgiebigkeit, die den Zusammenhang zwischen Kraft und Verlagerung beschreibt. Die Darstellung erfolgt in Form einer Steifigkeitskennlinie, bei der sich die statische Steifigkeit aus der Steigung der Kennlinie ergibt. Maßgeblichen Einfluss auf die Steifigkeit hat neben der geometrischen Gestaltung und der Art, Lage und Richtung der Belastungseinleitung auch der verwendete Werkstoff. Entsprechend ist die charakteristische Kenngröße des dynamischen Maschinenverhaltens die dynamische Steifigkeit bzw. Nachgiebigkeit in Abhängigkeit der Anregungsfrequenz. Die Darstellung erfolgt in der Regel in Form eines Nachgiebigkeitsfrequenzgangs (Frequency Response Function – FRF). Die dynamische Steifigkeit kann sich – insbesondere im Bereich der Eigenfrequenzen – erheblich von den statischen Werten unterscheiden. Wesentliche Einflussgrößen auf das dynamische Maschinenverhalten sind die räumliche Verteilung der Steifigkeit, die Dämpfung sowie die räumliche Verteilung der Masse. Alle diese Einflüsse sind auch vom verwendeten Werkstoff abhängig. [BREC17a]

Die messtechnische Erfassung des statischen Maschinenverhaltens erfolgt in der Regel über die Messung der relativen Verlagerung zwischen Werkzeug und Werkstück am TCP. Dazu wird – ebenfalls relativ zwischen Werkzeug und Werkstück – eine Kraft aufgebracht und die resultierende relative Verlagerung gemessen. Die Ergebnisse werden anschließend in Form der bereits genannten Steifigkeits- oder Nachgiebigkeitskennlinie ausgewertet. Zur Durchführung einer messtechnischen Sensitivitätsanalyse müssen zusätzlich die relativen und absoluten Verlagerungen an einer Vielzahl weiterer Stellen an der Maschinenstruktur gemessen werden, um den Anteil eines Bauteils an der Gesamtverformung beurteilen zu können. Alternativ dazu kann eine quasistatische Verformungsanalyse herangezogen werden [ECKS87]. [BREC17a]

Zur messtechnischen Erfassung des dynamischen Maschinenverhaltens werden in der Regel die Messung von Nachgiebigkeitsfrequenzgängen sowie die experimentelle Modalanalyse herangezogen. Die Messung der Nachgiebigkeitsfrequenzgänge erfolgt zumeist durch eine relative dynamische Kraftanregung zwischen Werkzeug und Werkstück am TCP der Maschine. Hierbei kann eine statische Vorlast zur Minimierung von Spiel in Füge- und Koppelstellen zwischen den Strukturbauteilen aufgebracht werden. Alternativ dazu ist auch eine absolute dynamische Kraftanregung möglich (z. B. bei sich bewegenden Bauteilen). Gemessen werden sowohl die aufgebrachte Kraft als auch die entstehenden Verlagerungen absolut an Werkzeug und Werkstück bzw. relativ dazu. Durch die Weiterverarbeitung der gemessenen Signale lässt sich der entsprechende FRF für die betrachteten Kraft- und Verlagerungsrichtungen bestimmen. Ausführliche Erläuterungen zu üblichen Anregungssignalen, Erregerarten und Sensoren für die Erfassung der Verlagerungen finden sich in ([BREC17a], Kap. 9 und Kap. 10).

Für eine Modalanalyse wird zunächst die Maschinengeometrie durch ein Netz aus definierten Messpunkten angenähert dargestellt. Anschließend werden die Übertragungsfunktionen zwischen der dynamischen Kraftanregung an einer definierten Einleitungsstelle (i. d. R. am TCP) und jedem der definierten Messpunkte benötigt. Diese Übertragungsfunktionen werden in Form von Nachgiebigkeitsfrequenzgängen erfasst. Anschließend werden die modalen Parameter der mathematischen Beschreibung eines Mehrmassenschwingers so angepasst, dass die Messdaten möglichst gut angenähert werden. Die modalen Parameter umfassen den Dämpfungsgrad, die Eigenfrequenzen sowie die Eigenvektoren, wobei letztere zur Identifikation der Eigenschwingungsformen benötigt werden. Methoden zur Bestimmung der modalen Parameter sind in [VDI05]; [FEY15]; [ALLE14]; [HE01]; [BREC13]; [BREC14]; [EWIN00]; [MAIA97]; [WECK71]; [WECK77] beschrieben.

Iglesias et. al. liefern zudem eine Übersicht über alternative Methoden zur experimentellen Erfassung des dynamischen Maschinenverhaltens, die auch bei Verfahr- und Drehbewegungen sowie während der Bearbeitung eingesetzt werden können. So wird beispielsweise der Stand der Technik zu mechatronischen Applikationen und kontaktlosen Erregern, inverser Identifikation und digitaler Bildverarbeitungstechnik inklusive der jeweiligen Vor- und Nachteile bzw. Grenzen der jeweiligen Technik aufgezeigt. Als Fazit stellen die Autoren heraus, dass die alternativen experimentellen Methoden zwar die Genauigkeit der dynamischen Analyse erhöhen, jedoch i. d. R. nur für spezifische Einsatzfälle und unter größerem zeitlichem Aufwand mit einem komplexeren Messaufbau angewandt werden können. Die Digitalisierung und Datensammlung im Zuge der

Industrie 4.0-Forschung wird als wesentliches Mittel angesehen, um diesen Nachteilen zu begegnen. [IGLE22]

Für die Berechnung bzw. Simulation des Maschinenverhaltens lassen sich bei einfachen Bauteilen und festgelegten Randbedingungen zwar die Grundgleichungen der Elastomechanik heranziehen, allerdings weisen heutige Werkzeugmaschinen und ihre Bauteile zumeist eine deutlich höhere Komplexität auf. Aus diesem Grund sind Näherungslösungen erforderlich. Hierbei hat sich im Werkzeugmaschinenbau vor allem der Einsatz der Finite-Elemente-Methode (FEM) etabliert, da sie neben einer vielseitigen Anwendbarkeit und anschaulicher Darstellung auch eine vergleichsweise einfache Netzerzeugung aufweist. Grundlage der FEM ist die Unterteilung der zu berechnenden Struktur in eine endliche Anzahl einfacher Einzelteile, die über Knoten miteinander verbunden sind (siehe **Bild 2.1**). Durch Berechnung der gesuchten Größen an den einzelnen Knotenpunkten und mithilfe zuvor festgelegter Formfunktionen, die den Verlauf der gesuchten Größe in jedem finiten Element beschreiben, lässt sich das Verhalten des gesamten Bauteils näherungsweise abbilden. Hierzu wird ein lineares Gleichungssystem aufgestellt, in welchem die Knotenpunkte unter Berücksichtigung ihrer Lage und Verknüpfung im Gesamtsystem und aller geometrischen Randbedingungen integriert sind:

$$\{F\} = [M]\{\ddot{x}\} + [D]\{\dot{x}\} + [K]\{x\} \tag{2.1}$$

$\{F\}$ bezeichnet hierbei den Vektor der äußeren Kräfte und Momente. Die Matrix $[K]$ wird als Gesamtsteifigkeitsmatrix bezeichnet und enthält entsprechend die Beschreibung der Struktursteifigkeit. Die Beschreibung der Massenverteilung der Struktur ist in der Massenmatrix $[M]$ enthalten und das Dämpfungsverhalten wird durch die Dämpfungsmatrix $[D]$ wiedergegeben. Die Vektoren $\{x\}$, $\{\dot{x}\}$ und $\{\ddot{x}\}$ enthalten die zeitabhängigen Verlagerungen, Geschwindigkeiten und Beschleunigungen der Knotenpunkte. [NATK88]; [IBM 88]; [BREC17a] Nähere Erläuterungen zur Methode der Finiten Elemente und den verfügbaren Elementtypen sind in [BREC17a], [ARGY86]; [BATH86]; [BUCK73]; [COOK81]; [GALL76]; [NATI03]; [ADAM99]; [MÜLL99] beschrieben.

Während Steifigkeiten und Massenverteilung bereits gut vorab bestimmt werden können, ist die Bestimmung der Dämpfungsparameter ohne messtechnische Untersuchungen immer noch mit signifikanten Unsicherheiten behaftet [BREC13]; [MOTS23]. Daher besitzen berechnete Nachgiebigkeitsfrequenzgänge ohne begleitende messtechnische Untersuchungen im Normalfall bestenfalls qualitativen Charakter. Wichtige Informationen über das dynamische Verhalten können jedoch auch ohne Kenntnis der Dämpfungswerte durch eine simulationsgestützte Modalanalyse gewonnen werden. Hierbei wird die Dämpfungsmatrix zu Null gesetzt und das verbleibende lineare Gleichungssystem auf ein Eigenwertproblem reduziert. Hieraus wiederum können die Eigenwerte und –vektoren des Systems bestimmt werden, wobei sich aus den Eigenwerten die Eigenfrequenzen und aus den Eigenvektoren die Eigenschwingungsformen des Systems ableiten lassen [BREC17a]; [BRON00].

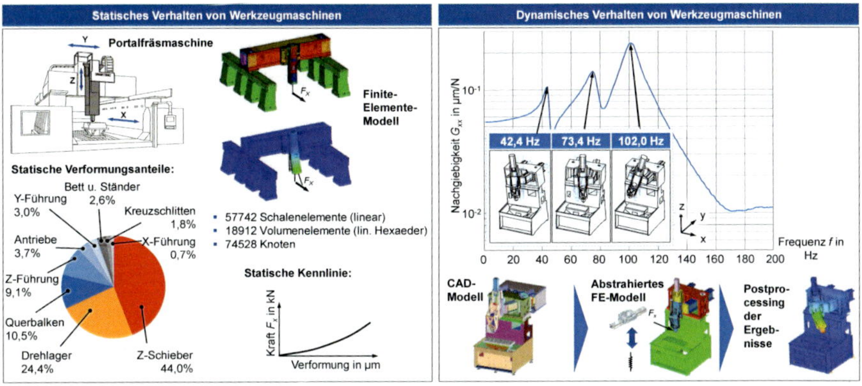

Bild 2.1: Statisches und dynamisches Maschinenverhalten nach [BREC17a]

Static and dynamic behavior of machines according to [BREC17a]

Soll das dynamische Verhalten der Maschine in Zusammenhang mit der Kinematik und/oder dem Regelungsverhalten untersucht werden, so bietet sich ein flexibles Mehrkörpermodell an. Hierbei wird zunächst ein starres Mehrkörpermodell aufgebaut, bei dem die einzelnen starren Strukturbauteile über Gelenke miteinander verbunden sind [BREM92]. Die Nachgiebigkeiten der einzelnen Strukturbauteile können dann z. B. auf Grundlage der Theorien von [CRAI68] reduziert in das Mehrkörpermodell eingebunden und auf einfache Weise mit anderen Systemen z. B. zur Berechnung der Regelung gekoppelt werden. [QUEI05]

In ([BREC17a], S. 614) sind übliche Werte für die relative statische und minimale dynamische Steifigkeit von Fräsmaschinen für die verschiedenen Koordinatenachsen aus Messungen im Zeitraum von 1980 bis 2015 angegeben. Um eine Vergleichbarkeit der Werte trotz unterschiedlicher Baugrößen der Maschinen zu erzielen, sind die Steifigkeitswerte auf die mittlere Zerspanraumlänge L bezogen. Die mittleren statischen Steifigkeitswerte liegen je nach Achse und horizontaler oder vertikaler Bearbeitung zwischen 26 und 87 N/µm. Mit Werten zwischen 9 und 29 N/µm liegen die mittleren minimalen dynamischen Steifigkeiten je nach Achse und Bearbeitungsrichtung deutlich unter den entsprechenden statischen Werten.

2.1.2 Konstruktion und Gestaltung von Werkzeugmaschinen

Design and layout of machine tools

Eine gängige Einteilung von Werkzeugmaschinen erfolgt auf Grundlage des angestrebten Fertigungsverfahrens. Hierbei wird im Allgemeinen auf die Einteilung der Fertigungsverfahren für die Metallbearbeitung nach DIN 8580 zurückgegriffen. [DIN03]; [BREC19]

Eine weitergehende Einteilung der Werkzeugmaschinen für ein bestimmtes Fertigungsverfahren wird in der Regel aufgrund der Bauform getroffen, die sich nach der

Anordnung der grundlegenden Struktur- oder auch Gestellbauteile (z. B. Bett, Schlitten, Arbeitsspindel etc.) richtet [AHLE15]; [NEUG13]. Die Einteilung von Fräsmaschinen – unterschieden nach horizontaler und vertikaler Anordnung der Arbeitsspindel – nach [BREC17a] ist in **Bild 2.2** dargestellt.

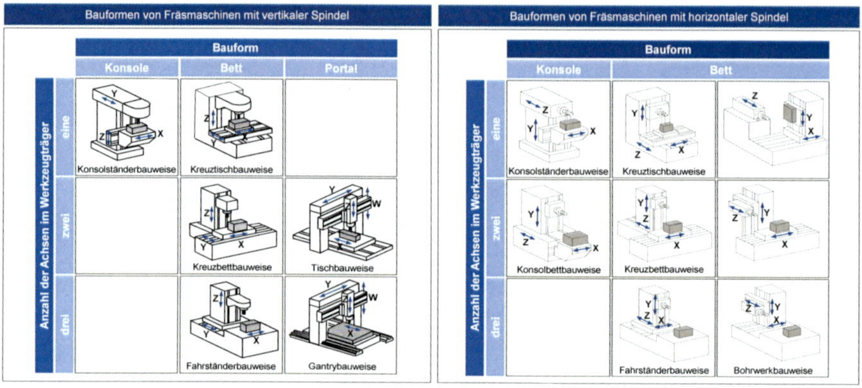

Bild 2.2: Bauformen von Fräsmaschinen nach [BREC17a]
Configurations of milling machines according to [BREC17a]

Bei der Maschinenauslegung wird prinzipiell zwischen Anforderungen an die Funktion und Konstruktion, die Werkstoffeigenschaften sowie an die finanziellen und logistischen Bereiche unterschieden [JACK14]; [JACK15]. Allgemein sollten Werkzeugmaschinenstrukturen eine hohe Biege- und Torsionssteifigkeit, hohe Eigenfrequenzen, eine gute Dämpfung sowie eine geringe thermische Dehnung aufweisen, bei gleichzeitig möglichst geringen Herstellkosten [DUCA03]; [HERM16]; [BERG18].

Der Konstruktionsprozess an sich sowie unterstützende (rechnerbasierte) Bewertungssysteme und Wissensbasen zu unterschiedlichsten Konstruktionsaspekten von Werkzeugmaschinen sind Gegenstand einer Vielzahl wissenschaftlicher Arbeiten (z. B. [SCHN99]; [ISIN01]; [NAEF12]; [FELD13]; [GADD16]; [ORLO06]. Insbesondere die Softwareunterstützung im Konstruktionsprozess nimmt durch den immer weiter schreitenden Fortschritt in der Software-Leistungsfähigkeit beständig zu [BREC17a]. Grundsätzlich orientieren sich Konstruktionsprozesse im Maschinenbau nach wie vor an der VDI-Richtlinie VDI 2221 [BERG18]; [FELD13]. Bei interdisziplinären Konstruktionsteams wird auch auf die Methode des Design Thinking zurückgegriffen, um die Aspekte aus den unterschiedlichen Bereichen zusammen zu führen [BERG18].

Je nach Anwendungsbereich ergeben sich unterschiedliche Anforderungen an die Maschinengestelle, die maßgeblich die Auswahl des geeigneten Werkstoffs beeinflussen. Bei Maschinen für die Bearbeitung großer Bauteile sind vor allem eine hohe Steifigkeit und Dämpfung sowie eine geringe thermische Ausdehnung wichtig [URIA13]. Bei Präzisionsmaschinen steht vor allem die gleichbleibende thermische und mechanische Stabilität über die gesamte Lebensdauer der Maschine im Vordergrund [SCHE98]. Maschinen zur Bearbeitung in Hochgeschwindigkeit wiederum benötigen bewegte Komponenten in Leichtbauweise und ein stabiles und dämpfendes Maschinenbett [BREC17a]; [TÖNS95]; [SCHU92].

Zusammenfassend ist die statische Steifigkeit eine zentrale charakteristische Größe bei der Konstruktion und Gestaltung von Werkzeugmaschinen. Grundlegende vergleichende Untersuchungen zu den Querschnittseinflüssen auf Steifigkeiten von stabförmigen Bauteilen wurden unter anderem von [LOEW56]; [MERK10]; [VOND90]; [THUM41] durchgeführt. Hieraus können zusammenfassend für kombinierte Belastungen aus Biegung und Torsion geschlossene Profile mit großen äußeren Querschnittsabmessungen als zu bevorzugen angesehen werden. Bzgl. Torsionssteifigkeit sind geschlossene runde Hohlquerschnitte mit nach außen gewölbten Wänden und großen Eckenradien anzustreben. Diese wirken gleichzeitig wandverstärkend gegen Beulen und lokale Belastungen. Offene Profile sind nur dann günstig, wenn reine Biegebeanspruchungen in Richtung des größten äquatorialen Flächenträgheitsmoments auftreten. Sollten bei unvermeidlichen offenen Profilen Torsionsbelastungen auftreten, so sind die Wandstärken maximal auszuführen. Weiterhin sollten die Querschnittsabmessungen im Verhältnis zur Bauteillänge groß gehalten werden. [BREC17a]

Eine zusätzliche Erhöhung der Steifigkeit kann durch die Verwendung von Verrippungen erzielt werden. Vergleichende Forschungsarbeiten zu unterschiedlichen Verrippungsvarianten und deren Einfluss auf Biege- und Torsionssteifigkeit sind unter anderem in [DREY66]; [ASBE97]; [BREC17a]; [MUNI08]; [VOND90]; [WECK95] enthalten. Auch hieraus lassen sich allgemeine Gestaltungsregeln ableiten, die nach [BREC17a] in **Bild 2.3** zusammengefasst sind. Einzelne Arbeiten beschäftigen sich auch mit bionischen Strukturen (z. B. an Blatt- oder Knochenstrukturen orientiert) [ZHAO08]; [LI14].

Fügestellen zwischen verschiedenen Gestellbauteilen oder zwischen Gestellbauteilen und Fundament müssen hinsichtlich der Gesamtsteifigkeit des Systems besonders beachtet werden, wenn sie im Kraftfluss liegen. Eine gängige Ausführung von ortsfesten Fügestellen zwischen Gestellbauteilen ist eine ebene Mehrschraubenverbindung [BREC17a]. Untersuchungen zur Steifigkeit und optimalen Auslegung von Schraubverbindungen finden sich in [VDI14a]; [SCHA76]; [PLOC72]; [PETU83]; [HERB85]. Die allgemeinen Gestaltungsregeln, die sich aus diesen Untersuchungen ergeben besagen, dass bei Mehrschraubenverbindungen die Druckkegel überlappen sollten und die Schrauben möglichst nah an Wänden im Kraftfluss liegen sollten. Bei einzelnen Schraubenverbindungen ist die Steifigkeit maßgeblich abhängig von Schrauben-, Kontakt- und Flanschsteifigkeit [BREC17a].

Eine messtechnische Methode zur Ermittlung von Schraubenzusatzkräften in Werkzeugmaschinen und erste Ergebnisse wurden in [BREC16]; [BREC17d] veröffentlicht. Die Untersuchungen ergaben, dass dynamische Schraubenzusatzkräfte im Vergleich zu den statischen Anzugskräften sehr geringe Werte aufweisen, selbst, wenn die Maschine in einer relevanten Eigenfrequenz angeregt wird.

Eine hohe statische Steifigkeit wirkt sich in der Regel auch positiv auf das dynamische Maschinenverhalten aus. Allerdings ist bei bewegten Bauteilen gleichzeitig eine möglichst geringe Masse anzustreben – insbesondere in Bereichen mit großen Schwingungsamplituden –, um hohe Beschleunigungen zu ermöglichen. Die Herausforderung besteht darin, diese beiden gegensätzlichen Anforderungen in einem guten Kompromiss ausreichend zu berücksichtigen. Zusätzlich ist auch eine möglichst große Systemdämpfung anzustreben, um die Nachgiebigkeiten und damit auch mögliche Schwingungsamplituden zu minimieren. Einen großen Einfluss auf die Systemdämpfung haben vor allem die Fügestellen zwischen den Gestellbauteilen und die entsprechend verwendeten Verbindungselemente (Schrauben, Führungen, Lager, Aufstellelemente). Untersuchungen zur Dämpfung in Fügestellen sind unter anderem in [FEY15]; [BREC13]; [HERB85]; [PETU83]; [BREC14] zu finden. Zu beachten ist, dass durch die erhöhte Dämpfung die Steifigkeit möglichst wenig negativ beeinflusst wird. Beispielsweise führt eine hohe Relativbewegung in Koppelstellen zwar zu einer höheren Dämpfung, gleichzeitig jedoch auch zu geringerer Steifigkeit [BECK71]. Bei Schwingungsformen, bei denen es zu einer Eigenverformung von Gestellbauteilen kommt, spielt zudem die Materialdämpfung dieses Bauteils eine Rolle [BREC10a]; [SAHM87]; [GROß10].

In [BREC07b]; [BREC07a]; [HIPK16]; [NEBE15]; [KUNC13] wird der Einfluss von unterschiedlichen Füllungen von Strukturbauteilen auf die Dämpfung untersucht. Die Erhöhung der Dämpfung wird vorwiegend durch die Reibung zwischen Gestellbauteil und Füllung erzielt. Bei der Belassung von Kernsand in Gussbauteilen wurde ein positiver Einfluss auf die Dämpfung auch bei kleinen Amplituden festgestellt, während bei losem Sand eher eine Verdichtung und damit kein signifikant positiver Dämpfungseffekt bei kleinen Amplituden beobachtet wurde. Bei einer Füllung aus Zementbeton ist die Dämpfung zwar unabhängig von der Amplitude, allerdings durch die schwer beeinflussbare Schwindung auch nicht reproduzierbar einstellbar. Allen diesen Ansätzen gemein ist, dass durch die Füllung somit auch die Masse erhöht wird, was zur Aufhebung der positiven Dämpfungseffekte führen kann. Dennoch kommen Hipke et. al. zu dem Ergebnis, dass ein spezieller quellender Zementbeton bezogen auf die massespezifische Dämpfung die besten Ergebnisse erzielt [HIPK16].

Weitere Maßnahmen zur Erhöhung der Systemdämpfung sind beispielsweise der Einsatz von dynamischen Zusatzsystemen [NEUG07]. Diese sind jedoch entweder nur auf einen speziellen Anwendungsfall (z. B. eine spezielle Eigenfrequenz) parametriert oder sie sind aufwändig in ihrer Auslegung und Herstellung [BREC17a] (S. 704ff), [BREC13]; [MANO12]; [SCHA10].

Zusammenfassend sei erwähnt, dass Stahl, Stahlguss und Gusseisen in der Mehrzahl der Fälle als Werkstoffe für die Gestellbauteile von Werkzeugmaschinen verwendet werden. Es gibt jedoch auch zahlreiche Ansätze zur Verwendung alternativer Materialien. [MÖHR15] bietet einen umfassenden Überblick über Forschungsarbeiten in diesem Bereich. Neben Metallen finden vereinzelt auch Naturstein, Keramik, poröse und (faser-)verstärkte Verbundwerkstoffe und Betonwerkstoffe im Werkzeugmaschinenbau Anwendung [MÖHR14]. Da Zementbeton als alternativer Werkstoff für Werkzeugmaschinen im Fokus dieser Arbeit steht, wird auf den Stand der Technik und Forschung zu Betonwerkstoffen in Werkzeugmaschinen im Unterkapitel 2.3 näher eingegangen.

Die beschriebenen Anforderungen an Werkzeugmaschinen je nach Anwendungsfall geben einen ersten Hinweis für die Auswahl geeigneter Gestellwerkstoffe. Zum Abgleich mit den Anforderungen können nach [BREC17a] folgende in **Bild 2.3** dargestellten Materialeigenschaften herangezogen werden.

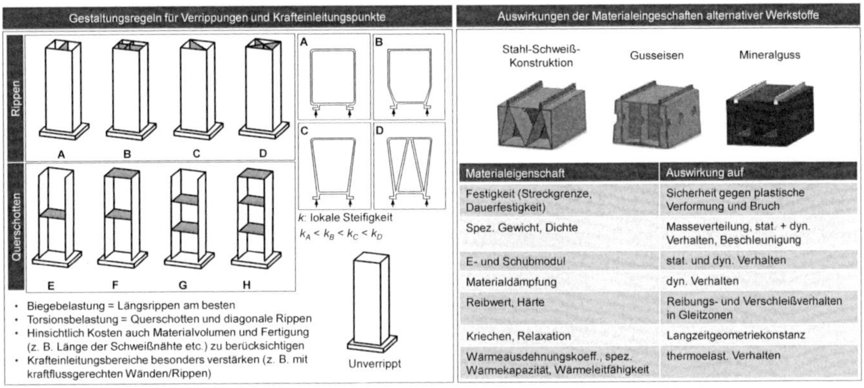

Bild 2.3: Gestaltungsregeln für Rippen und Krafteinleitungspunkte und Auswirkungen von Materialeigenschaften alternativer Werkstoffe nach [BREC17a]

Construction rules for ribs and points of force application and consequences of material properties of alternate materials according to [BREC17a]

Die breite Anwendung von Metallen wie Stahl und Gusseisen im Werzeugmaschinenbau gründet sich vor allem darauf, dass sie eine hohe Verfügbarkeit sowie gute und bekannte Werkstoffeigenschaften (z. B. hoher E-Modul und hohe Festigkeit) bei gleichzeitig guter Bearbeitbarkeit aufweisen [BREC17a]. Stahl wird in der Regel in Form von Stahl-Schweiß-Konstruktionen verwendet, die bei geeigneter Auslegung zur Material- und Gewichtseinsparung beitragen. Demgegenüber stehen Einschränkung bei der Umsetzung von Verrippungen, da die Erreichbarkeit der Schweißnähte gewährleistet werden muss [MÖHR15]. Zudem ist die Vor- und Nachbereitung der Schweißnähte und der eigentliche Schweißvorgang bei Kostenbetrachtungen zu berücksichtigen. Durch den Schweißvorgang kann es außerdem zum Aufbau von Eigenspannungen kommen, die im Nachgang durch geeignete Maßnahmen (wie z. B. Spannungsarmglühen) abgebaut werden müssen [BREC17a].

Gusseisen bietet den Vorteil einer höheren Materialdämpfung als Stahl. Zudem ermöglicht der Gussvorgang tendenziell eine größere Gestaltungsfreiheit von internen Verrippungen [MÖHR15]. Allerdings kommen hier andere konstruktive Einschränkungen beispielsweise bzgl. der Entformbarkeit des fertigen Bauteils sowie bzgl. der Sicherstellung der Materialqualität durch eine möglichst gleichmäßige Befüllung und Abkühlung in der Form zum Tragen [BREC17a]; [TÖNS95]. Durch die Materialschwindung beim Abkühlvorgang ist zudem eine nachgelagerte Bearbeitung von Funktionsflächen unabdingbar [BREC17a].

Es existieren auch einzelne Ansätze, andere Metalle mit geringerer Dichte wie beispielsweise Aluminium für Maschinengestelle einzusetzen. Hiermit sollen entweder bewegte Bauteile in Leichtbauweise hergestellt werden oder lokale Spannungsspitzen durch größere mögliche Wandstärken bei gleicher Masse reduziert werden [MÖHR15]. In Verbindung damit ist auch der Einsatz von Metallschäumen zu nennen, die neben einer niedrigen Dichte auch eine hohe Dämpfung aufweisen [HIPK16]; [NEUG06]; [NEUG04]. Nachteilig sind hier vor allem die höheren Materialkosten [MÖHR15].

Naturstein zeichnet sich vornehmlich durch hohe Dämpfung, eine geringe thermische Leitfähigkeit sowie eine geringe thermische Ausdehnung aus. Daneben sorgt das Fehlen von Eigenspannungen für eine hohe Langzeitstabilität [GROT12]. Aufgrund dieser Eigenschaften wird Naturstein vorwiegend für Hochpräzisions- und Messmaschinen verwendet [MÖHR15]; [BREC10b]; [HUO 10]. Aufgrund der Härte des Materials ist die Bearbeitung allerdings sehr aufwändig und die konstruktive Gestaltung stark eingeschränkt. I. d. R. wird mit rechteckigen Blöcken gearbeitet. Zudem sollte Naturstein nur auf Druck beansprucht werden, da die Werte für Zug- und Biegefestigkeit deutlich niedriger liegen als die Werte der Druckfestigkeit [MÖHR15]. Weiterhin wird die eigentlich hohe Langzeitstabilität durch Feuchtigkeit negativ beeinflusst, sodass in vielen Fällen eine Beschichtung mit Epoxidharz vorgenommen wird [MÖHR15]; [ABDI78a].

Keramikwerkstoffe bieten den Vorteil, eine gute thermische Stabilität und eine hohe Steifigkeit mit einer gleichzeitig vergleichsweise geringen Masse sowie einer hohen chemischen Beständigkeit zu kombinieren. Dies ist besonders für Hochpräzisions- und Ultrapräzisionsmaschinen interessant [MÖHR15]; [SCHE98]; [WANG10]; [YOSH11]. Nachteilig ist vor allem das äußerst spröde Materialverhalten, das eine hohe Anfälligkeit für Mikrorisse und damit eine geringe Zugfestigkeit mit sich bringt [MÖHR15].

Verbundwerkstoffe (z. B. faserverstärkte Kunststoffe oder Sandwichstrukturen) vereinen eine geringe Dichte mit hoher spezifischer Festigkeit und Steifigkeit bei gleichzeitig geringer thermischer Dehnung und hoher Materialdämpfung [MÖHR15]; [MÖHR17]; [BREC17a]; [KERS90]; [LEE04]; [NEBE15]. Daher werden diese Werkstoffe in Werkzeugmaschinen vorrangig im Bereich der Hochgeschwindigkeitsbearbeitung für Bauteile nahe am Bearbeitungsprozess eingesetzt (z. B. Spindelgehäuse, Bohrstangen etc.) [MÖHR15]; [MÖHR17]. Den genannten Vorteilen stehen jedoch hohe Materialkosten, eine aufwändige Herstellung sowie niedrigere Einsatztemperaturen als bei Verwendung von Metallen gegenüber. Zudem ist das Recycling signifikant aufwändiger [BREC17a]; [MÖHR17]. Die konstruktive Gestaltung der Werkstoffe bietet zwar eine große Flexibilität durch zahlreiche Anpassungsmöglichkeiten bzgl. der Materialeigenschaften (z. B. durch Variation der Faserorientierung), sie ist jedoch gleichzeitig begrenzt durch die jeweiligen Fertigungsverfahren (z. B. für die Herstellung von Halbzeugen) [BREC17a]; [MÖHR17]. Möhring gibt hierzu einen guten Überblick [MÖHR17].

2.1.3 Weitere Maschineneigenschaften

Further machine characteristics

Neben dem statischen und dynamischen Maschinenverhalten existieren noch weitere Maschineneigenschaften, die die erreichbare Produktivität, Effizienz und Arbeitsgenauigkeit von Werkzeugmaschinen beeinflussen, die jedoch nicht im Fokus dieser Arbeit stehen. Ein kurzer Überblick über einige dieser Eigenschaften soll daher hier genügen.

Das thermische Maschinenverhalten ist ein wichtiger Aspekt, der bei Konstruktion und Auslegung berücksichtigt werden sollte. Durch interne und externe thermische Einflüsse auf die Maschinenstruktur kann es lokal zu unterschiedlichen Ausdehnungszuständen kommen, die ebenfalls zu Verlagerungen und Neigungen zwischen Werkzeug und Werkstück im Bereich des TCP führen. Abhängig von Belastungszustand und Umgebungseinflüssen stellt sich in der Regel nach einer Aufwärmphase ein Beharrungszustand auf einem gewissen Temperaturniveau ein, gefolgt von einer damit verknüpften Verlagerung am TCP. Diese wird in der Abkühlphase wieder zurückgebildet. Zur Verbesserung der Verlagerungen aufgrund des thermischen Maschinenverhaltens existieren vor allem zwei maschinenseitige Ansätze: Eine steuerungstechnische Korrektur (z. B. aufgrund von repräsentativen Temperaturmessungen) oder eine konstruktive Kompensation auftretender thermisch bedingter Ausdehnungen. [BREC17a]

Eine konstruktive Maßnahme zur Verbesserung des thermischen Verhaltens ist beispielsweise die Anbringung der Wärmequellen außerhalb der Maschinenstruktur, was jedoch häufig nicht möglich ist. Stattdessen können die Wärmequellen auch isoliert werden, was jedoch auch zu einer Verringerung der Wärmeabfuhr und damit zu lokal höheren Temperaturen im Bereich der Wärmequelle führt [BREC17a]. Eine Alternative hierzu ist die globale oder lokale Kühlung der Maschine. Hier eröffnen alternative Werkstoffe mit niedriger Herstelltemperatur (z. B. Betonwerkstoffe) die Möglichkeit durch direktes Eingießen von Sensoren und Kühlleitungen sogenannte „intelligente Maschinenbetten“ zu erzeugen, die sich selbstständig auf geänderte thermische Randbedingungen einstellen können (z. B. [NEUG12b]). Daneben bietet aber auch schon der Einsatz alternativer Werkstoffe selbst durch günstigere thermische Materialeigenschaften (z. B. geringere Wärmeleitfähigkeit und hohe spezifische Wärmekapazität) Potenzial zur Verbesserung von thermischen Maschineneigenschaften [BREC17a].

Auch die Prozessregelung hat entscheidenden Einfluss auf die Arbeitseigenschaften der Maschine. Insbesondere das dynamische Maschinenverhalten wird durch die Regelparameter beeinflusst. So kann beispielsweise durch hohe Ruckwerte beim Anfahren in den oder Abbremsen aus dem Eilgang eine Schwingungsanregung von Strukturbauteilen hervorgerufen werden, die (z. B. wenn eine Resonanzfrequenz mit hoher Nachgiebigkeit angeregt wird) zu qualitätsmindernden oder sogar beschädigenden Verlagerungen an der Bearbeitungsstelle führt. [BREC17a]

Gerade beim Einsatz alternativer Gestellwerkstoffe für Werkzeugmaschinen sind auch immer wieder chemische Einflüsse im Werkstoff (Langzeitgeometriekonstanz durch

z. B. Schwindvorgänge in Beton) und in der Maschine (z. B. durch aggressive Kühl-Schmierstoffe) ein Thema [MÖHR15]. So wird beispielsweise die Langzeitstabilität von Naturstein durch Feuchtigkeitseinfluss negativ beeinflusst [ABDI78b]; [DEBR82]. Ein Überblick zum Stand der Technik zu diesbezüglichen Untersuchungen an Betonwerkstoffen wird in Kapitel 2.2.3 gegeben.

Neben physikalischen Maschineneigenschaften sind auch Produktionskosten einer Maschine für den Konstrukteur von entscheidender Bedeutung, da 70% der Kosten eines Produkts bereits durch die Konstruktion festgelegt werden [FELD13]. Neben den reinen Aufwendungen für den Einkauf wie Materialkosten und Kosten für Zukaufteile, sind auch Kosten zu berücksichtigen, die durch die Verarbeitung und Montage sowie durch evtl. nötige Nachbearbeitungen der Bauteile entstehen. Gerade diese Kosten sind stark von der konkreten Ausführung der Bauteile abhängig und daher insbesondere bei der Auswahl geeigneter alternativer Materialien schwer im Voraus abzuschätzen [JACK14]; [JACK15].

2.2 Werkstoffeigenschaften von Beton

Material characteristics of concrete

Um einen Werkstoff zielgerichtet und anwendungsorientiert einsetzen zu können, müssen zunächst die relevanten Eigenschaften des Materials bekannt sein [MÖHR15]; [BREC17a]. Für Betonwerkstoffe existiert, besonders aus dem Bauwesen, bereits eine Vielzahl an Untersuchungen bzgl. der Materialeigenschaften unterschiedlicher Mischungen. In diesem Unterkapitel wird daher nur der Stand der Erkenntnisse zu solchen Eigenschaften von verschiedenen Betonwerkstoffen aufgezeigt, die für den Werkzeugmaschinenbau relevant sind.

In Kapitel 2.2.1 werden wichtige Arten von Beton für Werkzeugmaschinen und ihre allgemeinen mechanischen Kennwerte erläutert, bevor in Kapitel 2.2.2 speziell auf das Ermüdungs- und Bruchverhalten von Beton eingegangen wird. In Kapitel 2.2.3 werden schließlich weitere Materialeigenschaften von Beton kurz erläutert, die jedoch nicht im Fokus dieser Arbeit liegen.

2.2.1 Materialarten und mechanische Kennwerte

Types of material and mechanical characteristics

Beton im Allgemeinen ist ein Kompositionsmaterial, welches im Wesentlichen auf einer Mischung aus Wasser, einer Gesteinskörnung (z. B. Sand oder Kies) und einem Bindemittel basiert. Diese drei Basiskomponenten beeinflussen maßgeblich die mechanischen Eigenschaften des fertigen Betonmaterials, wobei Mischung und Rezeptur die zentrale Rolle spielen [SAGM17]. Durch Zusatzstoffe können die Materialeigenschaften weiter beeinflusst werden. Nach der Mischung der Einzelkomponenten findet eine Aushärtung durch chemische Reaktionen statt. Hierbei muss in der Regel keine zusätzliche externe Energie (z. B. in Form von Wärme) eingebracht werden, da die Reaktionen bereits bei Raumtemperatur ablaufen. Die mechanischen Kennwerte von Betonwerkstoffen wie Elastizitätsmodul (E-Modul), Druck- und Zugfestigkeiten liegen generell deutlich unter den entsprechenden Werten von Stahl oder Gusseisen [JACK15]; [MÖHR15]. Aufgrund der gleichzeitig geringeren Dichte ergeben sich jedoch für den auf die Dichte bezogenen E-Modul Werte in vergleichbarer Größenordnung wie bei den Metallwerkstoffen. Gleichzeitig zeichnen sich Betonwerkstoffe durch eine vergleichsweise hohe Materialdämpfung aus [JACK15]; [SAGM17]. Bzgl. der Verwendung von Beton im Werkzeugmaschinenbau kann grundsätzlich zwischen Polymerbeton (auch Reaktionsharzbeton = RHB) und Zementbeton unterschieden werden. Die Bezeichnungen kennzeichnen das jeweils verwendete Bindemittel [KUST05]; [GRÜB01]; [JACK15].

Bei Polymerbetonen werden Kunstharze als Bindemittel eingesetzt. Da in diesem Fall Wasser die Reaktion behindert, wird das Gestein direkt mit dem Kunstharz und einem entsprechenden Katalysator für die chemische Reaktion gemischt [KRAU87]; [SAGM17]; [ATES13]. Die weitere Einteilung der Polymerbetone erfolgt in der Regel anhand des verwendeten Kunstharzes. Im Laufe der Jahre befassten sich zahlreiche Forschungsarbeiten mit der Untersuchung und Optimierung der mechanischen Kennwerte von Polymerbeton für den Werkzeugmaschinenbau [NICK83]; [KRAU87]; [SAHM87]; [DEY91]; [BART93]; [BÄR07]. Jackisch gibt in [JACK14] einen Überblick über den damaligen industriellen Stand der Materialeigenschaften von Polymerbeton im deutschsprachigen Raum. Auch international existieren zahlreiche Forschungsarbeiten bzgl. der Auswirkungen von verwendetem Kunstharz sowie von Art und Packungsdichte der Gesteinskörnungen auf die mechanischen Kennwerte von Polymerbeton (z. B. [KIRL81]; [MANI87]; [CHO11]; [BEDI13]; [BAI09]; [HADD13]; [FERD20]. Einen guten Überblick hierzu liefern Vivek et. al. [VIVE16] sowie Venkata et. Al [VENK21]. Aufgrund der Kombination aus guter Verarbeitbarkeit und erreichbaren mechanischen Kennwerten werden im Werkzeugmaschinenbau häufig Mischungen auf Epoxidharzbasis verwendet und mit Quarzsand oder -kies und/oder Granit- oder Basaltkörnungen gemischt [JACK14]; [JACK15]; [SAGM17]; [VIVE16]; [HATA20]; [VENK21]. Gemäß den Forschungsergebnissen kann Polymerbeton in Bezug auf das statische Nachgiebigkeitsverhalten als isotroper und homogener Werkstoff nach dem Hook'schen Gesetz betrachtet werden [DEY91]; [JACK14]. Insbesondere gilt für Polymerbeton, dass die Festigkeiten im Druckbelastungsbereich deutlich über den Zugfestigkeiten liegen. Aktuell wird im Bereich des Bauwesens auch an sogenannten Biopolymeren als nachhaltige Alternative zu Kunstharzen in Beton geforscht [SAME23]. Dieses Forschungsfeld befindet sich jedoch hinsichtlich der erreichbaren Materialeigenschaften noch ganz am Anfang und wurde bislang noch nicht für eine Verwendung in Werkzeugmaschinen untersucht.

Bei Zementbeton wird – dem Namen entsprechend – Zement als grundsätzliches Bindemittel verwendet und mit Wasser und Gestein vermischt. Ein Teil des zugegebenen Wassers dient dabei als Reaktionspartner für die chemische Reaktion der Mischung. Der Rest dient als Fließmittel, um die Masse gießbar zu machen [SAGM17]. Da dieses zusätzliche Wasser beim Austrocknen der Betonmischung verdunstet und festigkeitsmindernde Poren im Material hinterlässt wird allgemein ein niedriges Verhältnis von

Wasser und Zement (sogenannter W/Z-Wert) angestrebt. Die Zugabe chemischer Zusatzstoffe (z. B. Fließstoffe) sorgt dafür, dass positive Verarbeitungseigenschaften (Fließfähigkeit, Selbstentlüftung oder Selbstverdichtung) der Mischung trotz niedriger W/Z-Werte erhalten bleiben [JACK15]; [SAGM17]; [NEUN18]. Auch die Packungsdichte des Gesteins in der Mischung muss optimiert werden, um ideale mechanische Eigenschaften zu erreichen [FITI12]. Im Bauwesen wird Zementbeton bereits seit dem 19. Jahrhundert eingesetzt und kontinuierlich weiterentwickelt. Auch bei optimiertem Zementbeton ist die Druckfestigkeit wesentlich höher als die Zugfestigkeit (ca. Faktor 8 bis 16) [DOHM04]; [HEID14]. Aufgrund der vorherrschenden Belastungen und der hohen Sicherheitsrelevanz bzgl. der Auslegung von Bauwerken, wird daher im Bauwesen in der Regel die Zugfestigkeit von Betonwerkstoffen vernachlässigt [SAGM17]; [NEUN18]. Die Einteilung von Zementbeton erfolgt daher auch gemäß den grundlegenden Normen zur Betonbauweise (Eurocode 2 = EC 2-Reihe DIN EN1992; DIN EN 206) entweder anhand der vorliegenden Druckfestigkeit oder anhand der Rohdichte in unterschiedliche Klassen [DIN14]; [EURO11]. Gemäß den Druckfestigkeiten wird zwischen Normalbeton (Druckfestigkeiten < 100N/mm^2), hochfestem Beton (Druckfestigkeiten im Bereich von 120 N/mm^2) und ultrahochfestem Beton (engl. Ultra-high performance concrete = UHPC – Druckfestigkeiten 150-250 N/mm^2) unterschieden [DIN14]; [FEHL08]; [NEUN18]. Allgemein lässt sich zudem sagen, dass Betone höherer Druckfestigkeitsklassen auch höhere Werte im Bereich der Zugfestigkeit und des E-Moduls aufweisen, jedoch entsprechend geringere Werte bzgl. der Dämpfung. Betone mit einer Rohdichte von weniger als 2000 kg/m^3 werden als Leichtbetone bezeichnet, die sich zwar durch höhere Dämpfung auszeichnen, jedoch auch entsprechend reduzierte Werte für Druckfestigkeit und E-Modul aufweisen [NEUN18]; [HERR08]. Aufgrund der erreichbaren mechanischen Kennwerte bei gleichzeitig guten Verarbeitungseigenschaften wird derzeit meist UHPC als Zementbeton im Werkzeugmaschinenbau verwendet. Die Entwicklung dieses Betons begann in den 1990er Jahren und wurde seitdem kontinuierlich weitergeführt. Im durch die DFG geförderten Schwerpunktprogramm SPP 1182 wurden z. B. generelle Untersuchungen bzgl. Druckfestigkeit, Biegezugfestigkeit und E-Modul (Spannungs-Dehnungsverhalten) in Abhängigkeit von Mischrezeptur und Probekörperbehandlung durchgeführt und in zahlreichen Veröffentlichungen dokumentiert [FEHL08]; [SCHM14]; [SCHM12] [SCHM04]; [FEHL16]. Auch [FITI12]; [WEFE10] und [ZHOU13] beschäftigen sich mit diesen mechanischen Eigenschaften von UHPC. Parallel dazu wurden erste Rezepturen und Untersuchungen speziell für die Anwendung im Maschinenbau entwickelt, mit denen insbesondere Polymerbeton substituiert werden sollte [RAMP15]; [HAHM13]; [DEUS14]; [SAGM12]; [JACK14]; [SAGM17]; [DEUS18]; [DEUS19]; [DEUS12a]; [STIP09]; [FLOH14]; [ELO11]; [BÖGE10]; [OSBU14]. Zhou et. al. geben einen Überblick über verschiedene UHPC-Mischungen [ZHOU21]. Die Forschung zu Materialoptimierungen von UHPC wird aktuell weiter fortgeführt [WEI23]; [LENG23].

Eine große Herausforderung ist die Bestimmung der mechanischen Eigenschaften von Betonwerkstoffen in Abhängigkeit der zahlreichen Einflussfaktoren (Betonzusammensetzung, Rohstoffqualität, Lagerung, Alter, Belastung, Prüfkörperform, Messmethodik etc.) [WINK10]. Zwar existieren gerade für den Druckbereich zahlreiche Normen zur vergleichbaren Ermittlung der mechanischen Kennwerte, jedoch unterliegen auch diese den Streuungen durch die variablen Einflussfaktoren. Ihre Anwendbarkeit muss insbesondere für neue Materialentwicklungen immer wieder nachgewiesen werden. Winkler geht hierauf ausführlich am Beispiel der E-Modulbestimmung ein [WINK10]. Weitere Untersuchungen zur Ermittlung des statischen und dynamischen E-Moduls von Zementbeton finden sich beispielsweise in [DIN91]; [JOHN08]; [BUNK91]; [CARI84]; [BEDE16]; [DIN21]. Linear-elastisches Verhalten kann für UHPC gemäß verschiedener Quellen sowohl für den Zug- als auch für den Druckbereich bis etwa 55-80% der maximalen Festigkeit angenommen werden [NEUN18]; [FEHL05]; [FITI12]; [BRAM16]; [WEFE10].

Für die Bestimmung der Zugfestigkeit gibt es aus den oben genannten Gründen keine genormte Prüfmethodik, was die Vergleichbarkeit der in der Literatur angegebenen Werte erheblich erschwert [SAGM17]; [NEUN18]. Sowohl in der Belastungsart als auch in der Prüfkörperform gibt es in wissenschaftlichen Untersuchungen zahlreiche unterschiedliche Prüfvarianten. Am häufigsten findet sich die Untersuchung der Biegezugfestigkeit in Dreipunktbelastung, gefolgt von der zentrischen Zugfestigkeit. Die ermittelten Werte unterscheiden sich je nach verwendeter Prüfmethodik und Prüfkörpervolumen erheblich. Werte für die Biegezugfestigkeit liegen dabei durch den zweiachsigen Spannungszustand bei der Belastung deutlich höher als die Werte der zentrischen Zugfestigkeit und sind daher nicht untereinander vergleichbar. Untersuchungen zur zentrischen Zugfestigkeit sowie zur Biegezugfestigkeit von UHPC werden beispielsweise in [FITI12]; [FEHL05]; [SCHM08]; [SCHM14]; [SAGM17]; [NEUN18]; [KALT17]; [NEUN17]; [KALT18]; [KALT21] thematisiert. Neunzig und Kalthoff verwenden hierbei einen neu entwickelten Versuchsaufbau für die Bestimmung zentrischer Zugfestigkeiten für UHPC bis zu einem Größtkorn von 8 mm, wobei die Probenabmessungen in Anlehnung an [ASTM03] variiert wurden [NEUN17]; [NEUN18]; [KALT18]; [KALT21]. Durch weitere Verbesserungen des Zugprüfstands konnte eine Bestimmung der zentrischen Zugfestigkeit mit einer Streuung von i. d. R. 5% erreicht werden [KALT18]; [KALT21]. Viele Untersuchungen zur Zugfestigkeit von UHPC werden an Mischungen mit zugegebenen Mikrostahlfasern durchgeführt, da diese zu einem duktileren Materialverhalten und einer höheren Endzugfestigkeit führen [NEUN18]; [BORN01]; [SCHU00]. Allerdings kommen die Eigenschaften der Mikrostahlfasern in Bezug auf die Zugfestigkeit erst zum Tragen, wenn der Beton bereits gerissen ist ([NEUN18]; [SCHU00]; [BREI12]), was für die Anwendung im Maschinenbau unbedingt zu vermeiden ist [SAGM17]. Ein weiterer signifikanter Einfluss auf die Zugfestigkeit ist der Feuchtegehalt der Probekörper, der unabhängig vom Alter der Probekörper zu einer Schwankung der Werte von bis zu 25% führen kann [SAGM17]; [NEUN18]; [KALT18]; [KALT21].

Übliche mechanische Kennwerte von Polymerbeton, Normalbeton sowie UHPC sind in **Tabelle 2.1** vergleichend mit Stahl gegenübergestellt. Es zeigt sich, dass sich mit UHPC mechanische Kennwerte erreichen lassen, die mit denjenigen von Polymerbeton vergleichbar sind. Lediglich für die Zugfestigkeit lassen sich mit Polymerbeton ggü.

UHPC noch deutlich höhere Werte erzielen. Da in der maschinenbaulichen Praxis eher auf Steifigkeit und Verformung ausgelegt wird, sind die tatsächlichen Spannungen im Bauteil i. d. R. deutlich geringer als die vorgegebenen zulässigen Spannungen. Dadurch kommt der Festigkeitsunterschied zwischen Polymerbeton und UHPC meist nicht zum Tragen [SAGM17]. Vorteile des UHPC gegenüber Polymerbeton liegen vor allem in seinen geringeren Materialkosten und der besseren Recycelbarkeit [NEUM85]; [LENG23]. Zudem sind die Verarbeitungseigenschaften (z. B. Haftung an der Formwand, Selbstentlüftung) von UHPC günstiger als bei Polymerbeton [NICK83].

Tabelle 2.1: Übliche mechanische Kennwerte von Betonwerkstoffen [SAGM17]; [BREC17a]; [THOM24]; [PLAN24]; [WISC75]; [MAIL24]

Common mechanical characteristic values of concrete materials [SAGM17]; [BREC17a]; [THOM24]; [PLAN24]; [WISC75]; [MAIL24]

Materialeigenschaften	Einheit	UHPC	Normalbeton	Polymerbeton	Stahl
Dichte	kg/dm³	2,4 – 2,8	2,0 – 2,5	2,3 – 2,4	7,85
E-Modul	kN/mm²	45 – 84	26 – 45	38 – 45	210
E/ρ	10^6 m²/s²	18,75 – 30	13 – 18	16,5 – 18,75	26,75
Zugfestigkeit	N/mm²	7 – 16	1,6 – 5,2	10 – 35	340 – 470
Druckfestigkeit	N/mm²	>150	<100	90 – 150	340 – 470
Wasseraufnahme	%	0,5 – 1	3 – 5	< 0,5 %	[-]
Dämpfung	Log. Dekr.	0,02 – 0,03	0,02 – 0,04	0,02 – 0,04	0,002
Wärmeleitfähigkeit λ	W/m K	1,7 – 6	1,8	1,3 – 2	50
Spez. Wärmekapazität c_p	J/g K	0,85 – 1,2	1	0,9 – 1,1	0,5

2.2.2 Ermüdung und Bruchcharakteristik

Fatigue behavior and fracture characteristic

Durch die niedrigeren Festigkeiten von Betonwerkstoffen im Vergleich zu den klassischen Werkstoffen für Maschinengestelle (Stahl und Gusseisen) kommt dem Bruchverhalten und dem Ermüdungsverlauf von Beton eine größere Bedeutung zu. Bezogen auf das Bruchverhalten wird Beton im Allgemeinen den Materialien mit sprödem Versagen ohne vorherige Ankündigung zugeordnet [NEUN18]. In begrenztem Umfang ist jedoch übergangsweise auch ein duktiles und zähes Verhalten von Betonwerkstoffen zu beobachten, welches durch die Rissentwicklung auf Mikro- und Mesoebene erklärt werden kann [OZBO95]; [REMM94]; [LEUT07]; [GROS07]. Hierbei wird davon ausgegangen, dass zunächst vereinzelte Risse in der Mikroebene auftreten, die sich bei weiterer Belastung zunächst auf der Mesoebene zusammenschließen und ausbreiten bzw. zu neuen Rissen in besonders geschwächten Bereichen führen. Erst anschließend entstehen bei Überschreitung der maximalen Spannungen Risse auf der Makroebene, die zum spröden Materialversagen führen [BRAM16]; [NEUN18]. Sowohl die Mikro- als auch die Mesoebene berücksichtigen die Inhomogenität von Betonwerkstoffen, die im ausgehärteten Zustand prinzipiell durch die Verbundmatrix und die Gesteinskörnung bestimmt wird. Daher wird in Bezug auf Mikrorisse zwischen Verbundmatrix-, Haftungs- und Kornrissen unterschieden, die in ausreichender Menge zum Materialversagen führen können [HSU 63]; [SCHI91]; [JACK14]. Haftungsrisse verlaufen hierbei zwischen Verbundmatrix (z. B. Epoxidharz oder Zement) und Korngrenze der Gesteinskörnung, während Kornrisse einen Bruch der Gesteinskörnung selbst darstellen [NEUN18]. Das Bruchverhalten von Materialien stellt die Basis für das Verständnis und die Erforschung der Ermüdung dar.

Als Ermüdung wird generell das Materialverhalten unter zyklischer Beanspruchung bezeichnet, wobei die maximale dynamische Belastung unterhalb der statischen Festigkeitsgrenze liegt [NEUN18]. Die Grundlagen für Ermüdungsuntersuchungen wurden an metallischen Werkstoffen erarbeitet und insbesondere von den Arbeiten von Palmgren und Miner geprägt [PALM24]; [MINE45]. Gemäß der sogenannten „Palmgren-Miner-Regel" summieren sich die Einzelschädigungen von Metallen auf Mikroebene linear mit zunehmender Lastspielzahl bis zum Versagen des Werkstoffs auf. Begriffe und Methoden für Ermüdungsversuche sind in [DIN22] normiert und zusammengefasst. Demnach kann bei Ermüdungsversuchen zwischen drei unterschiedlichen Bereichen für die zyklische Belastung unterschieden werden: Druckschwellbereich, Zugschwellbereich und Wechsellastbereich. Die Belastung wird dabei entweder kraft- oder weggeregelt aufgebracht. Die Ergebnisse der Ermüdungsversuche werden i. d. R. in Wöhlerdiagrammen bzw. S-N Diagrammen dargestellt [KLAU78]. Bei Wöhlerdiagrammen werden die Lastwechselzahlen bis zum Bruch logarithmisch auf der x-Achse aufgetragen und die Oberspannung bzw. Schwingbreite auf der y-Achse. Bei S-N Diagrammen hingegen wird auf der y-Achse eine sogenannte bezogene Ober- bzw. Unterspannung (S_o bzw. S_u) aufgetragen. Diese bezogene Spannung entspricht dem Quotienten aus maximaler Ober- bzw. Unterspannung und der statischen Materialfestigkeit. So wird eine vergleichende Darstellung unabhängig von der Materialfestigkeit ermöglicht. Ein Versagen unter zyklischer Ermüdungsbeanspruchung tritt i. d. R. bei Belastungen unterhalb der statischen Festigkeit auf [WEFE10]. Ein Material wird dann als dauerschwingfest bezeichnet, wenn ausreichend kleine Beanspruchungen theoretisch unendlich oft wiederholt werden können und die dabei auftretenden Schädigungen nicht zum Versagen des Werkstoffs führen [HOHB04].

Das Ermüdungsverhalten von Betonwerkstoffen war bereits Gegenstand zahlreicher Forschungsarbeiten (z. B. [REIN78]; [KLAU78]; [KRAU87]; [HOHB04]; [ANDE07]; [WEFE10]; [FITI12]; [ONES14]; [THIE15]; [HEEK16]; [NEUN18]; [SCHÄ19];

[SCHE19]; [DEUT20]; [DEUT23]; [RYBC24]; [SCHN21]). Im Gegensatz zu metallischen Werkstoffen kann die Annahme linearer Schädigungszunahme („Palmgren-Miner-Regel") nicht auf Betonwerkstoffe angewandt werden, da z. B. Einflüsse wie Belastungsfrequenz, Lastwechselabfolge sowie Erholungseffekte aufgrund von Ruhepausen nicht berücksichtigt werden [OH91b]; [OH91a]; [RILE85]; [SHI93]; [CORN84c]. [PFAN03] und [HOHB04] wählen daher einen energiebezogenen Ansatz: Demnach muss die dissipierte Energie (die Fläche unter der Spannungs-Dehnungs-Kurve), die zum Versagen führt, in statischen und dynamischen Versuchen gleich groß sein.

Zur Ermüdung von Polymerbeton gibt es bislang nur wenige Forschungsarbeiten. Dey stellt beispielsweise die These auf, dass die Dauerfestigkeit von Polymerbeton bei 50% der jeweiligen statischen Festigkeit liegt, da in seinen Untersuchungen ab diesem Zeitpunkt eine Schädigungszunahme detektiert wurde [DEY91]. Dabei stützt er sich auch auf die Ergebnisse von Krausse, bei dessen zyklischen Biegezugversuchen ebenfalls 50% der jeweiligen statischen Festigkeit als Dauerfestigkeit in Wöhler-Diagrammen ausgemacht wurde [KRAU87]. Ducatti belastet einen einfachen Prototyp eines Maschinenbetts aus Polymerbeton bei 10 Hz für 150.000 Lastwechsel mit 25-75% der Festigkeit. Dies führte jedoch nicht zur Beschädigung, stattdessen wurde eine leichte Erhöhung der Biegefestigkeit festgestellt [DUCA03].

Die Inhomogenität und die vielfältigen Materialmischungen sowohl von Polymer- als auch von Zementbeton erschweren zusätzlich die ohnehin komplexe und aufwendige Erforschung insbesondere des Ermüdungsverhaltens. Hierdurch und aufgrund der vergleichsweise großen Streuungen bereits bei den statisch ermittelten Festigkeiten, wird eine besonders hohe Anzahl an Versuchen benötigt, um Ergebnisse statistisch absichern zu können [HOLM79]; [REIN84]; [HOHB04]; [WEFE10].

Der Großteil der Ermüdungsversuche wurde kraftgesteuert mit sinusförmiger Belastung durchgeführt [REIN78]; [ONES14]. I. d. R. wird eine konstante Mittellast und Schwingbreite verwendet und der Versuch beendet, wenn entweder eine zuvor definierte Lastwechselzahl erreicht wird oder der Bruch der Probe eintritt [KLAU78]. Wie bei metallischen Werkstoffen werden die Ergebnisse meist in Form von Wöhlerdiagrammen (z. B. [HILS66]; [KLAU78]; [CORN84c]; [HORD91]; [HORD92]; [HOHB04]; [FITI12] oder S-N Diagrammen dargestellt [RING86]; [CEB88]; [WEFE10]. Während bei Metallen i. d. R. Ermüdungsversuche mit einer maximalen Lastwechselzahl von 10^6 durchgeführt werden [DIN22], werden für Betonwerkstoffe unterschiedliche Lastwechselzahlbereiche je nach Anwendungsfall verwendet (siehe **Bild 2.4**): Entsprechend der untersuchten Lastwechselanzahl wird in Low-Cycle-, High-Cycle- und Very-High-Cycle-Fatigue unterschieden [NEUN18]. Der Low-Cycle-Fatigue-Bereich zeichnet sich dabei durch die höchsten Beanspruchungen bei niedrigsten Frequenzen aus, während im High-Cycle-Fatigue-Bereich eher niedrigere Beanspruchungen bei höheren Frequenzen verwendet werden, um die Versuchsdauer möglichst kurz zu halten [ONES14]; [SOLE19]. Weiterhin wird zwischen festen und variablen Einflussparametern unterschieden [HOHB04]: Der Elastizitätsmodul, die Betonzusammensetzung, das Prüfalter und die statische Festigkeit werden den festen Einflussparametern zugeordnet. Belastungsniveau, -art und -form sowie Prüffrequenz, Ruhephasen, das

Klima der Versuchsumgebung und der Feuchtegehalt des Probekörpers selbst werden als variable Einflussparameter bezeichnet [HOHB04]; [SCHN12]; [HEEK16].

Um die Schädigung von Betonwerkstoffen zu bestimmen, gibt es in der Literatur unterschiedliche Herangehensweisen: In [HOLM79]; [KIM96]; [ONES14] wird die Korrelation zwischen aufgetretener Schädigung und Dehnung untersucht. In [HSU81]; [PETK92]; [DO93]; [PFAN03]; [HOHB04]; [ANDE07]; [BREI07]; [NEUN18] wird hingegen der Abfall der Steifigkeit als Bewertungskriterium für die Schädigung herangezogen. Einschränkend bei dieser Herangehensweise ist, dass die Steifigkeit während des laufenden Versuchs bislang nicht zerstörungsfrei bestimmt werden kann [HAAR16]. Bei der Nutzung von Schall als Schädigungsindikator hingegen ist eine Erfassung während des laufenden Versuchs möglich. So wird Schallemission generell bzw. die Veränderung von Ultraschalllaufzeiten in [SPOO75]; [BREI07]; [IBUK10]; [THIE15]; [SOLE19] verwendet, um eine Beschädigung festzustellen.

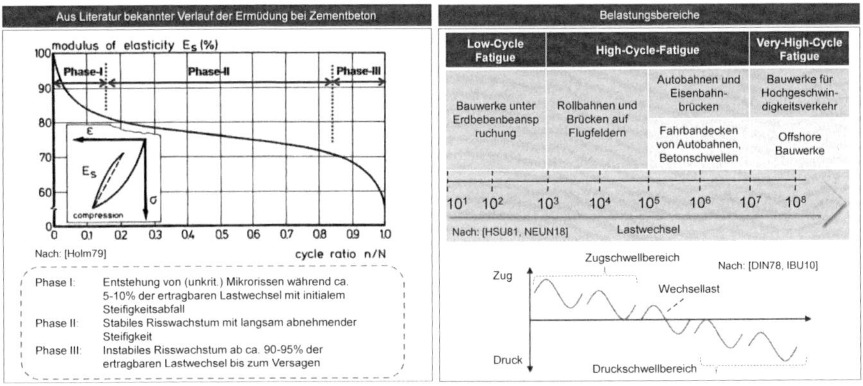

Bild 2.4: Ermüdungsverlauf und Belastungsbereiche von Zementbeton unter schwingender Belastung nach [HOLM79]; [HSU81]; [NEUN18]; [IBUK10]; [DIN78]

Course of fatigue and load range of cement concrete under vibration load according to [HOLM79]; [HSU81]; [NEUN18]; [IBUK10]; [DIN78]

Zudem stellte u.a. Hohberger heraus, dass die Druckfestigkeitsentwicklung im Druckschwellbereich nicht unbedingt dem tatsächlichen Schädigungsverlauf entspricht, da sie bis > 50% der Bruchlastspielzahl auf einem Niveau verharrt [HOHB04] oder durch Spannungsumlagerungen sogar leicht zunimmt [THIE15]. Erst dann fällt die Druckfestigkeit signifikant ab, bis es zum Bruch kommt.

Die Verformungs- bzw. die Steifigkeitsentwicklung von Betonwerkstoffen in Ermüdungsversuchen folgt hingegen (unabhängig von der Belastungsart) einem charakteristischen Verlauf bis zum Bruch der Probekörper [KLAU78]; [HOLM79]; [HOHB04]; [CORN81]; [CORN84a]. Dieser wird in drei Phasen eingeteilt (siehe **Bild 2.4**): In der ersten Phase bilden sich zunächst unkritische Mikrorisse. Dadurch nimmt die Verformung vergleichsweise stark zu. Steifigkeit und E-Modul nehmen entsprechend ab. In der zweiten Phase findet ein stabiles bzw. stetiges Risswachstum statt. Hierdurch nehmen auch die Verformungen kontinuierlich zu. Steifigkeit und E-Modul nehmen linear ab. Zum Schluss folgt in der dritten Phase ein instabiles Risswachstum, welches in kurzer Zeit zum Bruch des Probekörpers führt. Betonart und Belastungsart beeinflussen maßgeblich die Dauer und Ausprägung der einzelnen Phasen [KLAU78]; [HOLM79]; [HOHB04]; [FITI12]. So beginnt für Normalbeton die zweite Phase bei 10-20% und die dritte Phase bei 80-90% der Bruchlastspielzahl [KLAU78]; [HOLM79]; [HOHB04]. Die Steifigkeit nahm über die Lebensdauer um bis zu 40% ab [HOLM79]; [PETK92]. Bei UHPC sowie bei Zugschwellbelastung beginnt die zweite Phase hingegen bereits im Bereich von 5% und die dritte Phase erst im Bereich von 95% der Bruchlastspielzahl [CORN84c]. Auch der Steifigkeitsverlust über der Lebensdauer ist bei hochfesteren Betonarten mit 5-15% deutlich geringer [DO93]; [NEUN18], was sich auch in einem entsprechend flacheren Verlauf der zweiten Phase niederschlägt [FITI12].

Im Hinblick auf die Betonart wurden für Normalbeton bislang die meisten Ermüdungsuntersuchungen durchgeführt (vgl. [REIN78]; [KLAU78]; [HOLM79]; [BREI07]; [THIE15]; [NEUN18]; [SOLE19]. [DO93]; [ONES14]; [SCHÄ19] und teilweise auch [HOHB04] und [IBUK10] befassen sich mit der Ermüdung von hochfestem Beton. Das Ermüdungsverhalten von UHPC wiederum wird in [WEFE10]; [FITI12]; [BREC17a]; [NEUN18]; [DEUT20] thematisiert. In mehreren Untersuchungen wird aufgrund des spröderen Bruchverhaltens von UHPC bzw. von hochfestem Beton eine Verringerung der Bruchlastwechselzahlen im Vergleich zu Normalbeton im Druckschwellbereich festgestellt, wobei die Belastungen auf die jeweiligen Druckfestigkeiten bezogen sind [KIM96]; [HOHB04]; [WEFE10]. Bei Wechsellast hingegen sind die Bruchlastwechselzahlen von UHPC um ein Vielfaches höher als bei Normalbeton [FITI12].

Bzgl. der Belastungsart wurde der überwiegende Teil der Forschungsarbeiten zum Ermüdungsverhalten bisher mit Belastungen im Druckschwellbereich durchgeführt [KLAU78]; [HOLM79]; [TEPF79]; [NAIK93]; [HOHB04]; [ONES14]; [MEDE15]; [THIE15]; [VISW21]; [LI22]; [LI23]. Dabei wurden Belastungen mit einer Oberspannung von maximal 90% der statischen Druckfestigkeit und mit Frequenzen von 0,1 – 200 Hz bis maximal 10^8 Lastwechseln untersucht [KLAU78]; [DYDU94]; [TEPF77]. Zu einer möglichen Dauerschwingfestigkeit gibt es jedoch unterschiedliche Ergebnisse: Während in [KLAU79] eine Dauerschwingfestigkeit von unbewehrtem Normalbeton bei ca. 40% der statischen Druckfestigkeit angegeben wird, kommt [NAIK93] auf einen Bereich von 50-60%. In [HOHB04] wiederum werden 30-40% der statischen Druckfestigkeit – unter Einbezug von hochfestem Beton – als Dauerschwingfestigkeit geschildert, während [WEFE10] annimmt, dass für UHPC keine Dauerschwingfestigkeit existiert. Eine ausführliche Zusammenfassung von Ermüdungsuntersuchungen speziell im Druckschwellbereich findet sich in [MARX17].

Für die Ermüdung von Beton unter Zugbeanspruchung werden größtenteils Biegeversuche herangezogen [SCHÄ19]. Aufgrund der Biegebeanspruchung herrscht hier jedoch ein zweiaxialer Spannungszustand vor. Ermüdungsversuche im Zugschwellbereich mit axialer Krafteinleitung wurden in geringerer Zahl durchgeführt und unterliegen deutlich höheren Streuungen – vermutlich auch weil bereits die Bestimmung der statischen Zugfestigkeiten i. d. R. größeren Streuungen unterliegt [REIN84]; [THIE15];

[SOLE19]. Die maximalen Oberspannungen der Versuche, bei denen bei 10^7 bzw. $2 \cdot 10^6$ Lastwechseln Proben ohne Versagen durch Bruch registriert wurden, lagen bei 60% (UHPC) bzw. 70% (Normalbeton) der statischen Zugfestigkeit [FITI12]; [CORN81].

In Bezug auf die ertragbare Lastwechselzahl stellt die Wechsellast die kritischste Beanspruchungsart dar, da hierbei i. d. R. die wenigsten Lastwechsel bis zum Bruch ertragen werden können [CORN81]; [CORN84a]; [CORN84c]; [CORN84b]; [CEB88]; [RING86]. Aufgrund der deutlich unterschiedlichen statischen Festigkeiten zwischen Zug- und Druckbereich bei Betonwerkstoffen ist bei Untersuchungen der Wechsellast auch interessant, wie hoch die entsprechende anteilige Belastung im Druckbereich ist. In [CORN81] wurden beispielsweise Normalbetone unter Wechsellast bei verschiedenen Belastungshöhen im Druck- und Zugbereich für $2*10^6$ Lastwechsel untersucht: Bei Oberspannungen von 40% der statischen Zugfestigkeit und Unterspannungen von 10-40% der statischen Druckfestigkeit konnten Proben ohne Versagen durch Bruch bis zum Erreichen der max. Lastwechselzahl beobachtet werden. Bei einer Erhöhung der Oberspannung auf 50% der statischen Zugfestigkeit war dies nur noch bei einer Unterspannung von 10% der statischen Druckfestigkeit der Fall. Untersuchungen zur Ermüdung von UHPC bis > 10^7 Lastwechsel wurden beispielsweise in [FITI12] vorgestellt: Hier wurde eine maximale Oberspannung von 40% der statischen Zugfestigkeit und Unterspannungen von bis zu 70% der statischen Druckfestigkeit untersucht. Proben, die bis zum Erreichen der Lastwechselzahl ohne Bruch blieben, konnten vor allem bis zu einer Unterlast von 40% der statischen Druckfestigkeit festgestellt werden. In einem Einzelfall überstand auch eine Probe bei einer Unterspannung von 70% der statischen Druckfestigkeit die 10^7 Lastwechsel.

Die Ergebnisse bzgl. eines Frequenzeinflusses auf die ertragbare Lastwechselzahl unterscheiden sich teilweise stark, sodass bislang noch keine abschließende Aussage hierzu getätigt werden kann - insbesondere im Hinblick auf hohe Frequenzen [HOLM79]; [HOHB04]; [WEFE10]; [SCHN21]. Einen guten Überblick hierzu liefern [NEUN18] und [SCHN21]. Der Großteil der Untersuchungen zur Betonermüdung stammt aus dem Bauwesen. Daher wurden i. d. R. auch die üblichen Prüfstände und Frequenzen aus dem Bauwesen verwendet. Größtenteils werden hydraulische Prüfmaschinen mit direkter Kraftaufbringung in die Probekörper verwendet (z. B. [SCHÄ19]; [DEUT20]). Soleimani et. al. verwenden hingegen zylindrische Probekörper, bei denen Gasdruck auf den Probenumfang aufgebracht wird, wodurch sich eine axiale Zugbelastung einstellt [SOLE19].

Generelle Übersichten zum Stand der Technik bzgl. der Ermüdung von Zementbeton aus Sicht des Bauwesens, auch mit Hinblick auf Vorhersagemodelle, sind in [KACH22], [RIYA23] und [RYBC24] zu finden. In [ZHAO23] wird zudem auf die Ermüdung und das Bruchverhalten von Bi-Betonmaterialien eingegangen.

Die verwendeten Prüfstände und die Tatsache, dass die Prüfungen i. d. R. aus bautechnischer Sichtweise durchgeführt werden, führen dazu, dass der überwiegende Teil der Forschungsarbeiten mit Frequenzen zwischen 1 Hz und 100 Hz (in Einzelfällen max. 200 Hz) durchgeführt wurde. Da für den Maschinenbau jedoch auch Frequenzen von deutlich > 200 Hz relevant sind, wurde am WZL ein Prüfstand entwickelt, mit dem eine zyklische Belastung von Betonproben im Bereich von 300 bis 550 Hz für 10^8 Lastwechsel möglich ist [BREC15]; [BREC17b]; [BREC17c]; [NEUN18]. Versuchsreihen, die an diesem Prüfstand im Wechselbereich an Normalbeton und UHPC durchgeführt wurden, deuten darauf hin, dass eine Dauerfestigkeit jeweils im Bereich von 40-50% der statischen Zugfestigkeit liegen könnte. Hier fehlt es jedoch bislang an einer statistischen Absicherung der Ergebnisse. Zudem bedarf es einiger Verbesserungen am Prüfaufbau – insbesondere hinsichtlich der Prüfstandsteuerung, um die Aussagekraft der Ergebnisse zu erhöhen [NEUN18].

Die Untersuchungen des Einflusses eines niedrigeren Feuchtigkeitsgehalts bzw. einer Nachbehandlung der Probekörper (mit Erwärmung) ergeben für den Druckschwell- und teilweise auch für den Zugschwellbereich eine Erhöhung der Bruchlastspielzahlen (vgl. [CORN84c]; [HOHB04]). Soleimani hingegen beobachtet bei trockenen Proben hochfesten Betons mit Belastungen von 62% der statischen Zugfestigkeit bis max. 100 Lastwechsel im Low-Cycle-Bereich unter Zugbeanspruchung niedrigere Festigkeiten allerdings auch geringere Ergebnis-Streuung [SOLE19].

Bezüglich des Temperatureinflusses bei Ermüdungsversuchen tritt vor allem bei Druckschwellversuchen eine signifikante Erwärmung der Probekörper bei höheren Frequenzen und Belastungen auf. Die Erwärmung variiert zudem noch über dem Probenquerschnitt, was potenziell weitere schädliche Spannungen induziert [HÜMM16]. Neben dem Temperaturgradienten über dem Querschnitt hat auch die absolute maximale Temperatur in UHPC-Proben einen wesentlichen Einfluss auf die ertragbaren Lastwechsel, wie in [DEUT20] aufgezeigt wird. Dies wird darauf zurückgeführt, dass die Druckfestigkeit von UHPC abhängig von der Temperatur ist und bei steigender Temperatur entsprechend der prozentuale Anteil der Belastung ansteigt [DEUT20]; [DEUT23]. Sowohl in [WEFE10]; [FITI12] als auch in [BREC15] wurden jedoch bei Ermüdungsversuchen im Wechselbereich keine übermäßigen Temperaturanstiege an der Probenoberfläche von UHPC gemessen. Die Temperatur lag, nach einer Aufwärmphase zu Beginn der Versuche, konstant zwischen 25 und 30°C.

2.2.3 Weitere Materialeigenschaften

Further material characteristics

Neben den bereits beschriebenen mechanischen Kennwerten und dem Ermüdungs- und Bruchverhalten existieren noch weitere Materialeigenschaften, die in Bezug auf die Verwendung in Werkzeugmaschinen relevant sind, jedoch nicht im Fokus dieser Arbeit stehen. Daher wird im Folgenden wiederum nur ein kurzer Überblick über den allgemeinen Kenntnisstand zu diesen Eigenschaften gegeben.

Schwinden

Maßhaltigkeit im Allgemeinen ist ein wichtiges Thema im Werkzeugmaschinenbau, da Verformungen der Bauteile großen Einfluss auf die Produktionsgenauigkeit der Maschine nehmen. Sowohl Polymer- als auch Zementbeton weisen eine Volumenänderung aufgrund der chemischen Reaktion infolge des Aushärtevorgangs auf (Reaktionsschwinden) [NEUN18]; [SAGM17]. Bei Polymerbeton ist der Effekt des Schwindens insgesamt deutlich geringer ausgeprägt als bei Zementbeton und ohne Nachbehandlung innerhalb von 9 Tagen abgeschlossen [NEUN18].

Da bei Zementbeton im Gegensatz zu Polymerbeton jedoch Wasser in der Mischung vorhanden ist, kommt es bei Zementbeton zu zusätzlichen lastunabhängigen Schwindvorgängen, die mit der Veränderung des Wassergehalts in den Poren auch nach dem Erstarrungszeitpunkt zusammenhängen.

Durch die schwindungsbedingten Eigenspannungen können entweder ungewünschte Verzerrungen der Bauteilgeometrie oder Schädigungen in Form von Rissen entstehen. Schwinden von Zementbeton lässt sich nicht verhindern, sondern nur reduzieren. Hierfür können beispielsweise chemische Zusatzstoffe – sogenannte Schwindreduzierer – in der Betonmischung eingesetzt werden [SAGM17]. Zur Vermeidung von Rissen infolge von Schwindvorgängen bei UHPC wurde von Schachinger ein Vorgehen erarbeitet, bei dem durch Wärmedämmung der Schalung ab einer kritischen Temperatur – ergänzt durch Austrocknungsschutz nach dem Ausschalen – gearbeitet wird [SCHA07]. Weitere Gegenmaßnahmen betreffen vor allem die Konstruktion der Schalung sowohl in Geometrie als auch in Materialauswahl, sodass die Schalung an kritischen Stellen nachgeben kann [SCHA07]; [SAGM17]. Auf diesen Punkt wird in Kapitel 2.3.2 ausführlicher eingegangen. Kritischer in Bezug auf Vorbehalte bzgl. Zementbeton im Werkzeugmaschinenbau ist jedoch, dass das Schwinden nach einer begrenzten Zeit abgeschlossen sein muss, sodass es nicht nach der finalen Oberflächenbearbeitung zu weiteren Verformungen kommt. Gerade bei dickwandigen Bauteilen kann dies teilweise Jahre dauern [NICK83]; [SAGM17]; [NEUN18]. Es können jedoch beispielsweise Nachbehandlungen eingesetzt werden, die die Schwindvorgänge beschleunigen bzw. vorwegnehmen. Sowohl die Untersuchungen von Deuse und Sagmeister als auch die von Neunzig ergaben eine Eignung von Wärmebehandlung bzw. von Autoklavierung von Beton nach der Ausschalung, um die Schwindvorgänge von UHPC so weit abzuschließen, dass danach Verformungen im Bereich < 50 µm/m blieben [DEUS12b]; [NEUN18]; [SAGM17]. 60 Tage nach der Nachbehandlung lagen die Verformungsschwankungen dann im Bereich von 10-20 µm/m, wobei die verwendeten Verfahren laut Angaben von [NEUN18] eine maximale Standardabweichung im Bereich von 30 µm/m und eine maximale Streubreite im Bereich von 80 µm/m aufweisen. In [HAHM13] hingegen werden Verformungsschwankungen von 3-5 µm bei einer UHPC-Mischung nach 28 Tagen angegeben. Eine genaue Aussage zur Maßhaltigkeit von UHPC kann demnach nicht pauschal getroffen werden und bedarf weiterer Untersuchungen. Es sei jedoch angemerkt, dass die gemessenen Restverformungen ab 60 Tage nach der Nachbehandlung in einem Bereich liegen, der auch durch Temperaturschwankungen von wenigen Grad Kelvin erreicht wird. Bei einem Temperaturausdehnungskoeffizienten im Bereich von $12 \cdot 10^{-6}$ K^{-1} (nach [SAGM17]) und einer Probenkörperlänge von 385 mm (nach [NEUN18]) ergibt sich für einen Temperaturunterschied von 3 K eine Längenänderung von 13,86 µm.

Kriechen

Im Gegensatz zum Schwinden handelt es sich beim Kriechen um einen lastabhängigen Effekt, bei dem es aufgrund einer dauerhaften statischen Belastung zu Geometrieverformungen kommt. Polymerbeton hat hierbei aufgrund des Bindemittels auf Kunstharzbasis eine höhere Kriechneigung als Zementbeton, was die absoluten Werte betrifft [GRÜB01]; [NEUN18]; [RELE21]. Untersuchungen zum Kriechen von Polymerbeton unter Drucklast finden sich beispielsweise in [SAHM87]; [KRAU87]; [BART93]; [JACK15]. Laut Jackisch und Schulz kommt das Kriechen unter Druckbelastung jedoch nach drei Wochen Lastaufbringung bei Polymerbeton zum Stillstand [SCHU84]; [JACK15]. Unter Zugbelastung ist der Kriecheffekt von Polymerbeton zwar generell stärker als unter Druckbelastung [GRÜB89], dennoch sind bislang keine ausführlichen Untersuchungen bzgl. der Anwendung im Werkzeugmaschinenbau bekannt.

Untersuchungen zum Kriechen bei (hochfestem) Zementbeton bzw. UHPC finden sich beispielsweise in [SAGM17]; [RELE21]; [DEUS12b]; [MÜLL15]; [BAZA15]. Vorwiegend werden Biegedruckversuche bei hohen Belastungen verwendet und die Ergebnisse anhand der Kriechzahl φ (also dem Faktor, um den die elastische Dehnung übertroffen wird) analysiert [SAGM17]. Es konnte festgestellt werden, dass sich eine Wärmebehandlung auch positiv auf das Kriechen auswirkt [DEUS12b]; [SAGM17].

Thermisches Verhalten

Sowohl Polymer- als auch Zementbeton weisen eine geringere Wärmeleitfähigkeit und erhöhte Wärmespeicherkapazität im Vergleich zu Gusseisen oder Stahl auf. Sie verfügen somit über ein thermisch trägeres Verhalten [SALJ86]; [WESC93]; [BREC17a]. Dies führt dazu, dass Bauteile aus diesen Baustoffen unempfindlicher gegenüber Verformungen aufgrund schwankender Raumtemperatur oder kurzzeitigen direkten Temperatureinflüssen sind [SALJ86]; [HEHE11]. Bei länger wirkenden lokalen Wärmeeinflüssen können diese Eigenschaften hingegen kontraproduktiv wirken, da durch die geringe Wärmeleitfähigkeit größere Temperaturgradienten innerhalb eines Bauteils entstehen können, die zu unerwünschten Verformungen führen [GERL89]; [TANA94]; [PUTZ14]; [SAGM17]; [TANN83]; [SALJ86]; [BÄR07]. Für Polymerbeton besteht in begrenztem Rahmen die Möglichkeit, durch einen möglichst geringen Kunstharzanteil die Wärmeleitfähigkeit zu erhöhen, um diesem Effekt entgegenzuwirken, wobei die übrigen mechanischen Eigenschaften natürlich nicht zu sehr abgeschwächt werden dürfen [SELV13].

Bei Polymerbeton ist zusätzlich zu beachten, dass es bei höheren Temperaturen, die abhängig vom verwendeten Bindemittel sind, zu größeren Fließverformungen aufgrund reduzierter mechanischer Kennwerte kommen kann [GERL89]; [YIN21]. Je nach verwendetem Kunstharz werden die Temperaturgrenzen in der Literatur bei 60° bis

80°C angesetzt [NEUM85]; [SAGM17]; [YIN21]; [GIEL06]. Da im praktischen Einsatz von Werkzeugmaschinen i. d. R. jedoch niedrigere Temperaturen auftreten, ist dieser Effekt oft vernachlässigbar [NEUN18], auch wenn er laut [KRAU84] bereits ab 30°C geringfügig beginnt. Auch bei Zementbeton ist eine Abhängigkeit der mechanischen Kennwerte von der Temperatur zu beobachten [BANE22]. Für UHPC (mit Stahlfasern) ist der Abfall der mechanischen Kennwerte für einen Temperaturbereich bis 100°C im Bereich von 10% bis 20% zu beobachten [BANE22]. Wie bereits in Kapitel 2.2.2 erwähnt, ist für ermüdungsbeanspruchte Bauteile eine Abhängigkeit der Druckfestigkeit von der Erwärmung zu berücksichtigen [DEUT20]; [DEUT23]. Dies wurde bislang jedoch lediglich bei Druckschwellbeanspruchung mit hohen Belastungen untersucht, die im Werkzeugmaschinenbau i. d. R. nicht vorkommen. Bzgl. Zugschwell- oder Wechselbeanspruchung von Zementbeton bei niedriger Belastungshöhe bzw. bei Polymerbeton generell sind bislang noch keine Untersuchungen zu dieser Thematik bekannt.

Chemische Beständigkeit

Polymerbetonmischungen, die speziell für den Werkzeugmaschinenbau entwickelt wurden, besitzen laut Jackisch allgemein eine hohe Widerstandsfähigkeit gegenüber chemischen Einflüssen wie beispielsweise Kühlschmiermitteln, Hydraulikölen oder auch Dielektrika [JACK15]. Auch Wiebusch kommt zu diesem Ergebnis [WIEB98]. Lediglich Enke und Muhr empfehlen aufgrund ihrer – wesentlich älteren – Untersuchungen eine Beschichtung von Polymerbeton zum Schutz vor chemischen Einflüssen [ENKE82]; [MUHR84]. In [RELE23] konnte jedoch in Bezug auf die Maßhaltigkeit unter dem Einfluss verschiedener Fluide auf Polymerbeton eine leichte Verbesserung beim Einsatz einer Beschichtung durch Primer festgestellt werden.

Normalbeton ist aufgrund seines weniger dicht gepackten Gefüges generell anfälliger für chemische Substanzen [ENKE84]. Hochfester und Ultrahochfester Beton hingegen haben aufgrund ihrer selbstverdichtenden Eigenschaften und wegen ihrer dichteren Gefüge eine höhere Beständigkeit gegenüber chemischen Einflüssen [BRAM04]; [SAGM17]; [SCHM14]; [SCHN95]. Vor allem Säuren, Metallsalze, Sulfate und Sulfide sowie Gase mit Schwefelwasserstoff oder Schwefeldioxyd greifen Zementbeton an [HERM95a]; [HERM95b]; [SAGM17]. Kühlschmierstoffe auf Mineralölbasis sowie Alkohol, Benzin, Carbonate, Nitrate u.v.a. sind hingegen für UHPC unkritisch [SAGM17]; [MÜLL16]. Selbst Wasser sorgt aufgrund des besonders dichten Gefüges bei UHPC nur in Oberflächennähe für lokale Quellerscheinungen, die nicht zu Verformungen des gesamten Bauteils führen. Lediglich im Bereich von Linearführungsschienen können diese Quellerscheinungen die erforderliche Genauigkeit beeinträchtigen. Daher wird trotz der tendenziell geringen Beeinflussung auch für UHPC eine Beschichtung empfohlen [HAHM13]; [SAGM17].

Im Vergleich zu Polymerbeton, ist Zementbeton grundsätzlich empfindlicher gegenüber chemischen äußeren Einflüssen. Insbesondere bei Belastung mit alkalischen Substanzen reagiert Zementbeton mit einem stärkeren Festigkeitsverlust als Polymerbeton. Säurehaltige Bedingungen führen hingegen bei beiden Materialien zu einem ähnlichen Festigkeitsabfall, wenn diese über einen längeren Zeitraum aufrechterhalten werden. [GHAS20]

2.3 Verwendung von Beton in Werkzeugmaschinen

Use of concrete in machine tools

Nach der Betrachtung der Maschineneigenschaften und –konstruktionsweisen sowie der Materialeigenschaften von Zementbeton wird in diesem Kapitel der Stand der Technik und Forschung zur gezielten Verwendung von Betonwerkstoffen in Werkzeugmaschinen erläutert. Hierbei wird in Kapitel 2.3.1 zunächst auf die Untersuchung des Einflusses von Betonbauteilen auf die Maschineneigenschaften eingegangen, bevor in Kapitel 2.3.2 die Arbeiten erläutert werden, die sich gezielt mit der werkstoffgerechten Konstruktion von Betonbauteilen für den Maschinenbau befassen. Abschließend werden in Kapitel 2.3.3 Beispiele für bereits bekannte Anwendungen von Beton in der Werkzeugmaschinenindustrie vorgestellt.

2.3.1 Einflüsse von Betonbauteilen auf die Maschineneigenschaften

Influences of concrete parts on machine characteristics

Wissenschaftliche Arbeiten, die den Einfluss von Polymerbeton auf das statische, dynamische und – seltener – auch das thermische Verhalten von Einzelbauteilen oder Gesamtwerkzeugmaschinen untersuchen sind vor allem in den 1980er- und 1990er-Jahren sowie Anfang der 2000er-Jahre entstanden, da Polymerbeton als ein vergleichsweise neuer und vielversprechender Werkstoff mit gegenüber herkömmlichem Zementbeton überlegenen Eigenschaften an Bedeutung gewann [NICK83]; [SCHU84]; [TANN84]; [WECK84]; [WITT84]; [SAHM87]; [SALJ88]; [o.V.91]; [KLAE95]; [MESC95]; [KUSH01]; [VRTA04]; [BRUN06]; [BRUN08]; [SELV12]; [SUH08]; [BÄR07]. Die Arbeiten befassen sich sowohl mit Massivkonstruktionen aus Polymerbeton als auch mit Polymerbeton als Füllwerkstoff für Stahl- oder Gusseisenhüllen.

Nicklau vergleicht in seiner Arbeit ein Polymerbeton- und ein Graugussbett mit jeweils gleichen Anschlussmaßen und gleichem Gewicht. Er kommt zu dem Ergebnis, dass das Polymerbetonbett statisch bis zu 60% steifer ist. Zudem sind die Eigenschwingungen lokal begrenzter und im gleichen Frequenzbereich sind weniger Eigenfrequenzen mit gleichzeitig geringerer Amplitude zu finden. Dies trifft insbesondere für den oberen Frequenzbereich zu. [NICK83]

Dass Bauteile aus Polymerbeton trotz niedrigerem E-Modul und geringerer Dichte bei gleicher Bauteilmasse wie Metallbauteile trotzdem höhere Steifigkeiten aufweisen können, lässt sich an einfachen Betrachtungen von zwei Balken (je einer aus Metall und aus Polymerbeton) mit unterschiedlichen Querschnittsabmessungen nachvollziehen. Solche Betrachtungen wurden unter anderem auch in [MESC91] vorgenommen (siehe **Bild 2.5**).

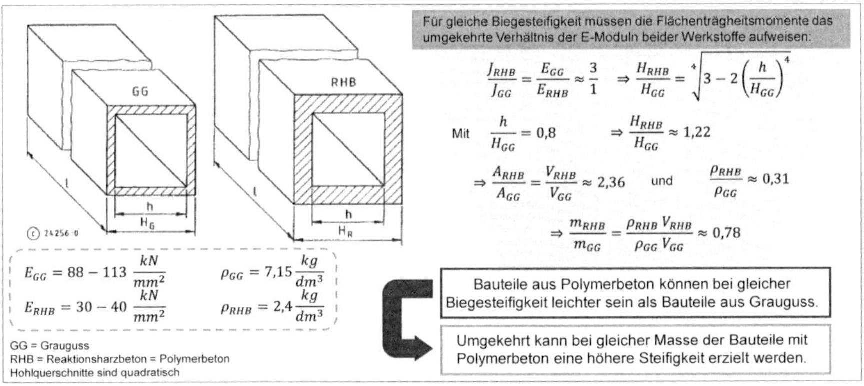

Bild 2.5: Vergleich Bauteilsteifigkeiten von Polymerbeton und Grauguss nach [MESC91]
Comparison of part stiffness of polymer concrete and cast iron according to [MESC91]

Tanner kommt bei seinem Vergleich eines Polymerbetonmaschinenständers mit gegenüber dem Gussbauteil dreifach dickerer Wandstärke zu einem ähnlichen Ergebnis [TANN84]. Auch Weck et. al. weisen bei einem Getriebegehäuse aus Polymerbeton weniger stark ausgeprägte Resonanzen und ein insgesamt günstigeres dynamisches Verhalten nach [WECK84].

Bei Schulz wird der Einsatz eines Polymerbetonbetts in einer Hochgeschwindigkeitsfräsmaschine untersucht. Dieser führt ebenfalls zur Verschiebung der Eigenmoden hin zu höheren Frequenzen sowie zu geringeren Amplituden, wobei keine kritischen Stellen mehr im Zerspanbereich der Maschine ermittelt wurden. [SCHU84]

Wittmoser hingegen untersucht insbesondere Verbundbauteile aus Grauguss und Polymerbeton, wobei Polymerbeton vor allem als Füllmaterial für Metallhüllen verwendet wird. Die Verwendung in Betten einer Schleif- und einer Kompaktdrehmaschine ergeben signifikante Schwingungswegreduktionen (bis Faktor 10), Verschiebung von Eigenmoden hin zu höheren Frequenzen sowie bis zu 6-mal höhere Dämpfung. In einem Fall konnte bei der Füllung eines Kreuzschlittens mit Polymerbeton durch eine Reduktion des Metallanteils sogar eine Massereduktion erreicht werden. [WITT84]

Sahm untersucht in seiner Dissertation unter anderem ein Drehmaschinenbett aus Polymerbeton, welches die gleichen äußeren Abmessungen aufweist, wie ein entsprechendes Gussbauteil. Außer in X-Richtung ist das Polymerbetonbett im Frequenzbereich von 0-1000 Hz steifer und besser gedämpft, was dazu führt, dass die Eigenfrequenzen höher liegen, die Nachgiebigkeiten geringfügig niedriger liegen und der Phasenbereich <-90° deutlich reduziert ist. Dies sind wichtige Hinweise auf eine Verbesserung der Prozessstabilität und der Vermeidung von Rattern [BREC17a]. Weiterhin wurde bei einer Fräsmaschine das Bett aus Stahlblech durch ein massives Polymerbetonbett ersetzt, um dann das dynamische Verhalten zu untersuchen. Da das neue Bett zudem werkstoffoptimiert für Polymerbeton konstruiert wurde, verändert sich auch das Maschinenkonzept, was einen direkten Vergleich erschwert. Dennoch kann generell ein steiferes Verhalten mit reduzierten Nachgiebigkeiten ermittelt werden, obwohl im oberen Frequenzbereich (<700 Hz) die näher am TCP liegenden Bauteile aus Stahl (wie bspw. die Spindel) das dynamische Verhalten dominieren und den Einfluss des Polymerbetonbetts zumindest schmälern. Beim thermischen Verhalten werden Verbesserungen in Y- und Z-Richtung beobachtet. In X-Richtung treten jedoch teilweise höhere thermische Verlagerungen auf. [SAHM87]

Saljé weist bei einem Schleifmaschinenbett aus Polymerbeton ebenfalls nach, dass dieses im Vergleich zu Grauguss über weniger Eigenfrequenzen im betrachteten Frequenzbereich verfügt. Die Eigenfrequenzen liegen zudem ca. 50 Hz höher. Die maximalen Nachgiebigkeiten liegen um ein Drittel höher als beim Graugussbett und die Dämpfung ist zwei bis sechsmal höher. Zudem wird ein dynamischer Vergleich einer mit Polymerbeton gefüllten Schleifmaschinensäule gegenüber einer solchen ohne Füllung durchgeführt, wobei die gefüllte Säule vor allem bei Torsionsbelastung über reduzierte Schwingungsamplituden und erhöhte Dämpfung verfügt. [SALJ88]

Auch die von Prößler et. al. gesammelten Kurzbeiträge sowie die Untersuchungen von Meschke und Kushnir et. al. an Verbundbauteilen aus Gusseisen und Polymerbeton weisen generell positive Auswirkungen von Bauteilen aus Polymerbeton in Bezug auf das dynamische Verhalten und die Werkzeugstandzeiten auf [o.V.91]; [MESC95]; [KUSH01]. Kläger untersucht den Einsatz von Polymerbeton für Werkstückspannvorrichtungen. Die Polymerbetonvorrichtungen liefern in Bezug auf ihren dynamischen Einfluss ähnliche Ergebnisse wie Polymerbetonbetten (weniger und höher liegende Eigenfrequenzen) und weisen auch im Zerspanprozess geringere Amplituden auf. Die Schwingungseigenschaften der Maschine dominieren im Zerspanprozess allerdings deutlich gegenüber dem Einfluss der Spannvorrichtung [KLAE95].

Bär analysiert im Rahmen seiner Dissertation einen Polymerbetonständer und vergleicht diesen mit einem Graugussständer mittels FEM. Der Polymerbetonständer ist laut Simulation steifer und verfügt über höhere Eigenfrequenzen. Auch für den Rotor eines Werkstückaufspanndrehtisches werden zwei Versionen aus Polymerbeton und Stahl verglichen. Da die Polymerbetonversion aber in der gleichen Konstruktionsweise wie das Stahlbauteil ausgeführt ist, konnten keine signifikanten Vorteile nachgewiesen werden. Der Rotor verfügt zwar über höhere Dämpfung, aber auch niedrigere Eigenfrequenzen als das Vergleichsbauteil aus Stahl. [BÄR07] Dies unterstreicht die Bedeutung einer werkstoffgerechten Konstruktion von Maschinenbauteilen, um einen maximalen positiven Effekt erzielen zu können.

In [VRTA04] wird ein Gehäuse für eine Werkzeugspindel aus Polymerbeton konstruiert und analysiert. Im Gegensatz zu anderen Maschinenbauteilen sind hierbei die Herausforderungen bzgl. einer optimalen Wärmedissipation, Dämpfung und Genauigkeit größer. Simulationsbasierte und experimentelle Vergleiche zwischen dem Polymerbetongehäuse und dem Original ergeben eine Massenreduktion um 50% sowie doppelt so hohe Eigenfrequenzen und eine verbesserte Dämpfung. Allerdings wurden höhere

Spannungen im Bauteil und leicht erhöhte Verlagerungen festgestellt. Eine Untersuchung des in die Maschine eingebauten Spindelgehäuses erfolgte nicht.

Bruni et. al. können beim Einsatz eines Polymerbetonbetts höhere Werkzeugstandzeiten und geringere Oberflächenrauheit aufgrund höherer Dämpfung sowie niedrigere Beschleunigungsamplituden im Vergleich zum Einsatz eines Graugussbetts erreichen [BRUN06]; [BRUN08]. Zu ähnlichen Ergebnisse kommen auch Suh et. al. bei Füllung eines geschweißten Stahlrahmens für eine Fräsmaschine mit Polymerbeton [SUH08]. Selvakumar et. al. geben bei einem Drehmaschinenbett aus Polymerbeton an, im Vergleich zum ursprünglichen Gusseisenbett die Masse um 38% reduziert und die Dämpfung um den Faktor 2,2 erhöht zu haben [SELV12].

Einige Arbeiten beziehen zusätzlich zu Polymerbeton noch Vergleichskonstruktionen aus Zementbeton ein [RAHM88]; [RAHM93]; [RAHM01]; [PAZM92]; [DUCA03]. Die hierbei verwendeten Zementbetonmischungen sind jedoch alle durch Stahlgitter oder Bewehrungsstäbe verstärkt.

Rahman et. al. untersuchen beispielsweise Drehmaschinenbetten sowohl aus Polymerbeton als auch aus Ferrozement (Zementbeton mit eingegossenem Metallgitter). Hierbei wird ein positiver Einfluss auf den Stabilitätsbereich der Maschine durch beide Betonwerkstoffe festgestellt. Im Einzelnen konnte eine größere Schnitttiefe ohne Rattern, geringere Schwingungsamplituden und höhere Eigenfrequenzen anhand von Bearbeitungstests mit ergänzenden Berechnungen nachgewiesen werden. [RAHM88]; [RAHM93]; [RAHM01]

Pazmandy wiederum vergleicht vier unterschiedliche Drehmaschinenbettenversionen miteinander: Aus Grauguss, gefüllt mit Quellbeton, aus Polymer- und aus Zementbeton. Dabei hat das Graugussbett die geringste Masse aufgrund der Konstruktionsweise. Beim Zementbetonbett sind die Schwingungsamplituden am geringsten sowie Dämpfung und dynamische Steifigkeit am größten. Die Dämpfung kann für einzelne Schwingungen um 50-150% und die dynamische Steifigkeit um den Faktor 10 erhöht werden. Zudem wird festgestellt, dass abgebrochene und wieder angeklebte Ecken beim Zementbetonbett über eigene Eigenschwingungen verfügen. Der Einfluss des Maschinenbetts auf die Eigenfrequenzen und Schwingungsformen der Gesamtmaschine generell wird jedoch anhand der Untersuchungsergebnisse als eher gering bewertet. [PAZM92]

Ducatti et. al. vergleichen ein Guss- und ein Polymerbetonbett sowie unterschiedliche Zementbetonbetten (bei denen der Zementbeton entweder mit Fasern oder Drahtgitter verstärkt ist) miteinander. Sie kommen zu dem Ergebnis, dass die Eigenfrequenzen bei allen Betonversionen höher liegen als bei Guss, die Dämpfung jedoch von Mode zu Mode stark variiert. Insgesamt bewerten sie die unterschiedlichen Bettversionen als ausreichend belastbar für den Einsatz in Werkzeugmaschinen, mit der Begründung, dass Kräfte von 40 kN ausgehalten werden. [DUCA03]

Ab 2010 nimmt die Zahl der Arbeiten ab, da in dieser Zeit vermehrt andere Werkstoffe, wie beispielsweise Faserverbundkunststoffe untersucht wurden. Aufgrund der Krisen der letzten Jahre mit Auswirkungen auf globale Lieferketten und Materialverfügbarkeiten sind jedoch wieder zunehmend Bestrebungen zu erkennen, die herkömmlichen Metallwerkstoffe im Werkzeugmaschinenbau durch verschiedene Alternativwerkstoffe zu substituieren. Damit einhergehend stieg auch die Anzahl an wissenschaftlichen Arbeiten zu Polymerbetonteilen und ihren Einflüssen im Werkzeugmaschinenbau signifikant an [VENU19]; [VENU20]; [DUNA20a]; [DUNA20b]; [MAHE20]; [KEPC22]; [MAHE15].

Mahendrakumar et. al. ersetzen ein Mini-Drehmaschinenbett durch Versionen aus Polymerbeton und Nessel-Polyester und erreichen damit laut FEM eine Massereduktion von bis zu 33%, eine Erhöhung der Dämpfung um den Faktor 4 sowie die Verschiebung der Eigenfrequenzen hin zu höheren Frequenzen. Die statische Steifigkeit kann ähnlich zur Ursprungsversion gehalten werden. Eine experimentelle Verifikation erfolgte jedoch nicht. [MAHE20]; [MAHE15]

Venugopal et. al. konstruieren einen Ständer einer vertikalen Fräsmaschine als Stahlkonstruktion, verstärkt mit Polymerbeton in verschiedenen Varianten, die mittels FEM untersucht und mit der ursprünglichen Version aus Gusseisen verglichen werden. Bei der final ausgewählten Version mit Stahlverstärkungen im Polymerbeton konnten 12-20% höhere Eigenfrequenzen bei ähnlicher statischer Steifigkeit erreicht werden. Gleiche Untersuchungen werden auch mit einem Gusseisenbett einer Fräsmaschine durchgeführt. Damit konnten die Verformungen während Fräs- und Drehoperationen um 56% bzw. 36% im Vergleich zum Gusseisenbett reduziert werden. Auch die Eigenfrequenzen lagen in der Simulation um mehr als 50% über denen der Gusseisenversion. Eine experimentelle Verifikation erfolgte auch hier nicht. [VENU19]; [VENU20]

Bei Dunaj et. al. wird das Stahlgestell einer vertikalen Drehmaschine mit Polymerbeton verstärkt. Hierdurch konnte eine Reduktion von durchschnittlich 55% und maximal 83% der Amplituden im FRF am TCP im Vergleich zur vollständigen Stahlversion erreicht werden [DUNA20b]. Auch Kepczak et. al. weisen bei einem Drehmaschinenbett aus Gusseisen mit einer Füllung aus Polymerbeton nach, dass die Eigenfrequenzen um bis zu 36% und die Dämpfung um bis zu 108% erhöht werden können, während die Amplituden um bis zu 67% reduziert wurden [KEPC22].

Wissenschaftliche Arbeiten zum Einfluss von Bauteilen aus Zementbeton ohne Bewehrung und speziell aus UHPC auf das statische, dynamische und thermische Verhalten von Einzelbauteilen und Gesamtmaschinen sind hingegen nur vereinzelt zu finden [SUGI88]; [HERM16]; [BERG18].

Sugishita et. al. setzen beispielsweise Portlandzement mit Epoxidharzbeschichtung und massive Stahlplatten für die Verbindungs- und Kraftangriffspunkte für Bett und Ständer einer Werkzeugmaschine in massiver monolithischer Bauweise ein. Dadurch fallen die Massen höher aus als bei den vergleichbaren Graugussversionen. Die unteren Eigenmoden (bis auf die erste) liegen beim Betonbett bei höheren Frequenzen und die höheren Eigenfrequenzen und –moden des Graugussbetts konnten beim Betonbett im betrachteten Frequenzbereich nicht detektiert werden. Ähnliche Ergebnisse konnten für die Ständerversionen ermittelt werden. Beim Einsatz beider Betonbauteile in der Gesamtmaschine kann festgestellt werden, dass das Maschinenverhalten steifer und gedämpfter ist im Vergleich zu der Bauvariante, wo nur das Bett aus Beton eingesetzt wird. [SUGI88]

Auch Hermansky et. al. stellen beim Einsatz eines geschweißten Stahlbetts mit hochfester Zementbetonfüllung bessere Dämpfungseigenschaften und höhere dynamische Steifigkeiten fest [HERM16].

Berger erstellt in seiner Dissertation die Traverse einer Portalmaschine aus UHPC und vergleicht diese mit der ursprünglichen Traverse aus Stahl. Beim simulationsbasierten Einzelteilvergleich weist die UHPC-Version verbesserte Struktureigenschaften auf. Auch bei Einbau in die Maschine werden vergleichbare Nachgiebigkeiten am TCP und ein erweiterter stabiler Prozessbereich erreicht. Durch die erhöhte Dämpfung klingen Schwingungen schneller ab. Weiterer Forschungsbedarf wird in der Erstellung von Konstruktionsrichtlinien speziell für UHPC und in der Untersuchung des Langzeitverhaltens unter Schwingungsbeanspruchung gesehen. [BERG18]

Ansonsten finden sich eher allgemeine Angaben der Hersteller aus dem praktisch erfolgten Einsatz von Zementbeton in Werkzeugmaschinen zu dessen Einfluss, ohne konkrete und belegte Zahlenangaben und Daten. Daher wird hierauf in Unterkapitel 2.3.3 eingegangen.

2.3.2 Werkstoffgerechte Konstruktion von Betonbauteilen

Design suitable for concrete parts

Insgesamt bestätigen die wissenschaftlichen Arbeiten aus Kapitel 2.3.1, dass Maschinenbauteile aus Betonwerkstoffen einen positiven Einfluss auf das dynamische Maschinenverhalten bei ähnlichem statischem Verhalten haben. Dies wird jedoch nur dann erreicht, wenn auf eine werkstoffgerechte Konstruktion und Einsatzweise der Betonbauteile geachtet wird (vgl. bspw. [PAZM92]; [SAHM87]).

Da die meisten wissenschaftlichen Arbeiten zum Einsatz von Betonwerkstoffen im Werkzeugmaschinenbau bislang auf Polymerbeton bezogen sind, gibt es für diesen Werkstoff bereits weitgehend bekannte und erprobte Konstruktionsempfehlungen [DEY84]; [NEUM85]; [SAHM87]; [GERL89]; [DEY91]; [MESC95]; [KLAE95]; [JACK14]; [JACK15]. Arbeiten, die sich mit der werkstoffgerechten Konstruktion von Zementbeton und speziell UHPC auseinandersetzen, orientieren sich größtenteils an den Konstruktionsempfehlungen für Polymerbeton mit kleineren Anpassungen, die den Unterschieden in den Materialeigenschaften geschuldet sind [JACK14]; [SAGM17]; [BERG18]; [SAGM20].

Neumann teilt Polymerbeton-Konstruktionen in Füllkonstruktionen, Verbundkonstruktionen, reine Polymerbetonkonstruktionen und Leichtbaukonstruktionen ein. Bei Leichtbaukonstruktionen kommen nach seiner Definition Armierungen aus hochfesten Materialien oder eine durch diese Materialien erzeugte Vorspannung zum Einsatz (z. B. mittels Stahl oder GFK-Draht). Zudem unterscheidet er zwischen monolithischen/kompakten und zergliederten/filigranen Bauweisen. Als Voraussetzung für den erfolgreichen Einsatz (fast) reiner Polymerbetonkonstruktionen wird eine vergleichsweise freie Gestaltungsmöglichkeit des betreffenden Bauteils zwischen den vorgegebenen Verbindungsstellen angegeben. Je monolithischer die Konstruktion ist, desto einfacher und wirtschaftlicher soll zudem Polymerbeton einsetzbar sein. [NEUM85]

Beim Einsatz von Spanntechnik steigen die Herstellungskosten und die Dämpfung wird tendenziell geringer [NICK83]; [NEUM85]. Durch eine Vorspannung ohne Stoff- oder Formschluss mit dem Betonwerkstoff können jedoch gute Dämpfungswerte durch Reibung in den Fügestellen erzeugt werden [NICK83]. Neumann unterscheidet in seiner Arbeit zwischen Teilevorspannung und Korpusvorspannung. Bei der Teilevorspannung werden nur einzelne Bauteilbereiche (z. B. separat montierte Teile oder mittels Blindspannelementen) vorgespannt, bei der Korpusvorspannung wird die Vorspannung über dem gesamten Querschnitt aufgebracht. Hierbei muss der Vorspannungsverlust durch Kriechen berücksichtigt werden. [NEUM85]

Für verfüllte Konstruktionen sind insbesondere bei Zementbeton Materialmischungen mit einem Quellverhalten zum Ausgleich des Schwindens und zum besseren Verbund mit der Stahlhülle anzuwenden. Vor allem für Prototypen und kleine Herstellungszahlen wird dies als sinnvoll angesehen. Bei Serienteilen hingegen kann es finanziell günstiger sein, mit einer mehrfach verwendbaren Stahlschalung anstatt der immer wieder neu zu fertigenden verlorenen Stahlhülle zu arbeiten. [SAGM17] Weitere Untersuchungen zu Konstruktionsvarianten von Bauteilen, die mit Zementbeton oder Polymerbeton verfüllt werden, finden sich beispielsweise in [KUSH01]; [SUH08]; [SONA17]; [VENU19]; [VENU20]; [DUNA20a]; [DUNA20b].

Als Ausgangspunkt für reine Betonkonstruktionen werden einfache Quader empfohlen, von denen Volumen abgetragen wird (meist in Form von Pyramiden- oder Kegelstümpfen), um die Räume und Flächen für die Bearbeitung, Anbauteile und Schnittstellen zu schaffen sowie Gewicht zu reduzieren [JACK14]; [JACK15]. Um eine einfache Entformung aus der Schalung zu gewährleisten, sollten Entformungsschrägen mit Winkeln zwischen 2,5° und 5° vorgesehen werden, wobei 5° zu bevorzugen sind [SAHM87]; [JACK14]; [JACK15]; [POKL20b]; [POKL20a]. Bei UHPC werden sogar Entformungsschrägen zwischen 5° und 45° empfohlen [JACK14]. Die Eingießseite sollte möglichst auf der Unter- oder einer anderen nicht sichtbaren Seite eingeplant werden, da diese häufig optische Beeinträchtigungen enthält [JACK14]; [JACK15]; [SAGM17]. Um trotz der geringeren Dichte von Betonwerkstoffen ähnliche Biege- und Torsionssteifigkeiten wie bei Metallkonstruktionen zu erhalten, können erhöhte Wandstärken und optimierte Flächenträgheitsmomente (Doppel-T- oder geschlossene Profile) verwendet werden [SAHM87]; [SAGM17]; [JACK14]; [JACK15]. Nach [TANN84] und [GERL89] sollten die Wandstärken und Flächenträgheitsmomente jeweils um Faktor 3 über den vergleichbaren Konstruktionen aus Metall liegen. Entsprechend lassen sich dünnwandige Metallbauteile einfacher durch Beton ersetzen als dickwandige Metallteile [SAHM87]. Die minimal möglichen Wandstärken orientieren sich am maximalen Korndurchmesser der verwendeten Mischung. Für Polymerbeton wird ein 5- bis 8-faches [JACK15]; [POKL20b]; [POKL20a] bzw. das Dreifache [DEY84]; [DEY91] des maximalen Korndurchmessers empfohlen. Komplexe Geometrien, die bedingt sind durch die erforderlichen Steifigkeiten, und Bedingungen an die Füllbarkeit der Schalung (damit sich die Betonmischung gut verteilen kann) erfordern meist größere Wandstärken als bei Metallkonstruktionen. Sowohl größere Wandstärken als auch Materialanhäufungen sind durch die geringe Vergusstemperatur einfach umsetzbar [TANN84]; [DEY84]; [DEY91]; [JACK14]; [JACK15]. Eine Masseoptimierung von Betonbauteilen kann, wie bei Metallteilen, durch entsprechende Verrippung erreicht werden, wobei auf Gießbarkeit und Entformung geachtet werden muss [JACK14]; [JACK15]; [SAGM17]. Zudem sollte bei der Konstruktion berücksichtigt werden, dass eine hohe Dämpfung nur bei Biege- oder Torsionsschwingungen der Bauteile Auswirkungen hat, da nur dann die Materialdämpfung zum Tragen kommt [SAHM87].

Für Funktionsflächen gibt es im Wesentlichen drei unterschiedliche Ausführungsformen: Eingießteile aus Metall, die nachbearbeitet werden können, direktes Eingießen von Gewindehülsen oder Blindstopfen in den Beton und anschließendes Schleifen der Oberfläche oder Abformen einer Epoxidharzschicht an der Oberfläche durch spezielle Abformlehren (siehe **Bild 2.6**). Die erste Variante eignet sich durch die zusätzliche Herstellung und Bearbeitung der Eingießteile für Funktionsflächen mit hoher Genauigkeit vor allem für geringe Stückzahlen und komplexe Geometrien. Allerdings ist auch der Kostenvorteil einer möglichen Fräsbearbeitung im Vergleich zu einer Schleifbearbeitung zu berücksichtigen, die bei direkter Bearbeitung der Betonoberfläche nötig ist [SAGM17]. Bei langen Achsen müssen die eingegossenen Führungsleisten gestückelt werden, um Bimetalleffekte zu verhindern und Schwindvorgänge ausgleichen zu können [JACK14]; [SAGM17]. Nach Sagmeister müssen für UHPC-Bauteile Eingießteile alle 800 mm geteilt ausgeführt sein und die Fuge von 1 mm muss durch weiches Silikon abgedichtet werden. Auch bei Ringen und Rohren kann es zu Zwangsspannungen durch Schwinden kommen. Ringe können entweder segmentiert ausgeführt werden oder Gewindehülsen können ringförmig angeordnet werden. Rohre sollten durch weichen Kunststoff ausgeführt werden [SAGM17]. Wenn für Aufstellelemente seitlich überstehende Stahlplatten oder in einer Aussparung am Rand des Bauteils platzierte eingegossene Stahlplatten verwendet werden, muss auch die Durchbiegung der eingegossenen Stahlplatten mitberücksichtigt werden, da ihr Anteil durchaus signifikant sein kann [SAGM17]. Auch auf die maximal zulässige Flächenpressung der verwendeten Betonmischung ist zu achten [JACK15]. Zudem muss sichergestellt sein, dass Eingießteile vor dem Verguss des Betons spannungsarm sind und nicht zu unerwünschten Bimetalleffekten führen [SAHM87]; [GERL89]. Insbesondere wenn Anker oder andere Vorrichtungen zur Herstellung eines Formschlusses mit dem Beton angeschweißt wurden, ist eine spannungsreduzierende Behandlung notwendig [JACK15]; [SAGM17]. Für einfache Eingießteile (wie Transportanker etc.) werden meist entsprechende Standardteile aus dem Betonbau verwendet, die entsprechend ihrer Gebrauchsanweisung (bzgl. Traglast, Mindestwandstärke etc.) eingeplant werden müssen [JACK15]. Die Dicke der Eingießteile hängt ab von der benötigten Steifigkeit, dem ausgesuchten Ankerabstand, der lokalen Aufnahme von Kräften, sowie der Tiefe und Positionierung von Gewinden. Eine Übersicht über Stahlplattendicken in Abhängigkeit von Gewinde- und Bohrungstiefe für UHPC findet sich in [SAGM17]; [SAGM20].

Durch die niedrige Vergusstemperatur können sowohl Stahl als auch Kunststoffteile direkt in das Bauteil eingegossen werden. Somit können auch Rohre und Schläuche (sowie Leitungen und Kabel) für Energie- und Stoffzu- und –abfuhr direkt mit vergossen werden und damit durch das Gestellbauteil geschützt verlegt werden. Dabei muss allerdings die Temperatur der transportierten Medien sowie die Beeinträchtigung des Materialquerschnitts im Beton berücksichtigt werden. Die Leitungen können auch zur aktiven Temperierung des Bauteils verwendet werden. Auch Vorrichtungen für den Abtransport von Spänen können direkt eingegossen werden. [JACK15]; [SAGM17]

Nach [SAGM17] sind für UHPC Ebenheiten und Planparallelitäten von bis zu 0,1 mm auf 2-3 m Länge direkt aus der Schalung erreichbar. Tanner gibt diese Größenordnung auch für Polymerbeton an [TANN84]. Gewindehülsen können mit Aufwand durch Messen der Schwindverformungen und Anwendung von Vorhaltemaßen auf eine Lagegenauigkeit von 0,3 mm gebracht werden, was jedoch nicht der geforderten Genauigkeit von 0,1 mm von Seiten der Führungshersteller entspricht. Stattdessen können Blindstopfen verwendet werden, in die die Gewinde nachträglich eingebohrt werden. Eine andere Möglichkeit ist die Herstellung von Bohrungen im erhärteten Beton und nachträgliches Einkleben von Gewindehülsen mit Epoxidharz. Hier kann jedoch kein Formschluss zwischen Gewindehülse und Beton erreicht werden. [SAGM17]

Für einfache, nicht hochpräzise Schraubverbindungen können übliche Hülsendübel aus dem Bauwesen verwendet werden. Verbindungen bei höheren geforderten Festigkeiten und Steifigkeiten werden mit gedrehten Gewindehülsen aus Stahl ausgeführt (siehe **Bild 2.6**). Diese gibt es – je nach Betonhersteller – in unterschiedlichen Ausführungen. Bei ausreichendem Randabstand und hochfester Ausführung der Gewindehülsen ist i. d. R. die Festigkeit der Schraube ursächlich für die Versagensgrenze der Verbindung. [SAGM17] Ausführliche Untersuchungen zur Auslegung und statischen Festigkeit von Gewindehülsen in UHPC finden sich in [SAGM20].

Beim Eingießen von Gewindehülsen oder Blindstopfen ist darauf zu achten, dass die Hülsen bzw. Stopfen entweder bündig mit der Oberfläche oder versenkt eingegossen werden können. Während der erste Fall den günstigeren Kraftfluss durch den Beton bedeutet (siehe **Bild 2.6** und [BREC17d]; [SAGM17]), ist hierbei evtl. auch ein anderes Schneidmaterial für Schleifarbeiten nötig, da zwei unterschiedliche Materialien gleichzeitig bearbeitet werden. Dies kann zu höheren Kosten durch das Schneidmaterial selbst und durch eine spezielle Entsorgung des anfallenden Schleifschlamms führen [SAGM17]. Uhlmann und Kaulfersch stellen ebenfalls Herausforderungen bei der Fräsbearbeitung von Polymerbeton fest [UHLM16]. Als Faustregel für Gewindebuchsen gilt, dass die minimale Wandstärke dem dreifachen des Außendurchmessers der Buchse entspricht [JACK15].

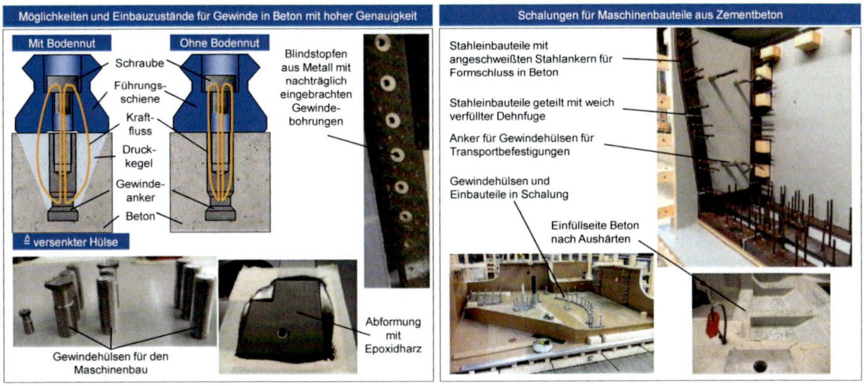

Bild 2.6: Gewinde in Beton und Schalungen für Maschinenbauteile aus Zementbeton nach [BREC17d]; [SAGM17]

Threads in concrete and formwork for parts of machines made of cement concrete according to [BREC17d]; [SAGM17]

Abformen hat den Vorteil, dass es direkt im Werk – also ohne Transport des Bauteils – durchgeführt werden kann [SAGM17]. Beim Abformen betragen die Schichtdicken etwa 2-2,5 mm [JACK15]. Diese Variante eignet sich vor allem bei Serienbauteilen, da sich dabei die Anschaffungskosten für die hochgenauen Abformlehren am schnellsten amortisieren. Es gibt jedoch kundenseitig häufig den Vorbehalt, dass die Abformschicht aus Epoxidharz auf UHPC-Teilen anfällig für Kriechen unter dem Anpressdruck von beispielsweise Profillinearschienenführungen ist [SAGM17]. Wenn Profilschienenführungen auf Abformflächen montiert werden sollen, sind folgende Regeln zu beachten [JACK15]:

- Abhängig von den auftretenden Querkräften muss die Breite der Anschlagschulter 25-40 mm betragen.
- Da der Eckenradius < 0,5 mm ist, können Freistiche an der Anschlagsschulter nicht abgeformt werden.
- Die maximale Achslänge darf 2.000-2.500 mm betragen [JACK15]; [SAGM17].
- Soweit möglich sollten die Abformflächen als Wannen ausgeführt werden, um den Aufwand zur Abdichtung gering zu halten. Anderenfalls ist für die Abdichtung genügend Platz vorzusehen.

Zudem sollte die Kontaktfläche bei Montage der Pofilschienenführung möglichst groß sein [JACK15]. Um bei UHPC Beeinflussungen von Führungen durch Quellerscheinungen aufgrund von Wasser zu vermeiden, werden verschiedene Maßnahmen vorgeschlagen. Wenn eingegossene Stahlleisten verwendet werden, sollten die Bauteile und insbesondere auch die Seiten der eingegossenen Stahlteile beschichtet werden, damit in die Verbindungsstelle kein Wasser eindringen kann. Wenn die Führungsschienen direkt auf eine geschliffene Betonoberfläche geschraubt werden und bei dem Schleifprozess Schneidöle verwendet wurden, ist keine Beschichtung nötig, da das vom Beton aufgenommene Öl Quellerscheinungen durch Wasser verhindert. [SAGM17]

Insbesondere bei UHPC sollten zudem innen liegende Kanten als Fasen ausgeführt werden, um Kerbspannungen zu vermeiden. Kantenabplatzungen sollte durch Radien oder eingegossene Schutzbleche vorgebeugt werden. [JACK14]; [SAGM17]

Bei Polymerbeton gibt es noch eine zusätzliche Möglichkeit für die Umsetzung von Funktionsflächen direkt auf der Betonoberfläche: Dabei wird eine spezielle Mischungsvariante mit beispielsweise kleinerer Korngröße verwendet, um ggf. dünnere Wandstärken umzusetzen. Diese Variante ist jedoch nur bei vorstehenden Funktionsflächen möglich, die auf der eingussabgewandten Seite der Schalung liegen. [JACK15]

Auch Baukastenstrukturen sind möglich, entweder durch eine variabel ausgeführte Schalung oder durch einen Verbund von einfachen gegossenen Einzelteilen [KLAE95]; [JACK15]. Für eine variable Schalung eignen sich besonders Bauteile, die in einer Dimension unterschiedliche Abmessungsvarianten aufweisen (also beispielsweise unterschiedliche Achslängen aufweisen) [JACK15]. Ein Verbund von zwei Betoneinzelteilen kann durch Kleben oder Schrauben erfolgen [DEY84]; [DEY91]; [KLAE95]. Die Klebeverbindungen sind langzeitstabil und hochfest, sodass in entsprechenden Untersuchungen Risse nicht in der Klebefuge sondern im Beton selbst auftreten [KLAE95]; [BREC15]; [SAGM17]. Allerdings führen Klebefugen neben einer leicht höheren Dämpfung auch zu einem leichten Abfall der Steifigkeit [SAHM87]; [SAGM17]. Bei geringen Klebschichtdicken ist der Einfluss jedoch von untergeordneter Größenordnung [GERL89].

Bzgl. der Schalungskonstruktion spielen neben der Entformbarkeit auch die Gießbarkeit, die Anzahl geplanter Abgüsse, Kollisionsfreiheit von Eingießteilen, Genauigkeit und Oberfläche eine wichtige Rolle. Schalungen bestehen aus der Bodenplatte sowie den Seitenteilen und ggf. auf der Oberseite angebrachten Brücken, an denen Eingießteile oder Hohlformer befestigt werden können. Um eine möglichst einfache Entformung zu gewährleisten, sollten so viele formgebende Segmente zur Bildung von Aussparungen und Hohlräumen wie möglich an der Schalungswand oder dem Schalungsboden platziert und fest verbunden werden. Im einfachsten Fall können dann die Seitenwände einfach aus dem erhärteten Bauteil gezogen und dieses dann von der Bodenplatte abgehoben werden. Eingießteile sollten so ausgeführt sein, dass sie im erhärteten Beton eine feste Verbindung durch Stoff- und Formschluss gewährleisten [SAHM87]; [JACK15]. Zudem müssen sie in der Form gegen Verrutschen gesichert sein. Meist wird dies durch Verschraubungen an der Schalungswand realisiert. Verrippungen zur Gewichtsreduktion bei gleicher Steifigkeit können entweder durch verlorene Kerne oder formfeste Hohlformer in der Schalung erreicht werden. Diese müssen auch eine Entlüftung beim Gießvorgang ermöglichen und verlorene Kerne dürfen nicht aufschwimmen und sind daher zu befestigen. Zudem sollten Hinterschneidungen vermieden werden, die geteilte Segmente in der Schalung erfordern. Befestigungsmöglichkeiten und Transportvorrichtungen sollten einfach und sicher ausgeführt werden. [JACK15]

Bei UHPC ist zu beachten, dass die Belastung durch Schwindvorgänge, die zum Aufschrumpfen auf bestimmte Formelemente führen, höher als bei Polymerbeton ist. Kerne und Formteile, an denen durch Schwindung Zwangsspannungen auftreten können, sind daher soweit möglich zu vermeiden oder mit flexiblen, nachgiebigen Materialien wie weichen Kunst- oder Schaumstoffen auszuführen. Als verlorene Kerne können Polystyrolkerne verwendet werden. [JACK15]; [SAGM17]

Risse im Bauteil sollten auf jeden Fall durch eine geeignete Bauteil- und Schalungskonstruktion vermieden werden. Dünne Haarrisse können jedoch evtl. durch mit Hochdruck eingepresstes Epoxidharz geschlossen werden, solange die Rissflanken noch aneinanderhaften. Das dieser Art ausgebesserte Bauteil kann jedoch unter Umständen im Tragverhalten weicher sein. [SAGM17]

Die Schalungen können aus Holz, Kunststoff oder Metall gefertigt werden. Maßgeblich für die Auswahl des Schalungsmaterials neben den Kosten sind die Anzahl der geplanten Abgüsse, da die Schalung bei jedem Guss mit anschließender Entformung verschleißenden Beanspruchungen ausgesetzt ist. Dies beeinflusst die erreichbare Genauigkeit und Oberflächenqualität mit jedem weiteren Abguss. Verschleißende Einflüsse auf die Schalungen sind das Eigengewicht der Schalung, das Füllgewicht, evtl. nötige Verdichtungsschwingungen durch Rütteltische und die Kräfte, die bei der Entformung des Bauteils aufgewendet werden müssen. Insbesondere die Positionierung der Befestigungen für Eingießteile mit höherer erforderlicher Positionsgenauigkeit sind in weniger beständigen Schalungsmaterialien verschleißanfällig. Daher sind Holz oder Kunststoff nur für wenige Abgüsse kleinerer Bauteile verwendbar. Beide eignen sich vor allem für Prototypen und Einzelanfertigungen mit Genauigkeiten von +/- 1-2 mm und 5-10 Abgüsse [BUCH84]; [JACK15]. Mit einer Aluminiumblechbeplankung können auch Genauigkeiten von +/- 0,5-1 mm und 30-40 Abgüsse erreicht werden. Für Serienteile bzw. eine hohe Anzahl an Abgüssen sind Metallschalungen zu verwenden. Hierbei sind Genauigkeiten von +/- 0,15-0,5 mm und 300-1000 Abgüsse möglich [BUCH84]; [JACK15]. Je nach Anwendungsfall ist es auch möglich, eine Schalung aus einer Kombination unterschiedlicher Materialien zu fertigen, wenn geringe oder mittlere Stückzahlen abgegossen werden sollen und nur genauigkeitsrelevante Schalungsteile aus Metall ausgeführt werden können. Auf diese Weise können Kosten reduziert werden, da Metallschalungen deutlich teurer in der Herstellung sind. Außer bei Teilen, die anfällig für Aufschrumpfungen durch Schwinden sind, werden die Belastungen der Schalungen beim Verguss und der Entformung bei UHPC als geringer eingestuft, sodass Holz auch bei mittleren Stückzahlen eher eingesetzt werden kann. [JACK15]

Generell ist bei der Anwendung und Konstruktion von Betonbauteilen für den Maschinenbau eine große Erfahrung erforderlich. Daher empfehlen sowohl Jackisch als auch Sagmeister, eine weitgehende Konstruktionsunterstützung der Materialhersteller von Betonmaterialien, die auf den Werkzeugmaschinenbau spezialisiert sind. [JACK15]; [SAGM17]

Bei massiven Bauteilen, deren Belastungen im Bereich des linear-elastischen Materialverhaltens liegen, kann ganz normal mit den Standard CAD-Programmen gerechnet werden. Für Vergleichsspannungen müssen die Hauptspannungen oder das Vergleichskriterium nach Rankine verwendet werden. Bei mehrachsiger Belastung ist die Zugfestigkeit maßgebend für die Festigkeit. Durcrete verwendet für die Auslegung von UHPC bzgl. Zugfestigkeit eine zulässige zentrische Zugspannung von maximal 3 N/mm^2 und 5 N/mm^2 für Biegezugfestigkeiten. Neben den üblichen geometrischen Vereinfachungen (keine Gewindebohrungen, Fasen oder Rundungen an den Kanten), dürfen segmentierte Stahlleisten nicht zusammengefasst werden, da dies unzulässige Versteifungen zur Folge hätte. Zudem sollten Eingießteile als vollständig mit dem Beton verbunden ausgeführt werden. Damit kann das globale Maschinenverhalten gut abgebildet werden. [SAGM17]

Neben Simulationen zum statischen, dynamischen und thermischen Bauteilverhalten in der Maschine sind meist auch Herstellungs- und Logistiksimulationen nötig [JACK15]. Dunaj et. al. stellen in ihren Arbeiten am Beispiel von mit Polymerbeton verfüllten Konstruktionen eine Methode vor, mit der eine deutliche Reduktion der Freiheitsgrade bei gleichzeitig hoher Genauigkeit erreicht werden kann [DUNA20a]; [DUNA20b]. Dabei wird die Struktur in geometrisch einfache Einzelteile aufgeteilt und deren Verhalten sowie das Verhalten ihrer Verbindungen untereinander anhand von einfachen FE-Modellen und Prototypen abgeglichen. Aus den validierten Einzelteilen (die als steife finite Elemente modelliert werden) sowie den Verbindungseigenschaften wird anschließend das Gesamtmodell zusammengestellt. Am Beispiel eines geschweißten Stahlrahmens für ein Maschinengestell, dessen hohle Stahlprofile mit Polymerbeton gefüllt sind, konnten so die Freiheitsgrade um bis zu 99% gegenüber einer herkömmlichen FEM reduziert werden. Gleichzeitig beträgt die durchschnittliche Abweichung der Eigenfrequenzen 4% und auch die berechneten FRF wiesen eine gute Übereinstimmung mit den Messungen auf. Dadurch kann eine Vielzahl unterschiedlicher Konstruktionsvarianten des Gestells in kürzerer Zeit untersucht und verglichen werden. Ob und wie dieses Verfahren auch auf Bauteile angewandt werden kann, die sich nicht auf einfache Balkenfachwerke reduzieren lassen, wurde bisher noch nicht untersucht.

Werden Größenskalierungen von Prototypen zur Untersuchung der Eigenschaften verwendet, ist zu beachten, dass die Eigenfrequenzen und –moden zwischen verschiedenen skalierten Größen übertragbar sind, die dynamische Steifigkeit jedoch nicht [DEY84]; [DEY91].

Viele Konstruktionen von Betonbauteilen im Werkzeugmaschinenbau werden unter dem Gesichtspunkt der Verbesserung des dynamischen Verhaltens angegangen. Allerdings ist auch das thermische Verhalten immer im Blick zu behalten. So wurden größere thermische Verformungen durch lokale Wärmequellen und verringerte Wärmeleitung bei vielen einfachen Einsätzen von Polymer- und Zementbeton beobachtet, die primär auf die Verbesserung des dynamischen Verhaltens abzielten [SAHM87]; [SUGI88]; [SALJ88]; [o.V.91]; [TANA94]; [PUTZ14]. Lediglich Meschke geht den umgekehrten Weg, konstruiert Verbundbauteile aus Zement- und Polymerbeton zunächst unter thermischen Gesichtspunkten und untersucht anschließend den Einfluss auf das dynamische Verhalten [MESC95]. Das Angießen von Metallteilen führt hierbei nicht zu gravierenden Unterschieden in der Nachgiebigkeit. Eingießteile mit hoher Wärmeleitung oder eingeplante Flüssigkeitskreisläufe können allerdings zu einer besseren Temperaturverteilung und definierten Verformungszuständen führen [GERL89]; [NEUG12a].

Da bei großen Bauteilen das thermische Verhalten meist wichtiger sei als das dynamische, empfiehlt Meschke hierfür verfüllte Metallkonstruktionen. Dabei sollten vor allem die Querschnitte mit größerem Abstand zur neutralen Faser aus Stahl mit ausreichender Dicke ausgeführt werden. Zur Massereduktion bei verfüllten Konstruktionen werden Hohlräume nahe der neutralen Faser als mögliches Mittel aufgeführt. Für kleinere Bauteile wird hingegen eine Ausführung in Massivbauweise aus Polymerbeton empfohlen. [MESC95]

2.3.3 Anwendungsbeispiele aus der Industrie

Examples of applications in industrial praxis

Produktionskosten, Umweltaspekte und Verfügbarkeiten von alternativen Werkstoffen spielen eine zunehmende Rolle bei der Materialauswahl auch in der industriellen Praxis des Maschinenbaus [JACK14]. Betonwerkstoffe werden überall dort verwendet, wo Schwingungen durch die größere Dämpfung des Betons reduziert und die thermische Trägheit gegenüber kurzfristigen Temperaturschwankungen verbessert werden sollen. Beide Aspekte tragen letztlich zu einer Verbesserung der Genauigkeit bei. Betonwerkstoffe werden hauptsächlich in Maschinenbetten eingesetzt. Daneben werden sie auch in stützenden stationären Gestellbauteilen verwendet. Dies trifft sowohl für monolithische Betonkonstruktionen als auch für verfüllte Konstruktionen zu (siehe **Bild 2.7**). [JACK15]; [SAGM17]

Polymerbeton ist im Werkzeugmaschinenbau mittlerweile weit verbreitet und Beispiele für die Anwendung können in nahezu allen klassischen Werkzeugmaschinenarten gefunden werden (z. B. Schleif-, Fräs-, Dreh-, Bohr-, Laserbearbeitungs-, Erodier- und Zahnradbearbeitungsmaschinen). Aber auch in Mess-, Prüf-, Holzbearbeitungs-, Textil- und Verpackungsmaschinen sowie in Maschinen für die Elektronik- oder Solartechnikproduktion finden sich Gestellbauteile aus Polymerbeton. Dies ist insbesondere bei hohen Anforderungen an die Prozessgeschwindigkeit der Fall (z. B. bei hochdynamischen 5-Achs-Fräsmaschinen [JACK14]). [JACK15]

Beispiele für Firmen, die auf Polymerbeton in ihren Maschinenbetten setzen finden sich beispielsweise in [KOHL01]; [BATE08] oder [JACK15]. Durch die Eigenschaften des Polymerbetons konnten höhere Werkzeugstandzeiten, eine verbesserte Genauigkeit, geringere Produktionskosten sowie eine flexiblere Gestaltung und eine bessere Energiebilanz als bei Einsatz metallischer Werkstoffe erreicht werden [KOHL01]; [BATE08]; [JACK15].

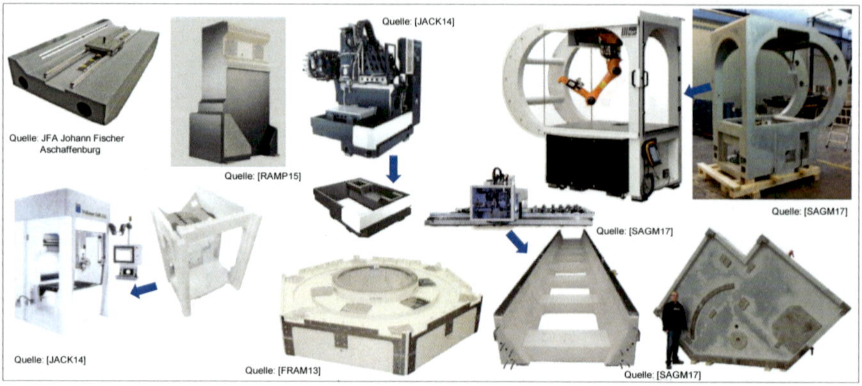

Bild 2.7: Beispiele für industrielle Anwendungen von Zementbeton in Werkzeugmaschinen nach [SAGM17]; [RAMP15]; [JACK14]

Examples for industrial applications of cement concrete in machine tools according to [SAGM17]; [RAMP15]; [JACK14]

Da UHPC ein jüngerer Werkstoff als Polymerbeton ist, wird er bis dato weniger häufig für Gestellbauteile verwendet. Anwendungsbeispiele lassen sich allerdings mittlerweile in allen Bereichen und Maschinenarten finden, in denen auch Polymerbeton eingesetzt wird [JACK14]; [SAGM17]; [RAMP23]; [DURC25]. UHPC ist nach Herstellerangaben sehr gut recycelbar und weniger CO_2-intensiv in der Herstellung als Metallwerkstoffe, aber auch im Vergleich mit herkömmlichem Polymerbeton [DEUS09]; [DEUS18]; [DEUS19]; [SAGM17].

Bekannte Firmen, die bereits UHPC-Konstruktionen für Maschinenbauteile sowohl als reine UHPC-Bauteile als auch als verfüllte Konstruktionen angeboten haben, sind beispielsweise die Bögl Reitz GmbH, Rampf sowie die durcrete GmbH [BÖGE10]; [BÖGL10]; [DUCR15]; [RAMP23]; [DURC25]. Die Firma Framag hat sich hingegen gänzlich auf die Anwendung von Stahlblechkonstruktionen spezialisiert, die mit einem speziellen hochfesten Zementbeton verfüllt werden [FRAM17].

Wie Polymerbeton wird auch UHPC in der industriellen Praxis fast ausschließlich in Maschinenbetten oder stationären Gestellen wie Unterkonstruktionen für Roboter oder Prüfrahmen und Prüftische verwendet [DUCR14]; [RAMP23]; [DURC25]. Auch bei mit UHPC bzw. mit Zementbeton verfüllten Konstruktionen konnten wie bei Polymerbeton reduzierter Werkzeugverschleiß, geringere Geräuschbelastung, höhere Genauigkeit und günstigere Energieeffizienz beobachtet werden [FRAM15]; [DURC25].

Beispiele für den Einsatz von Betonwerkstoffen in bewegten Strukturbauteilen in der industriellen Praxis lassen sich hingegen kaum finden. Lediglich aus [FRAM13] ist der Einsatz von Leichtbaubeton als Füllung für einfache bewegte Ständer einer 5-Achs-Fräsmaschine bekannt. Hiermit konnten laut Herstelleraussage ebenfalls längere Werkzeugstandzeiten, eine höhere Energieeffizienz und Maschinendynamik sowie bessere Oberflächenqualität und Wärmestabilität erreicht werden [FRAM13].

2.4 Defizite im Stand der Technik

Deficit in the state of the art

Wie aus den obigen Ausführungen hervorgeht, existiert bzgl. des statischen und dynamischen Maschinenverhaltens sowie hinsichtlich der Gestaltung und Auslegung von Werkzeugmaschinen mit herkömmlichen metallischen Werkstoffen (wie Stahl oder Grauguss) bereits eine breite Wissensbasis. Diese kann in zahlreichen Forschungsarbeiten und Lehrbüchern nachgelesen werden. Die weitere Verbreitung in den Strukturen der Werkzeugmaschinen erzeugt naturgemäß erhöhten Bedarf an kontinuierlicher Forschung.

Auch zu den Mischungszusammensetzungen und Werkstoffeigenschaften von Betonwerkstoffen wurden über die Jahre umfangreiche Forschungen durchgeführt. Diese kommen jedoch – bedingt durch das hauptsächliche Anwendungsgebiet – bislang vor allem aus dem Bereich des Bauwesens oder orientieren sich daran. Aus Sicht des Maschinenbaus existieren insbesondere noch Lücken in der Erforschung der Zugfestigkeit und der Ermüdung von Betonwerkstoffen. Speziell die Prüftechnik und Untersuchung von Dauerwechselbelastungen bei Frequenzen > 200 Hz sind bislang wissenschaftlich noch kaum thematisiert.

Bzgl. des Einsatzes und Einflusses von Maschinengestellen aus Betonwerkstoffen gibt es weitaus mehr wissenschaftliche Arbeiten zu Polymerbeton als zu Zementbeton und speziell UHPC. Zudem übersteigt die Anzahl der Forschungsarbeiten zu verfüllten Konstruktionen (sowohl für Polymer- als auch für Zementbeton) die Zahl der Untersuchungen zu (annähernd) reinen Betonkonstruktionen. In diesem Bereich existiert demnach besonderer Forschungsbedarf, gerade weil UHPC in Maschinenbetten in der industriellen Praxis bereits vereinzelt angewandt wird. Zusammenfassend gilt: Insbesondere der Einfluss von Zementbeton und speziell UHPC beim Einsatz in unterschiedlichen bewegten Gestellbauteilen auf das dynamische Maschinenverhalten ist bislang noch nicht ausreichend wissenschaftlich untersucht worden.

3 Zielsetzung und Vorgehensweise

Definition of objectives and approach

Wie aus dem Stand der Technik hervorgeht, sind Betonwerkstoffe aufgrund der hohen Dämpfung, ihrer thermischen Stabilität sowie aus Kosten- und Energieeffizienzgründen eine interessante Alternative zu den im Werkzeugmaschinenbau verbreiteten metallischen Werkstoffen. Dadurch, dass gerade bei neueren Betonmischungen wie Polymerbeton und UHPC die spezifische Dichte in einem ähnlichen Bereich liegt, wie bei Grauguss, ist ein Einsatz in Maschinenbauteilen trotz der geringeren Festigkeiten möglich. Damit kann ein verbessertes dynamisches und thermisches Verhalten sowie eine bessere Wirtschaftlichkeit erreicht werden. Unabdingbar ist jedoch eine werkstoffgerechte Gestaltung der Bauteile. Doch obwohl der Einsatz von UHPC in Maschinen in der industriellen Praxis langsam zunimmt, existieren nur wenige wissenschaftliche Arbeiten zu diesem Thema. Der ungedeckte Bedarf an der Erforschung des Einflusses von Zementbeton und speziell von UHPC beim Einsatz in bewegten Gestellbauteilen ist weiter oben hergeleitet worden.

Die Themen der vorliegenden Arbeit leiten sich aus der folgenden zentralen Forschungsfrage ab (siehe auch **Bild 3.1**):

Wie lässt sich eine methodische Auslegung von dynamisch belasteten Bauteilen aus Zementbeton in Werkzeugmaschinen unter Berücksichtigung verschiedener Konstruktionsmöglichkeiten und simulationsgestützter Auslegung einsatzgerecht und zielgerichtet in Bezug auf eine Beeinflussung des dynamischen Maschinenverhaltens durchführen?

Untergliedert wird die Beantwortung der zentralen Forschungsfrage in die Untersuchung der folgenden Teilaspekte:

1. *Welche quantitativen Anforderungen werden in Werkzeugmaschinen an Werkstoffe hinsichtlich der dynamischen Belastung gestellt und wie können diese methodisch ermittelt werden?*
2. *Über welche Eigenschaften, insbesondere hinsichtlich der dynamischen Belastbarkeit, verfügt der Werkstoff Zementbeton bezogen auf die spezifischen Anforderungen des Maschinenbaus?*
3. *Welche Strategien zur methodischen und simulationsgestützten Auslegung von dynamisch belasteten Bauteilen von Werkzeugmaschinen aus Zementbeton können abgeleitet werden und sind diese Ansätze in die Anwendung übertragbar?*

Die Gliederung der Arbeit folgt einem strukturierten Verlauf, indem die Beantwortung der Teilforschungsfragen schrittweise bearbeitet wird. Zunächst wird in Kapitel 4 die methodische Ermittlung von quantitativen Anforderungen an Gestellwerkstoffe in Werkzeugmaschinen thematisiert. Dabei wird zunächst generell auf benötigte Informationen für den Entwurf von Maschinenteilen aus Zementbeton und Methoden zu deren

Ermittlung eingegangen. Anschließend wird das Vorgehen zur Anforderungsermittlung an ausgewählten Beispielmaschinen angewandt.

In Kapitel 5 wird auf die Eigenschaften von Zementbeton und speziell UHPC bezüglich der dynamischen Belastung eingegangen. Hierbei wird insbesondere das Verhalten unter dauerhafter hochfrequenter Wechselbelastung untersucht. Dazu werden ein existierender Prüfstand (DynaForce) des WZL zunächst weiterentwickelt und anschließend entsprechende dynamische Dauerlastversuche durchgeführt sowie ein Bewertungsschema zur einheitlichen Auswertung der Versuche definiert. Anhand dessen wird die Analyse der Versuchsergebnisse vorgenommen.

In Kapitel 6 werden Strategien zur anwendungsgerechten Auslegung von Werkzeugmaschinen-Gestellbauteilen aus Zementbeton untersucht. Zunächst werden unterschiedliche Konstruktionsstrategien für Betonbauteile abgeleitet. Anschließend werden diese beispielhaft an einer Miniaturmaschine DemoBAZ angewandt. Die Auswirkungen der verschiedenen Bauteilversionen und deren Kombination werden simulationsgestützt analysiert und miteinander verglichen.

In Kapitel 7 wird schließlich die Übertragbarkeit der virtuellen Ansätze auf die reale Anwendung thematisiert. Dazu werden zunächst ausgewählte Versionen der einzelnen DemoBAZ-Bauteile aus Zementbeton hergestellt und messtechnisch untersucht. Dies dient der Validierung der Simulationsmodelle sowie den weitergehenden Analysen (auch bzgl. Dauer- und Stoßbelastung). Zuletzt wird die Übertragbarkeit auf eine Anwendung von Zementbeton in Bauteile anderen Maßstabes untersucht. Hierzu wird der Fahrständer einer Fräsmaschine in gängiger Baugröße aus Zementbeton konstruiert, hergestellt und messtechnisch untersucht.

Kapitel 8 liefert eine abschließende Zusammenfassung der Forschungsergebnisse dieser Arbeit. Zudem wird der Bedarf an weiterer Forschung im Bereich der Verwendung von Zementbeton für Werkzeugmaschinen aufgezeigt.

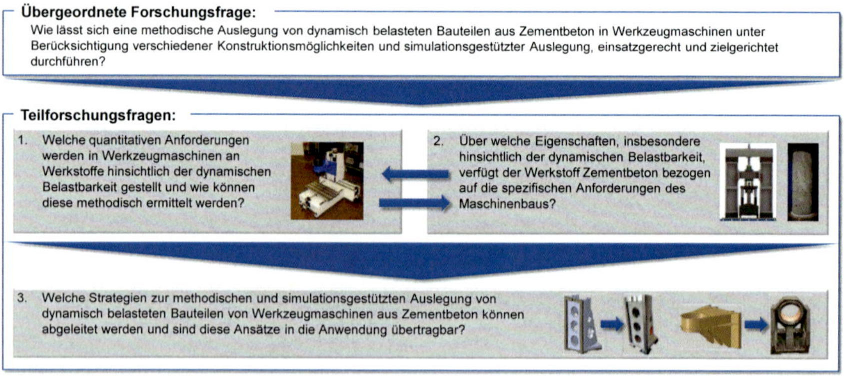

Bild 3.1: Übersicht der Forschungsfragen

Overview of research questions

4 Methodische Ermittlung von Anforderungen

Methodical determination of requirements

Damit ein erfolgreicher und zielgerichteter Einsatz von alternativen Werkstoffen generell – und von Zementbeton im Besonderen – möglich wird, muss zunächst Klarheit über die spezifischen Anforderungen geschaffen werden, die der Werkstoff in Werkzeugmaschinen erfüllen muss. Ein systematisches, methodisches Vorgehen bei der Ermittlung dieser Anforderungen unterstützt den Konstruktionsprozess und beugt aufwendigen Iterationsschleifen vor. Daher wird in Kapitel 4.1 eine Aufstellung der generell benötigten Informationen beim Entwurf von Strukturbauteilen aus Zementbeton für Werkzeugmaschinen eingeführt. Die entsprechenden Methoden zur Ermittlung dieser Anforderungen und eine geeignete methodische Vorgehensweise zu ihrer Anwendung wird anschließend in Kapitel 4.2 erläutert. In Kapitel 4.3 folgt dann die praktische Durchführung der Anforderungsermittlung am Beispiel ausgewählter Werkzeugmaschinen.

4.1 Nötige Informationen für den Entwurf von Maschinenbauteilen aus Zementbeton

Necessary Information for the conception of machine parts made of cement concrete

Die vorrangige Anforderung an Werkzeugmaschinen ist es, die geforderte Produktgenauigkeit zu erreichen. Wie bereits in Kapitel 2.1.1 beschrieben, ist die Verlagerung des TCP hierfür die maßgebliche Einflussgröße. Entsprechend ist die Kenntnis über die erforderlichen statischen und dynamischen Steifigkeiten bzw. Nachgiebigkeiten von besonderer Bedeutung. Dabei ist zu beachten, dass für die Auslegung bzw. Optimierung der TCP-Verlagerungen (und damit auch der Steifigkeiten) zwar alle Bauteile im Kraftfluss berücksichtigt werden müssen, die Anteile der Bauteilverformungen an der TCP-Verlagerung allerdings große Unterschiede aufweisen. Insbesondere, wenn ein Gestellbauteil einer bestehenden Werkzeugmaschine durch Zementbeton ersetzt werden soll, ist es daher wichtig, den Einfluss des entsprechenden Bauteils auf die TCP-Verlagerung bzw. die statischen und dynamischen Steifigkeiten am TCP zu kennen. Auch bei der Neukonstruktion einer kompletten Maschine mit Bauteilen aus Zementbeton ist diese Information wichtig für eine effiziente Auslegung, da das Zusammenspiel aus geometrischer Gestaltung und verwendetem Werkstoff einen maßgeblichen Einfluss auf die erreichbare Steifigkeit hat. Hierfür muss allerdings zunächst die Achskonfiguration bzw. der generelle Aufbau der Maschinenstruktur festgelegt sein, um den Bauteileinfluss abschätzen zu können.

Idealerweise liegen sämtliche Informationen über die Belastungen des entsprechenden Bauteils vor, einschließlich Größe, Lage, Richtung und Dauer. Dabei sind sowohl statische Belastungen wie Gewichtskräfte und stationäre Prozesskräfte als auch dynamische Belastungen wie Inertialkräfte, dynamische Prozesskräfte und Fremderregung durch Unwuchten und Stöße relevant. Bei der Dynamik ist besonders der Frequenzbereich der geplanten Bearbeitungsprozesse oder der erwarteten dynamischen Anregung zu berücksichtigen. Bei der Konstruktion von Bauteilen aus Zementbeton sollte speziell auf potenziell kritische Eigenfrequenzen und –formen im relevanten Frequenzbereich gelegt werden.

Bezogen auf den Werkstoff sollten die relevanten Kennwerte bekannt sein. Dazu gehören einerseits die statischen mechanischen Kennwerte wie E-Modul, statische Druck- und Zugfestigkeiten und die Dichte. Ebenso relevant sind die dynamischen Kennwerte wie Dämpfung und Ermüdungsfestigkeit. Zudem ist es für die Konstruktionspraxis überaus hilfreich, wenn allgemein gültige Richtlinien für eine werkstoffgerechte Konstruktion mit dem jeweiligen Werkstoff vorliegen. Im Hinblick auf Zementbeton sind dies beispielsweise Faustregeln für gießbare Wandstärken oder auch Vorgaben für die Größe von Entformungsschrägen, Kantenrundungen und Fasen.

Daneben sind in der industriellen Praxis auch Informationen über weitere Belastungen und Werkstoffeigenschaften relevant. Diese betreffen beispielsweise das thermische und chemische Verhalten oder das Kriechverhalten. Da der Fokus dieser Arbeit jedoch auf den statischen und dynamischen Aspekten liegt, wird auf letztere Aspekte nicht weiter eingegangen.

4.2 Methoden zur Ermittlung der benötigten Informationen

Methods to determine necessary information

Generell lassen sich die Methoden zur Ermittlung von quantitativen Anforderungen für den Entwurf von Maschinenbauteilen aus Zementbeton in erfahrungs- bzw. recherchebasierte, simulationsgestützte und messtechnische Methoden unterteilen. Wie und in welchem Umfang bzw. mit welcher Genauigkeit die nötigen Informationen vorab bestimmt werden können, hängt maßgeblich von der Ausgangslage der Konstruktion ab. Sollen bei der Neukonstruktion einer kompletten Maschine Bauteile aus Zementbeton entworfen werden, so können die Informationen über auftretende Belastungen beispielsweise vorab nicht messtechnisch ermittelt werden. Entsprechend ist im Falle der Konstruktion eines Gestellbauteils aus Zementbeton als Ersatz für ein bestehendes Bauteil generell eine genauere Bestimmung der Anforderungen möglich.

Bei erfahrungs- bzw. recherchebasierten Methoden wird, dem Namen entsprechend, auf die Erfahrung bzw. bestehende Untersuchungsergebnisse aus ähnlichen Anwendungsfällen zurückgegriffen. Dies bietet sich insbesondere für die Bestimmung von Prozesskräften, für die Werkstoffkennwerte sowie im Hinblick auf die werkstoffbezogenen Konstruktionsrichtlinien an. In der Regel ist dies der erste Schritt bei der Aufstellung von Konstruktionsanforderungen.

Bei simulationsgestützten Methoden werden virtuelle Modelle der Maschinenbauteile erstellt und mit Randbedingungen und äußeren Belastungen beaufschlagt. Anschließend wird das Maschinenverhalten simuliert und die gesuchten Größen ermittelt. Der Detaillierungsgrad und die Ausführung des virtuellen Maschinenmodells beeinflussen maßgeblich die Genauigkeit der Ergebnisse. Simulationsgestützte Methoden eignen sich vor allem, um die lokalen Belastungen auf ein Bauteil und dessen Antwortverhalten bei unterschiedlichen Konstruktionsweisen zu bestimmen. Neben dem Wegfall aufwändiger Messaufbauten und Einschränkungen durch physikalische Zugänglichkeit, zählt die flexible Variation der Einsatzfälle zu den Vorteilen von simulationsgestützten Methoden. Zudem können Sie auch ohne physikalisch existierende Bauteile angewandt werden.

Messtechnische Methoden umfassen den Einsatz von interner und/oder externer Sensorik sowie die gezielte Einbringung von definierten Belastungen zur Erfassung von gesuchten Reaktionen wie z. B. Verlagerungen oder Kräften. Die Ergebnisgenauigkeit wird dabei sowohl durch die Wahl der eingesetzten Messmittel als auch durch den gewählten Messaufbau beeinflusst. Der Einsatz von messtechnischen Methoden ist insbesondere bei physikalisch existierenden Bauteilen sinnvoll, um schwer vorhersagbare Einflussgrößen, wie beispielsweise Dämpfung oder Variationen in den Montagekräften o. ä., mit größerer Genauigkeit zu berücksichtigen.

In der Praxis findet in der Regel eine Mischung der verschiedenen Methoden Anwendung. Dadurch können idealerweise die Nachteile der einzelnen Methoden ausgeglichen und die Genauigkeit der ermittelten Anforderungen gesteigert werden. Besonders vorteilhaft ist hierbei die Kombination von simulationsgestützten Methoden, ergänzt durch messtechnische Untersuchungen (beispielsweise für einen Abgleich des Simulationsmodells mit der Realität). Für die Aufstellung eines möglichst allgemein anwendbaren methodischen Vorgehens zur Ermittlung von quantitativen Anforderungen an Werkzeugmaschinenkonstruktionen mit Einsatz von Zementbeton, wird daher ebenfalls auf eine Mischung der drei Methodenkategorien zurückgegriffen. Der Fokus dieser Arbeit liegt auf Methoden, die bereits eine breite Anwendung in der Praxis finden, um eine gute Zugänglichkeit und allgemeine Anwendbarkeit des Vorgehens zu gewährleisten.

Zunächst wird das Vorgehen maßgeblich dadurch bestimmt, ob die entsprechende Maschine physikalisch bereits vorhanden ist oder nicht. Ist dies der Fall, sollten verschiedene messtechnische Untersuchungen an der Maschine vorgenommen werden. Zu den gängigsten Untersuchungen gehören – wie bereits im Stand der Technik beschrieben – die Messung der statischen Kennlinien und die Ermittlung von relativen oder absoluten FRF jeweils in den Hauptkoordinatenrichtungen am TCP sowie die Durchführung einer experimentellen Modalanalyse. Durch diese breit angewandten Messungen lässt sich das statische und dynamische Maschinenverhalten gut analysieren und beschreiben. Anschließend – aber auch, wenn die Maschine nicht physikalisch vorhanden ist – sollte entweder ein Simulationsmodell der Maschine erstellt oder ein bereits vorhandenes Modell für Simulationen des Maschinenverhaltens herangezogen werden. Am weitesten verbreitet und besonders universell anwendbar sind FE-Modellierungen. Hiermit können statische Steifigkeiten sowie die Eigenmoden und -frequenzen der Maschine aufwandsminimierend simuliert werden. Auch die Durchführung von Sensitivitäts- und Schwachstellenanalysen ist mit moderatem Aufwand im Vergleich zu den nötigen messtechnischen Untersuchungen möglich. Wenn hingegen

Fahrbewegungen mitberücksichtigt werden sollen, so bietet es sich an, ein Mehrkörpersystem anzuwenden. Bei Verfügbarkeit von messtechnischen Untersuchungen sollte anschließend ein Abgleich des Simulationsmodells mit den Messergebnissen erfolgen. Insbesondere für die Modellierung von FRF ist dies für die Genauigkeit der Simulationsergebnisse wichtig, um beispielsweise die richtigen Dämpfungsparameter in der Simulation einstellen zu können. Sind weder eine physikalisch existierende Maschine noch ein Simulationsmodell oder ausreichende Informationen für eine – zumindest grundlegende – Modellerstellung vorhanden, so sind die Randbedingungen hierfür zunächst festzulegen. Dazu zählen z. B. Achskonfiguration, (geplante) Hauptbearbeitungsverfahren und Verfahrgeschwindigkeiten, Bau- und Arbeitsraum sowie sonstige besondere Umstände, die im Betrieb zu erwarten sind. Die Werte dazu basieren entweder auf Erfahrung oder sie stammen aus Recherchen.

Nach der Durchführung der Messungen bzw. Simulationen und ggf. dem Modellabgleich können aus den Ergebnissen in Verbindung mit zusätzlichen Erfahrungswerten oder Rechercheergebnissen die potenziell schwingungskritischen Eigenfrequenzen, die kritischen Bauteile sowie die erforderlichen Steifigkeiten identifiziert werden. Im nächsten Schritt werden daraus die maximalen Kräfte, das maximal zulässige Gewicht und der maximal zulässige Bauraum für die aus Beton herzustellenden Bauteile abgeleitet. Daraufhin wird der zu verwendende Betonwerkstoff selektiert und die entsprechenden Kennwerte entweder messtechnisch oder aus Herstellerangaben ermittelt. Abschließend werden daraus die minimale Wandstärke sowie die Größe erforderlicher Entformungsschrägen, die Ausführung der Koppelstellen und die maximal zulässigen Spannungen abgeleitet. Damit sind die grundlegenden Anforderungen an den Einsatz von Zementbeton in Werkzeugmaschinen für den spezifischen Fall ermittelt.

Das Ablaufdiagramm in **Bild 4.1** veranschaulicht das beschriebene Vorgehen.

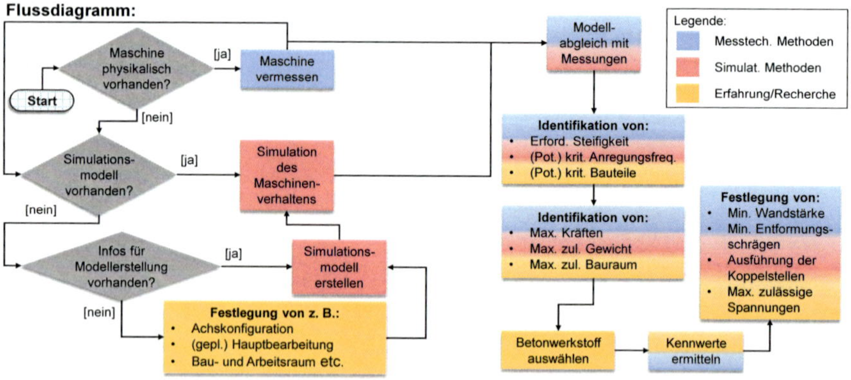

Bild 4.1: Ablaufdiagramm zum methodischen Vorgehen zur Anforderungsermittlung
Flow chart for method to identify requirements

4.3 Anforderungsermittlung an ausgewählten Werkzeugmaschinen

Determination of requirements for chosen machine tools

4.3.1 Auswahl der untersuchten Maschinen

Choice of investigated machines

Für die wissenschaftlichen Untersuchungen in dieser Arbeit wird die Ersatzkonstruktion von Bauteilen bestehender Maschinen fokussiert. Dieses Vorgehen liegt in der besseren Vergleichbarkeit der Auswirkungen von Zementbeton in dynamisch belasteten Maschinenbauteilen begründet. Da Fräsmaschinen in der industriellen Praxis einen besonders großen Anteil an Werkzeugmaschinen darstellen und in breiten Anwendungsfeldern eingesetzt werden, werden die Demonstratoren für diese Arbeit aus diesem Bereich der Fertigungsverfahren ausgewählt. Dabei werden zwei Fräsmaschinen mit unterschiedlicher Baugröße, aber ähnlichen Achskonfigurationen (insbesondere bzgl. Ständer und Spindelkasten) für die Untersuchungen herangezogen. Weitere wichtige Auswahlkriterien sind eine hohe Verfügbarkeit der Maschinen sowie eine einfache Erreichbarkeit der dynamisch belasteten Gestellbauteile, um den Austausch mit Ersatzkonstruktionen aus Zementbeton einfach und unkompliziert vornehmen zu können.

Vor diesem Hintergrund wurde einerseits eine Miniaturmaschine (genannt DemoBAZ) mit einem Bauraum von ca. 935 x 925 x 800 mm (L x B x H) in Kreuzbettbauweise mit vertikaler Spindelausrichtung und Ständer ausgewählt. Diese Maschine wurde am WZL zu Demonstrationszwecken entwickelt. Die geringe Baugröße ermöglicht einen einfachen Austausch der Bauteile und erfordert keine umfangreichen Schalungen für die Ersatzkonstruktionen aus Zementbeton. Andererseits wurde eine Fräsmaschine in üblicher Baugröße mit einem Bauraum von ca. 2.356 x 1.500 x 1.910 mm (L x B x H) ausgewählt, um die Übertragbarkeit von Zementbeton-Bauteilen in größeren Maßstab untersuchen zu können. Die Maschine des Typs FZ12WM von Chiron ist in Fahrständerbauweise aufgebaut und hat ebenfalls eine vertikale Spindelausrichtung, einen Fahrständer und generell einen ähnlichen Aufbau wie die DemoBAZ. Für andere Forschungsvorhaben wurden bei der Maschine bereits im Voraus die Umhausungen, Abdeckungen und die Steuerung entfernt, sodass auch hier eine unkomplizierte Austauschbarkeit der Gestellbauteile gegeben ist.

Die DemoBAZ besteht aus den Gestellbauteilen Bett, Tisch, Ständer und Spindelkasten, die (bis auf den Tisch) als Schweiß-Konstruktionen aus Stahlblechen ausgeführt sind. Das Bett besteht aus zwei Stahl-Schweißkonstruktionen, die miteinander verschraubt sind (siehe **Bild 4.2**). Der Tisch kann in Y-Richtung verfahren werden, der Ständer in X-Richtung und der Spindelkasten in Z-Richtung. Die Führungen der drei Achsen sind als Profilschienenführungen ausgeführt und der Antrieb erfolgt jeweils über Kugelgewindetriebe (KGT), die über ein Handrad mittels Zahnriemen angetrieben werden. Die KGT-Mutter ist jeweils am bewegten Bauteil befestigt. Für die X-Achse ist die KGT-Spindel mittels einer Fest-Los-Lagerung im Bett gelagert. Bei der Y- und der

Z-Achse ist die Kugelgewindestange hingegen aufgrund der geringeren Länge lediglich mit jeweils einem Kugellager auf der Antriebsseite gelagert, während das andere Ende frei bleibt. Die Aufstellung erfolgt über kunststoffummantelte Aufstellfüße mit Gewinde.

Die FZ12WM besteht entsprechend der gegebenen Achskonfiguration aus den Bauteilen Bett, Tisch, X-Schlitten, Fahrständer und Spindelkasten. Die Bauteile sind hierbei aus Gusseisen hergestellt. Der X-Schlitten wird entsprechend in X-Richtung verfahren, während der Fahrständer in Y-Richtung und der Spindelkasten in Z-Richtung bewegt werden können. Als Führungen werden ebenfalls Profilschienenführungen und als Antriebe Kugelgewindetriebe verwendet. Auch hier werden die Kugelgewindemuttern jeweils am bewegten Bauteil befestigt und die Gewindestangen sowie die Antriebsmotoren im jeweils festen Bauteil gelagert. Wie auch bei der DemoBAZ wird die Gewindestange für die X-Richtung an beiden Enden drehbar gelagert, während in Y- und Z-Richtung nur eine Seite der Gewindestange gelagert ist und das andere Ende frei bleibt. Die Aufstellung erfolgt über unterlegte Keilschuhe.

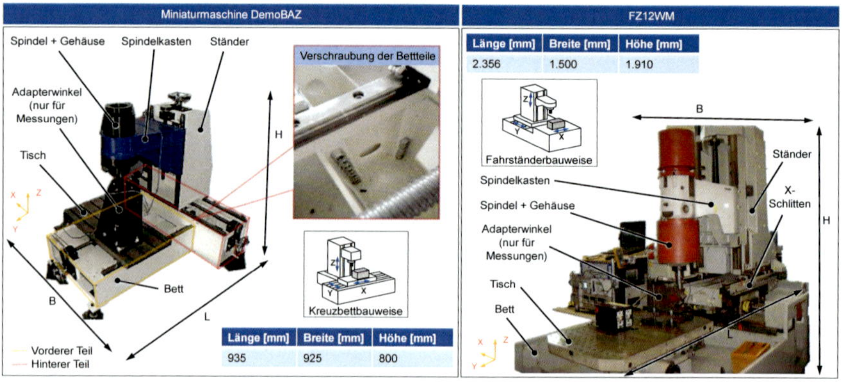

Bild 4.2: Ausgewählte Maschinen zur Untersuchung des Einsatzes von Zementbeton
Chosen machines for investigation of the use of cement concrete

4.3.2 Durchführung der Untersuchungen
Investigation

Da beide Maschinen physikalisch vorhanden und verfügbar sind, werden gemäß dem methodischen Vorgehen aus Kapitel 4.2, zunächst die allgemein üblichen messtechnischen Untersuchungen zum statischen und dynamischen Maschinenverhalten durchgeführt. Diese umfassen die Messungen der statischen Steifigkeitskennlinien, der Nachgiebigkeits-FRF in den Hauptkoordinatenrichtungen am TCP und eine experimentelle Modalanalyse bei räumlicher relativer Anregung am TCP.

Bei der DemoBAZ wird für alle Untersuchungen eine mittige Position des Fahrständers und des Tisches bei gleichzeitig hoher Position des Spindelkastens verwendet (siehe **Bild 4.3** links). Durch die hohe Position des Spindelkastens werden die Hebelarme für die Krafteinwirkung auf den Ständer vergrößert. Bei der FZ12WM wird ebenfalls eine mittige Position von X-Schlitten und Fahrständer verwendet. Bedingt durch den verwendeten werkstückseitigen Adapter für die Abstützung der Kraftanregung befindet sich der Spindelkasten jedoch in einer Position im unteren Drittel des Fahrständers. Der Messaufbau ist in **Bild 4.3** rechts dargestellt. Für die Messung der Nachgiebigkeitsfrequenzgänge werden beide Maschinen jeweils in den Hauptkoordinatenrichtungen (x, y und z) und einmal räumlich unter einem Winkel von 45° Winkel mit einer dynamischen Kraft angeregt. Die Kraftanregung erfolgt mittels eines piezoelektrischen Erregers relativ zwischen einem Dummy auf der Werkzeugseite und einem Montagewinkel auf der Werkstückseite. Das Antwortverhalten der Maschine in der jeweiligen Richtung wird auf der Werkzeug- und der Werkstückseite mittels triaxialer Beschleunigungssensoren gemessen. Für die Durchführung der experimentellen Modalanalyse wird die Maschine ebenfalls relativ am TCP mittels des piezoelektrischen Erregers angeregt. Die Anregung erfolgt lediglich räumlich im Winkel von 45°, um alle Richtungen gleichzeitig anzusprechen. Zusätzlich zu der Messung der Beschleunigungen direkt am TCP auf Werkzeug- und Werkstückseite werden auch die Beschleunigungen an weiteren Geometriepunkten der Maschine gemessen, die in einem zuvor festgelegten Knotennetz der Maschinenstruktur definiert wurden. Die Beschleunigungen werden für jeden Messpunkt in allen drei Hauptkoordinatenrichtungen aufgenommen. Um Spiel und Lose in den Koppelstellen zu überwinden, wird für alle dynamischen Messungen im Vorfeld eine statische Vorspannung von 750 N eingestellt. Für die Messung der statischen Steifigkeits- bzw. Nachgiebigkeitskennlinien wird in jeder Hauptkoordinatenrichtung (x, y und z) jeweils eine rampenförmige Kraft von 0 bis 800 N aufgebracht und die relative Verlagerung zwischen Werkzeug- und Werkstückseite mittels induktiver Wegsensoren erfasst. Bei der DemoBAZ werden zum besseren Abgleich mit der Simulation zusätzlich noch Modalanalysen mit Anregung in jeweils einer der drei Hauptkoordinatenachsen durchgeführt. Für die Kraftmessungen wird jeweils ein Kraftsensor der Firma Kistler verwendet. Als triaxiale Beschleunigungssensoren kommen die Sensoren von Kistler zum Einsatz und für die induktive Wegmessung werden induktive Wegsensoren von Solartron verwendet.

Im Anschluss an die messtechnischen Untersuchungen wird – ebenfalls gemäß dem Vorgehen aus Kapitel 4.2 – ein Simulationsmodell der DemoBAZ erstellt. Da für die FZ12WM keine CAD-Daten vorliegen und die Maschine für die Arbeiten physikalisch verfügbar war, wurde für diese Maschine auf eine FEM-Analyse verzichtet. Für die simulationsgestützten Untersuchungen der DemoBAZ in dieser Arbeit wird die Software Abaqus verwendet. Zunächst werden alle Gestellbauteile als virtuelle Bauteile abgebildet, wobei jeweils Fasen, Rundungen sowie kleine Bohrungen etc. in der Darstellung nicht berücksichtigt werden, um das Simulationsmodell nicht zu komplex werden zu lassen und die Erstellung einer geeigneten Vernetzung für FE-Berechnungen zu vereinfachen. Dies ist zulässig, wenn die vernachlässigten bzw. vereinfachten Geometrieelemente das Verhalten der Gesamtmaschine nicht wesentlich beeinflussen. Anschließend wird den Gestellbauteilen jeweils das entsprechende Material in Form von Materialkennwerten (Dichte, E-Modul, Querkontraktion, Dämpfung etc.) zugewiesen und die Bauteile werden entsprechend ihrer räumlichen Position zueinander im Modell angeordnet. Aufgrund der dünnwandigen Struktur der Stahl-Schweißkonstruktionen wird für Bett, Ständer und Spindelkasten der DemoBAZ größtenteils eine Modellierung mit Schalenelementen vorgenommen (Anzahl Elemente: Bett 8.808; Ständer 3.477; Spindelkasten 2.608). Lediglich die dickwandigeren Bereiche (z. B. die Anbindung der Führungsschienen) werden mit Hexaeder-Volumenelementen vernetzt (Anzahl Elemente: Bett 3.140; Ständer 954; Spindelkasten 0). Auch für den Adapterwinkel, das Spindelgehäuse und den Tisch werden Hexaeder-Volumenelemente benutzt (Anzahl Elemente: Adapterwinkel 8.052; Spindelgehäuse 4.400; Tisch 7.090). Die Spindel sowie die Gewindestangen der KGTs werden mittels Balkenelementen modelliert (Anzahl Elemente: KGT X 86; KGT Y 80; KGT Z 77; Spindel 36). Sämtliche Koppelstellen zwischen den Gestellbauteilen wie beispielsweise Führungsschuhe, KGT-Muttern, Aufstellelemente oder relevante Schraubenverbindungen werden mittels Feder-Dämpfermodellen dargestellt. Die entsprechenden Steifigkeiten bzw. Dämpfungswerte werden entweder den Herstellerangaben entnommen (sofern verfügbar) oder mit Erfahrungswerten belegt.

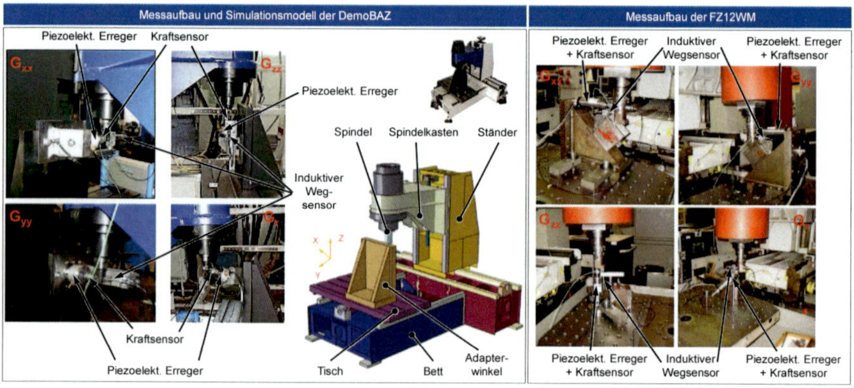

Bild 4.3: Messaufbau (und Simulationsmodell) zur Untersuchung der DemoBAZ und FZ12WM aus Stahl

Measuring set up (and simulation model) for investigation of the DemoBAZ and FZ12WM made of steel

Für den Abgleich der FE-Modelle mit den Messergebnissen werden zunächst die statischen Steifigkeiten sowie die in der Modalanalyse ermittelten Eigenschwingungsformen mit den entsprechenden Eigenfrequenzen herangezogen. Dabei wird bei jeder Eigenschwingungsform analysiert, welche Schnittstellen den größten Einfluss auf die entsprechende Eigenfrequenz haben und die Steifigkeitswerte der entsprechenden Feder-Dämpfer-Modelle in der Simulation angepasst, bis die Eigenfrequenzen zwischen Simulation und Messung hinreichend übereinstimmen. Anschließend werden die Dämpfungswerte der Simulation anhand der gemessenen FRF so eingestellt, dass die ersten erkennbaren Amplitudenüberhöhungen für jede Richtung den Messergebnissen angenähert sind.

Wie in **Bild 4.4** unten rechts dargestellt, konnte durch den Abgleich zwischen Messung und Simulation eine gute Übereinstimmung zwischen den Eigenfrequenzen der Modalanalyse erzielt werden. Hierbei beträgt die maximale Abweichung zwischen Messung und Simulation 11,81% und die durchschnittliche Abweichung 4,29%. Der Vergleich der statischen Steifigkeiten in den drei Hauptachsen am TCP zwischen Messung und Simulation weist ebenfalls eine hinreichende Übereinstimmung auf. Lediglich bei den FRF in den drei Hauptachsen verbleiben auch nach dem Abgleich signifikante Abweichungen zwischen Messung und Simulation, die durch die große Varianz der Dämpfungswerte entstehen (siehe **Bild 4.4** links und **Bild 4.5**). Da sich jedoch bei einem Ersatz von Maschinengestellteilen durch Zementbeton allein durch die Montagemaßnahmen die Dämpfungswerte wieder verändern können, wird dieser Abgleich hier nicht forciert und die simulierten FRFs im weiteren Verlauf lediglich für einen tendenziellen simulationsunterstützten Vergleich von DemoBAZ-Versionen mit unterschiedlichen Bauteilvarianten aus UHPC herangezogen. Hierbei wird davon ausgegangen, dass bis auf die unterschiedliche Materialdämpfung alle Dämpfungswerte mit der Stahlversion identisch bleiben. Die Ergebnisse inklusive Phasengang finden sich im Anhang (siehe Kapitel 10.2)

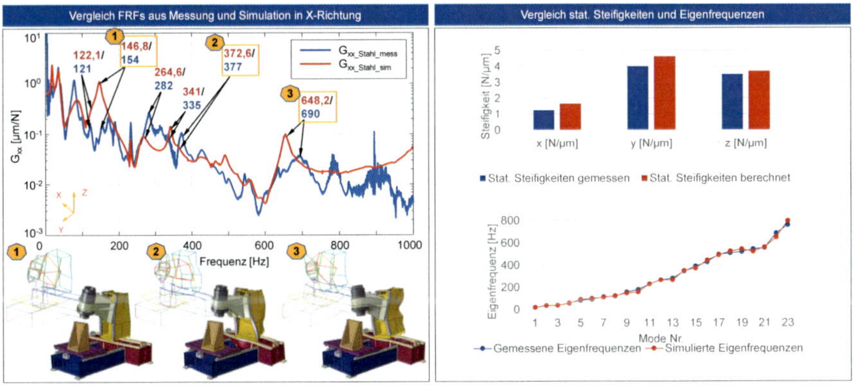

Bild 4.4: Ergebnisse des Abgleichs von Messung und Simulation der DemoBAZ aus Stahl (Statik, Eigenmoden und FRF in X-Richtung)

Results of comparison of measurement vs. simulation of the DemoBAZ made of steel (Static, natural modes and FRF in X direction)

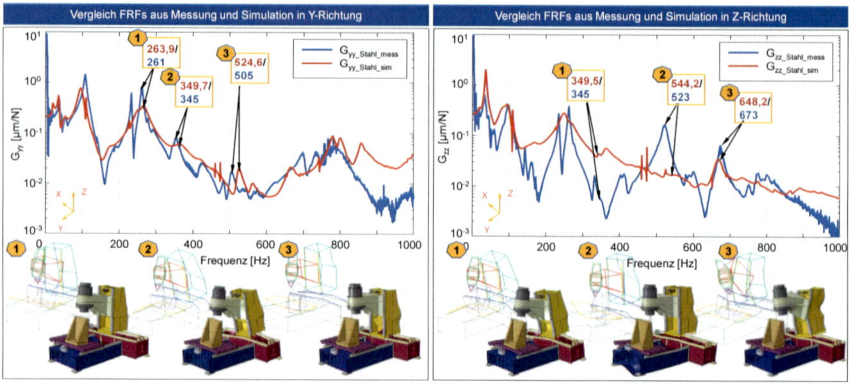

Bild 4.5: Ergebnisse des Abgleichs von Messung und Simulation der DemoBAZ aus Stahl (FRFs in Y- und Z-Richtung)

Results of comparison of measurement vs. simulation of the DemoBAZ made of steel (FRFs in Y and Z direction)

4.3.3 Ergebnisse

Results

Nach Durchführung der messtechnischen und simulationsgestützten Untersuchungen der DemoBAZ sowie nach Abgleich zwischen Messung und Simulation, werden die Ergebnisse analysiert. Bezüglich des potenziellen Einflusses von Zementbeton in den unterschiedlichen Gestellbauteilen der DemoBAZ wurde zudem eine Sensitivitätsanalyse im Simulationsmodell durchgeführt (siehe **Bild 4.7** links). Hierbei wurde die Spindel inklusive Spindellager und Gehäuse als hauptsächlicher Einflussfaktor auf die statische Steifigkeit der DemoBAZ identifiziert (Anteil > 99%). Da diese Bauteile im Rahmen dieser Arbeit und auch mit Bezug auf praktische Einsatzfälle nicht für eine Substitution mit Zementbeton in Frage kommen, wurde auch ein Sensitivitätsszenario untersucht, in dem der Einfluss von Spindel, Spindellagern und –gehäuse herausgerechnet wurde. Aus den Ergebnissen ist abzuleiten, dass von den Bauteilen, die potenziell für den Einsatz von Zementbeton in Frage kommen, der Spindelkasten den größten Einfluss auf die statischen Steifigkeiten am TCP hat, gefolgt von Fahrständer und Bett. Dies ist nachvollziehbar, da der Spindelkasten von allen drei genannten Bauteilen die geringste Entfernung zum TCP aufweist. Ersichtlich ist jedoch auch, dass Lager, Führungen und KGTs einen signifikanten Einfluss auf die Steifigkeiten haben. Für den Einsatz von Zementbeton ist dies zunächst einmal als positiv zu bewerten, da auf diese Weise evtl. verringerte statische Steifigkeiten von Betonbauteilen nur einen untergeordneten Einfluss auf die Gesamtsteifigkeit besitzen. Generell sollen die statischen Steifigkeiten am TCP bei Verwendung von Betonbauteilen möglichst genauso groß wie bei der Stahlversion sein.

Im Hinblick auf das dynamische Maschinenverhalten ist bei der Analyse vor allem interessant, welche Eigenmoden der Maschine zu Biege- oder Torsionsschwingungen von Gestellbauteilen führen, da nur diese Schwingungen von einer höheren Materialdämpfung positiv beeinflusst werden. Da das Bett – außer bei den Aufstellschwingungen – an beinahe allen Eigenschwingungen beteiligt ist und der Fokus dieser Arbeit auf dem Einsatz von Zementbeton in bewegten Gestellbauteilen liegt, werden hier insbesondere die Moden untersucht, in denen Ständer und Spindelkasten auf Biegung oder Torsion beansprucht werden. In **Bild 4.6** und **Tabelle 4.1** sind hierzu die Eigenmoden zusammengefasst, bei denen dies der Fall ist. In der Tabelle ist zudem aufgeführt, welches Gestellbauteil jeweils maßgeblich und mit welcher Beanspruchung betroffen ist. Ursächlich für höhere Eigenfrequenzen als den aufgelisteten sind vornehmlich Schwingungen einzelner Bleche oder Rippen der Stahlschweißkonstruktionen. Eine Ersatzkonstruktion aus Zementbeton wird allerdings werkstoffbedingt nicht jede Geometrie 1:1 übernehmen können. Somit sind entsprechende Moden zwischen einer Stahl- und einer Betonkonstruktion nicht vergleichbar, weshalb dieser Frequenzbereich nicht weiter betrachtet wird.

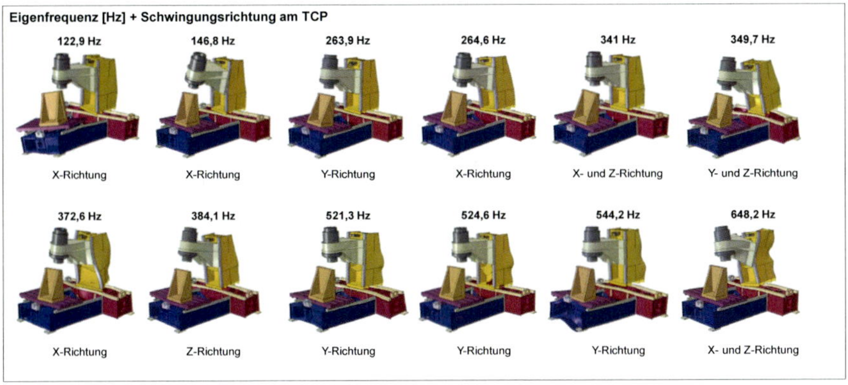

Bild 4.6: Simulierte Eigenschwingungen der DemoBAZ
Simulated vibration modes of the DemoBAZ

Tabelle 4.1: Simulierte Eigenschwingungen der DemoBAZ
Simulated vibration modes of the DemoBAZ

Eigenfrequenz [Hz]	**Schwingungsrichtung am TCP**	**Beschreibung**
122,9	X-Richtung	Drehung des vorderen Bettteils um Y-Achse resultiert in Biegung des Ständers in X-Richtung
146,8	X-Richtung	Drehung des Spindelkastens um Y-Achse resultiert in Torsion des Ständers um Z-Achse
263,9	Y-Richtung	Biegeschwingung des Z-KGTs in Y-Richtung resultiert in leichter Biegung des Ständers in Y-Richtung und des Spindelkastens in Z-Richtung
264,6	X-Richtung	Biegeschwingung des Z-KGTs in X-Richtung resultiert in leichter Biegung des Ständers in X-Richtung
341	X- und Z-Richtung	Torsionsschwingung des hinteren Betteils um X-Achse resultiert in Torsion des Ständers um Z-Achse
349,7	Y- und Z-Richtung	Schieben der Spindel in Z-Richtung resultiert in Biegung des Spindelkastens in Z-Richtung
372,6	X-Richtung	Torsions des Ständers um Z-Achse resultiert in Torsion des Spindelkastens um Y-Achse
384,1	Z-Richtung	Biegung des Spindelkastens in Z-Richtung
521,3	Y-Richtung	Rollen des hinteren Betteils um Y-Achse resultiert in Biegung des Spindelkastens in Z-Richtung
524,6	Y-Richtung	Schieben des Ständers in Z-Richtung durch Blechschwingungen des Betts resultiert in Biegung des Spindelkastens in Z-Richtung
544,2	Y-Richtung	Schieben des Ständers in Z-Richtung durch Blechschwingungen des Betts resultiert in Biegung des Spindelkastens in Z-Richtung
648,2	X- und Z-Richtung	Torsion des Spindelkastens um Y-Achse resultiert in Biegung des Ständers in X-Richtung

Aus der Analyse geht hervor, dass der Ständer dynamisch vornehmlich auf Biegung in X-Richtung oder Torsion um die Z-Achse belastet wird. Der Spindelkasten hingegen wird dynamisch eher auf Biegung in Z-Richtung sowie Torsion um die Y-Achse belastet. Bei einer Substitution der Bauteile durch Zementbeton ist demnach vor allem auf eine optimierte Konstruktion hinsichtlich dieser Belastungen zu achten. Durch die Identifikation der zu untersuchenden Eigenmoden ist der Frequenzbereich für vergleichende Untersuchungen auf 100-800 Hz festgelegt. Um eine dynamische Vergleichbarkeit zwischen Stahlversion und Ersatzkonstruktion aus Zementbeton zu begünstigen, wird zudem festgelegt, dass die Massen jeweils vergleichbar sein sollen. Entsprechend sind für die Gestellbauteile aus Stahl die Massen durch Wiegen bestimmt worden. Weiterhin wird vorgegeben, dass die Bauteile aus Zementbeton den gleichen Bauraum wie die Stahlbauteile einnehmen sollen und die gleichen Achslängen und Schnittstellenpositionen aufweisen sollen. Die Zahlenwerte für die damit erforderlichen Massen und maximalen Abmaße von Strukturbauteilen aus Zementbeton für die DemoBAZ sind entsprechend rechts in **Bild 4.7** zusammengefasst.

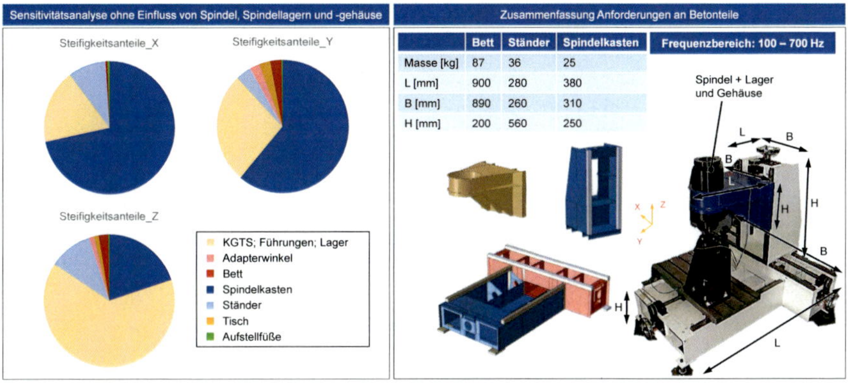

Bild 4.7: Sensitivitätsanalyse und Zusammengestellte Anforderungen an Betonausführung der DemoBAZ

Sensivity analysis and defined requirements for DemoBAZ-version made of concrete

Für die FZ12WM wurden die Ergebnisse der messtechnischen Untersuchungen ebenfalls hinsichtlich der Anforderungen an Ersatzkonstruktionen aus Zementbeton untersucht. Auch hier wurde der Fokus auf die Schwingungen gelegt, bei denen Ständer oder Spindelkasten auf Biegung oder Torsion belastet werden. Die entsprechenden Eigenfrequenzen aus der Modalanalyse inklusive der Schwingungsbeschreibung sind in **Tabelle 4.2** zusammengefasst. Daraus abgeleitet wird der zu analysierende Frequenzbereich auf 100-600 Hz festgelegt, da oberhalb dieser Frequenz keine relevanten Strukturschwingungen in der experimentellen Modalanalyse festgestellt wurden. Im weiteren Verlauf der Untersuchungen zur FZ12WM wird der Fokus auf das Verhalten des Fahrständers gelegt. Dies wurde aufgrund der größeren Abmessungen und damit einhergehend der stärkeren und zahlreicher auftretenden Strukturschwingungen entschieden.

Tabelle 4.2: Gemessene Eigenschwingungen der FZ12WM
Measured vibration modes of the FZ12WM

Eigenfrequenz [Hz]	Schwingungsrichtung am TCP	Beschreibung
119	Y-Richtung	Biegung des Betts um X-Achse resultiert in Biegung des Ständers in Y-Richtung und Biegung des Spindelkastens in Z-Richtung
127	X-Richtung	Gieren des X-Schlittens um Z-Achse resultiert in leichter Biegung des Ständers in X-Richtung und Torsion des Spindelkastens um Z- und Y-Achse
145	Y-Richtung	Schieben des X-Schlittens in Y-Richtung resultiert in leichter Biegung des Ständers in Y-Richtung und Biegung des Spindelkastens in Z-Richtung
212	Y-Richtung	Torsion des Betts um Y-Achse resultiert in leichter Biegung des Ständers in Y-Richtung und Biegung des Spindelkastens in Z-Richtung
392	X-Richtung	Stampfen des Ständers in Z- und Y-Richtung resultiert in Torsion des Spindelkastens um Y-Achse
584	Y-Richtung	Biegung der Spindel in Y-Richtung resultiert in leichter Biegung des Ständers in Y-Richtung und Biegung des Spindelkastens in Z-Richtung

Die Ergebnisse der statischen Messungen und der FRF-Messungen sind zusammen mit den identifizierten Anforderungen an Masse und Bauraum in **Bild 4.8** und **Bild 4.9** dargestellt. Entsprechend der Fokussierung auf den Fahrständer werden die Anforderungswerte für Masse und maximale Außenabmessungen in **Bild 4.8** rechts auch nur für den Fahrständer aufgeführt. In den FRF in X- und Y-Richtung sind zudem die Eigenfrequenzen aus **Tabelle 4.2** markiert und mit den Darstellungen der entsprechenden Schwingungsformen aus der Modalanalyse verknüpft. Bis auf die Eigenschwingung bei 392 Hz sind alle identifizierten Eigenformen als potenziell kritisch in Bezug auf das dynamische Verhalten am TCP anzusehen, da der Phasengang an diesen Stellen unterhalb von -90° liegt. Somit können während einer Bearbeitung an dieser Stelle Ratterschwingungen entstehen (siehe [BREC17a]). In Z-Richtung weist das dynamische Verhalten der FZ12WM generell weniger Resonanzüberhöhungen auf und es konnten keine potenziell kritischen Strukturschwingungen unter Beteiligung des Ständers identifiziert werden.

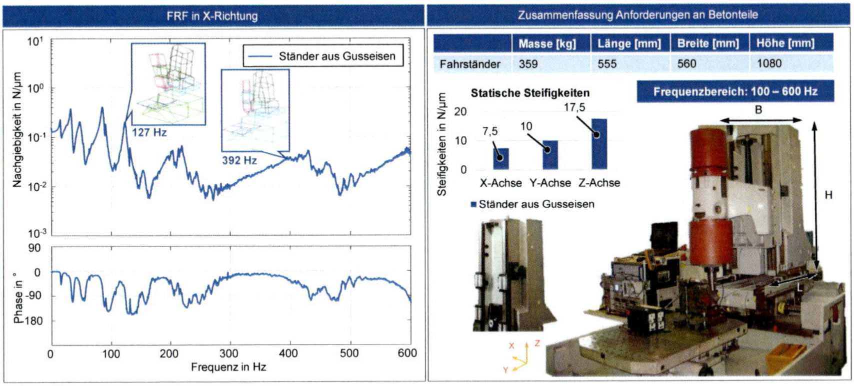

Bild 4.8: FRF in X-Richtung der FZ12WM und Zusammengestellte Anforderungen an Betonausführung des Ständers der FZ12WM

FRF in X direction of FZ12WM and defined requirements for column of FZ12WM made of concrete

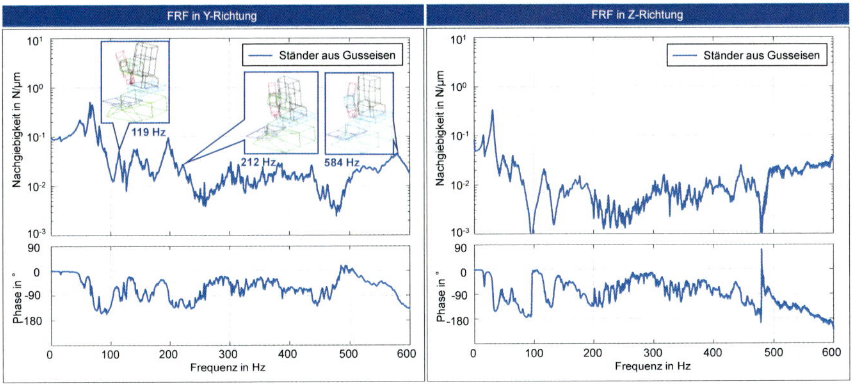

Bild 4.9: FRFs in Y- und Z-Richtung der FZ12WM

FRFs in Y and Z direction of FZ12WM

4.4 Fazit

Conclusion

Zur Beantwortung der ersten Teilforschungsfrage dieser Arbeit (vgl. Kapitel 3) wurde in diesem Kapitel zunächst ein allgemeines methodisches Vorgehen zur Bestimmung der spezifischen Anforderungen an die Konstruktion von Bauteilen aus Zementbeton in Werkzeugmaschinen hergeleitet. Die Methoden zur Ermittlung der Anforderungen wurden dabei in drei Hauptkategorien eingeteilt: erfahrungs- bzw. recherchebasierte Methoden, simulationsgestützte Methoden und messtechnische Methoden. Je nach Ausgangslage und Anwendungsfall fließen die verschiedenen Methodenkategorien zu unterschiedlichen Anteilen in die methodische Vorgehensweise ein, sodass eine allgemeingültige und flexible Anwendung der Methodik gewährleistet ist.

Anschließend wurde für die zwei ausgewählten Beispielmaschinen die Methodik zur Ermittlung von Anforderungen an Gestellbauteile aus Zementbeton angewandt. Bei den ausgewählten Maschinen handelt es sich um die Miniaturmaschine DemoBAZ und die FZ12WM, die einer Fräsmaschine in gängiger Baugröße entspricht. Die Methodik wurde dabei bis zur Identifikation von Anforderungen an die Masse, den Bauraum sowie den kritischen Eigenfrequenzbereich etc. durchgeführt. Lediglich die Ermittlung der Anforderungen, welche sich aus der Werkstoffauswahl und den entsprechenden Kennwerten ergeben, wurde noch nicht durchgeführt, da hierzu zunächst die Beantwortung der zweiten Teilforschungsfrage (gem. Kapitel 3) erfolgen muss. Diese wird in Kapitel 5 adressiert.

5 Eigenschaften von Zementbeton bei dynamischer Belastung

Characteristics of cement concrete regarding dynamic loads

Wie aus den beschriebenen Defiziten des Stands der Technik (vgl. Kapitel 2.4) ersichtlich ist, existiert besonders im Bereich der hochdynamischen Belastbarkeit von Zementbeton im Zug-Druck-Wechselbereich (> 200 Hz) noch Forschungsbedarf. Insbesondere für den Einsatz von Zementbeton in Werkzeugmaschinen ist auch der Frequenzbereich > 200 Hz von Bedeutung, da durch den Bearbeitungsprozess bei hohen Drehzahlen auch diese höherfrequenten Bereiche häufig angeregt werden. In diesem Kapitel werden daher die Untersuchungen erläutert, die zur Eingrenzung der hochdynamischen Belastbarkeit von Zementbeton durchgeführt wurden. Bei den Versuchen für diese Arbeit liegt der Fokus auf UHPC. Zukünftige Anwendungen der vorgestellten Methodik für andere Betonarten sind jedoch ebenfalls möglich und sinnvoll. In Kapitel 5.1 wird der verwendete Prüfstand sowie der Versuchsablauf beschrieben, bevor in Kapitel 5.2 der Versuchsplan der durchgeführten Ermüdungsversuche erläutert wird. Abschließend erfolgt die Auswertung der Ergebnisse in Kapitel 5.3.

5.1 DynaForce Resonanzprüfstand für Ermüdungsversuche an Zementbeton

DynaForce resonant test bench for fatigue tests of cement concrete

Wie in Kapitel 2.2.2 erwähnt, wurde am WZL ein Prüfstand entwickelt, der auf dem Resonanzprinzip beruht. Mit diesem WZL-Prüfstand können hochdynamische Dauerlastversuche an Zementbetonproben durchgeführt werden. Für die Untersuchungen in dieser Arbeit wurden der Prüfaufbau sowie die Prüfstandsteuerung und der Versuchsablauf angepasst und erweitert, um die Unsicherheiten und Schwankungen zwischen den Versuchsreihen zu reduzieren und die Vergleichbarkeit der Ergebnisse zu verbessern.

5.1.1 Prüfstandbeschreibung

Description of test bench

Der grundlegende Aufbau des DynaForce Resonanzprüfstands ist in [BREC15]; [NEUN18] ausführlich beschrieben worden und wir hier zum besseren Verständnis kurz dargelegt. Der Prüfstand basiert auf einer Verstärkung der Anregung mit Hilfe des Resonanzeffekts, um die erforderlichen hohen Kraftamplituden im Prüfkörper mit vergleichsweise geringen Erregerkräften zu erreichen. Auf diese Weise können auch die zur Untersuchung von Werkzeugmaschinen üblichen Erreger verwendet werden [BREC15]. Im Falle des DynaForce kommt ein hydraulischer Relativerreger zum Einsatz, da dieser höhere Hübe erreicht als vergleichbare Piezo-Elektrische-Aktoren. Der Erreger wird im Prüfstand zwischen einer schwingenden Resonanzmasse und dem Gestell eingespannt und sorgt für die hochfrequente Anregung der Resonanzmasse (siehe **Bild 5.1** links).

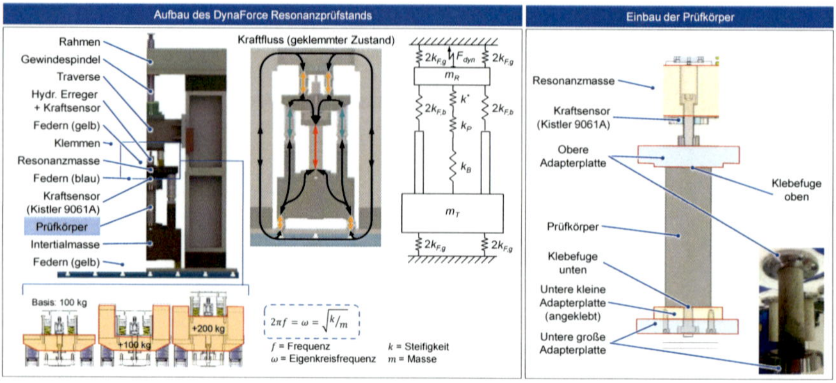

Bild 5.1: Aufbau und Funktionsweise des DynaForce Resonanzprüfstands
Set up and function of the DynaForce resonance test bench

Der Prüfkörper aus Zementbeton wird an Ober- und Unterseite mittels eines 2-Komponenten-Epoxydharz-Klebstoffs mit Adapterplatten aus Stahl versehen, mit denen die Anbindung des Prüfkörpers an den Prüfstand erfolgt. Die Adapterplatte an der Oberseite des Prüfkörpers wird an der Unterseite der Resonanzmasse angeschraubt. Die Unterseite des Prüfkörpers wird an einer großen Trägheitsmasse befestigt. Diese untere Anbindung ist zweistufig ausgeführt, um einen gleichmäßigeren Kraftfluss durch die Struktur zu begünstigen (siehe **Bild 5.1** rechts). Hierbei wird die kleinere Adapterplatte an der Unterseite des Prüfkörpers über eine zentrale Schraubenverbindung mit einer größeren Adapterplatte verbunden, die wiederum an der Trägheitsmasse angeschraubt wird. Die Schwingfähigkeit der Resonanzmasse wird durch die Lagerung auf vier Spiralfedern relativ zur Trägheitsmasse sichergestellt. Das System aus Resonanzmasse, Prüfkörper und Trägheitsmasse ist – ebenfalls über Spiralfedern – von der Umwelt entkoppelt und lässt sich in seinem dynamischen Verhalten näherungsweise als Einmassenschwinger beschreiben.

$$2\pi f = \omega = \sqrt{\frac{k}{m}} \tag{5.1}$$

Hierbei bezeichnet f die Frequenz, k die Steifigkeit, m die schwingende Masse und ω die Eigenkreisfrequenz des Systems. Bei bekannter Steifigkeit k lässt sich somit die Prüffrequenz über die Größe der Resonanzmasse beeinflussen. Zu diesem Zweck stehen zwei Konfigurationen von Zusatzmassen von je 100 kg zur Verfügung, sodass die Resonanzmasse von ursprünglich 100 kg auf 200 bzw. 300 kg aufgestockt werden kann. Wird die Resonanzmasse durch den Erreger in Schwingung versetzt, so wird diese Schwingung über die obere Adapterplatte in den Prüfkörper übertragen und resultiert (durch die Befestigung des Prüfkörpers an der Trägheitsmasse) in einer Stauchung bzw. Dehnung des Zementbetons. Über die Anregung der Resonanzmasse in der Eigenfrequenz des schwingenden Systems lässt sich somit eine Verstärkung zwischen der Erregerkraft und der Kraft, die in den Prüfkörper eingeleitet wird, erzielen.

Bild 5.2 zeigt die Schwingungsform des Prüfstands in der Resonanzfrequenz mit eingebautem Betonprüfkörper ohne Zusatzmassen. Die Schwingungsformen wurden mit Hilfe einer experimentellen Modalanalyse bestimmt und verdeutlichen die Zulässigkeit der näherungsweisen Beschreibung als Einmassenschwinger.

Die Vorspannung kann über die Einstellung der Quertraverse angepasst werden, an der sich auch der Hydraulikerreger abstützt. Dazu wird die Quertraverse über den Trapezgewindeantrieb manuell in der Höhe verstellt. Die Spiralfedern zwischen Resonanz- und Trägheitsmasse sorgen durch einen Einbau im Übermaß für eine Zugvorspannung des Prüfkörpers. Ein Absenken der Quertraverse führt somit zu einem Ausgleich dieser Zugvorspannung bzw. bei weiterem Absenken zu einer Druckvorspannung.

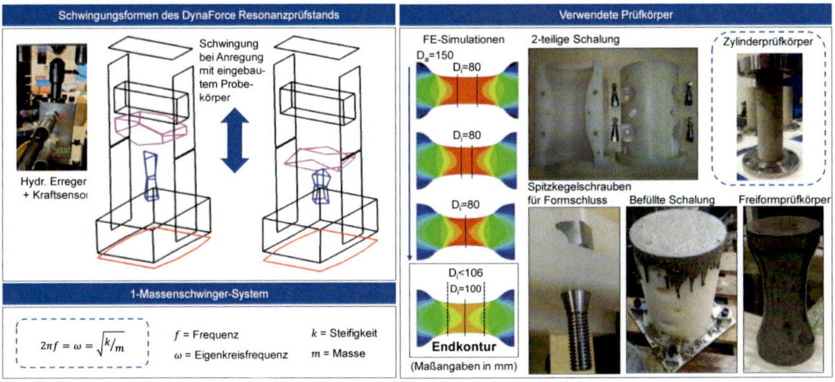

Bild 5.2: Schwingungsformen des Resonanzprüfstands und Entstehung des Freiformprüfkörpers und der entsprechenden Schalung

Vibration modes of resonance test bench and development of the free-shaped test object and the respective form

Da der Prüfkörper direkt im Kraftfluss liegt, beeinflusst seine Steifigkeit auch direkt die Systemsteifigkeit und damit auch die Resonanzfrequenz des schwingenden Systems. Der Frequenzbereich kann also über die Größe der Resonanzmasse eingestellt werden, die tatsächliche Prüffrequenz hängt allerdings vom verwendeten Material und der Prüfkörperform ab. Ausgelegt wurde der Prüfstand für Betonprüfkörper der Länge 300 mm (ohne angeklebte Adapterplatten) und einem Durchmesser von 100 mm. Zur Optimierung der Lasteinleitung während der Dauerlastversuche wurden jedoch neue Prüfkörper mit zylindrischer Freiform entwickelt. Durch die Verjüngung des Durchmessers von 150 mm an den Außenseiten auf 100 mm werden die maximalen Spannungen in der Mitte des Prüfkörpers konzentriert. **Bild 5.2** zeigt die Entstehung der Endkontur aus iterativen FE-Simulationen. Für die Herstellung dieser Freiformprüfkörper wurden insgesamt sechs baugleiche Schalungen aus Kunststoff konstruiert und hergestellt. Auf diese Weise konnten an einer Betoncharge jeweils an drei Freiformprüfkörpern die zentrische Zugfestigkeit bestimmt und die restlichen drei Prüfkörper für die Dauerlastversuche verwendet werden.

5.1.2 Prüfstandsteuerung und Versuchsablauf

Trial design

Der prinzipielle Ablauf der Dauerlaufversuche ist links in **Bild 5.3** dargestellt. Zur Durchführung der Dauerlaufversuche werden zunächst die Betonrohlinge für die Prüfkörper am Institut für Bauforschung und Lehrstuhl für Baustoffkunde (ibac) der RWTH Aachen chargenweise hergestellt. Eine Betoncharge wird hierbei als Serie mit einer fortlaufenden Nummer bezeichnet, in der die einzelnen hergestellten Prüfkörper ebenfalls durchnummeriert sind, sodass die Proben eindeutig zugeordnet werden können. Nach dem Verguss und der Erhärtung der Betonrohlinge erfolgt die Nachbehandlung des Betons und anschließend die Verklebung der Betonrohlinge mit den Adapterplatten. An jeweils drei Prüfkörpern einer Serie wird dann die zentrische Zugfestigkeit bestimmt und der Mittelwert als Grundlage für die Festlegung der einzustellenden Belastungshöhe herangezogen. Die restlichen Prüfkörper der Serie stehen für die Dauerlaufversuche zur Verfügung und werden hierzu zum WZL transportiert.

Für die Versuche zur Dauerbelastung wird zunächst der aktuell zu testende Prüfkörper bei angehobener Quertraverse mittig unter der Resonanzmasse positioniert und mithilfe der Bohrbilder für die Montage ausgerichtet. Um eine Zugbelastung der Betonprobe während des Anziehvorgangs der Schrauben zu verhindern, wird der Prüfkörper zuvor mit Hilfe der abgesenkten Quertraverse unter eine Druckbelastung von ca. 2 kN gesetzt. Auf diese Weise wird eine Vorschädigung des Betons durch Zugbelastungen während des Einbaus vermieden. Da der Beton im Druckbereich eine signifikant höhere Festigkeit aufweist als im Zugbereich, ist die eingestellte Druckbelastung von 2 kN unkritisch. Das Anziehen der Schrauben erfolgt mit einem definierten Drehmoment von 100 Nm. Anschließend wird die Quertraverse wieder so weit angehoben, dass die gewünschte Mittellage erreicht wird.

Da die Eigenfrequenz des Schwingsystems aus Resonanzmasse und Prüfkörper sowohl von der Größe der Resonanzmasse als auch von der Form und Steifigkeit des Prüfkörpers abhängt, muss die Eigenfrequenz vor Versuchsstart ermittelt werden. Hierzu wird über den Erreger ein Sinus-Sweepsignal mit geringer Amplitude aufgebracht und der Nachgiebigkeitsfrequenzgang in Längsrichtung des Prüfkörpers gemessen. Das Erregersignal deckt einen Frequenzbereich von 50-800 Hz mit einer Schrittweite von 1 Hz ab. Die Antwortsignale für die Nachgiebigkeitsfrequenzgänge werden mittels uniaxialer Beschleunigungssensoren jeweils an der oberen und unteren Adapterplatte des Prüfkörpers gemessen. Aus diesen Signalen kann durch zweifache Integration auch die relative Verlagerung der Betonprobe also die Dehnung und Stauchung ermittelt werden.

Neben der eingebrachten Erregerkraft, die mit einem integrierten Kraftsensor zwischen Quertraverse und Erregerkolben gemessen wird, und den Beschleunigungssignalen des Prüfkörpers wird auch die Kraft gemessen, die letztlich in die Betonprobe eingeleitet wird. Hierzu ist ein Kraftsensor an der Unterseite der Resonanzmasse und über der Anbindung an die Adapterplatte unter einer Druckvorspannung von 80 kN montiert. Mit den beiden Kraftsignalen lässt sich der frequenzabhängige Überhöhungsfaktor der

Betonbelastung bestimmen, der bei der Eigenfrequenz des Schwingsystems maximal wird.

Nach der Messung der Nachgiebigkeitsfrequenzgänge, wird über den Erreger eine Sinusschwingung mit der ermittelten Resonanzfrequenz aufgebracht. Die Schwingungsamplitude des Erregers wird dabei manuell so eingestellt, dass am Kraftsensor unter der Resonanzmasse die gewünschte verstärkte Kraftamplitude für die Einleitung in den Prüfkörper vorliegt. Die Signale sowohl der beiden Kraftsensoren als auch der beiden Beschleunigungssensoren werden kontinuierlich erfasst und später zur Auswertung der Dauerlaufversuche herangezogen.

Der Prüfaufbau ist so beschaffen, das davon ausgegangen werden kann, dass sowohl die Steifigkeit als auch die Masse des umgebenden Prüfaufbaus konstant bleiben. Somit sind Änderungen der Resonanzfrequenz lediglich auf Änderungen in der Steifigkeit der Betonprobe zurückzuführen. Diese Steifigkeitsänderungen entstehen wiederum durch Veränderungen im Betongefüge und stellen so eine weitere Bewertungsgröße für die Auswirkungen der hochfrequenten Dauerlast auf das Material dar. Zudem führt eine Änderung der Resonanzfrequenz prinzipbedingt auch zu einem Abfall der Belastung, die in den Beton eingeleitet wird, da der Kraftüberhöhungsfaktor bei Abweichungen von der Resonanzfrequenz deutlich reduziert ist. Auch deshalb ist es nötig, die Belastungshöhe und die Resonanzfrequenz wiederholend zu ermitteln, damit ein möglichst gleichbleibendes Lastniveau über der Versuchsdauer erhalten bleibt.

Für die Länge der Dauerlaufversuche wird eine Lastwechselzahl von 10^8 festgelegt, da bei den betrachteten hochdynamischen Frequenzbereichen die normalerweise üblichen 10^6 Lastwechsel i. d. R. bereits nach weniger als einer Stunde erreicht sind. Bei 10^8 Lastwechseln hingegen werden Versuchsdauern von 2 bis 3 Tagen erreicht. Nach Erreichen der Lastwechselzahl werden ein letzter Nachgiebigkeitsfrequenzgang gemessen und die aktuelle Resonanzfrequenz ermittelt. Sofern kein Bruch der Betonprobe vorliegt, werden die Prüfkörper anschließend ausgebaut und wieder zum ibac transportiert, wo die zentrische Restzugfestigkeit zerstörend bestimmt wird.

Die regelmäßige kontinuierliche Überwachung, Ermittlung und Nachregelung der Belastungshöhe bzw. der Resonanzfrequenz ist von signifikanter Bedeutung für die Aussagekraft der Versuchsergebnisse. Eine manuelle Steuerung und Überwachung der Belastungshöhe ist wegen der erforderlichen Dauerläufe über Nacht und über das Wochenende nicht praktikabel. Zudem erhöht sich dann die Fehlergefahr. Daher wurde im Rahmen dieser Arbeit das Programm zur Aufnahme der Messwerte um eine automatische Überwachung und Regelung der Belastungshöhe und der Resonanzfrequenz erweitert. **Bild 5.3** zeigt rechts eine Übersicht über den Aufbau des Programms.

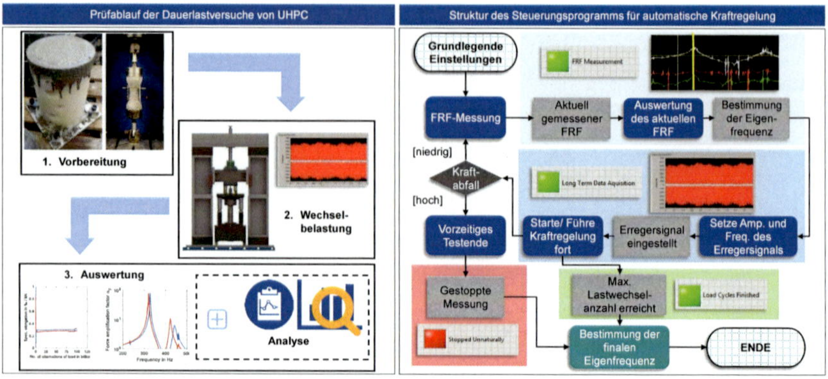

Bild 5.3: Genereller Ablauf der Dauerlaufversuche und Programmablauf zur Prüfstandsteuerung

General sequence for long-term vibration tests and program sequence for control of test bench

Das Programm für die Prüfstandregelung wurde mithilfe der Software LabVIEW von National Instruments entwickelt. Dank der vorgefertigten Schnittstellen ermöglicht die Software eine unkomplizierte Kommunikation mit der Messtechnik zur Aufnahme der Messwerte und zur Ansteuerung des Hydraulikerregers. Das Programm besteht aus dem Front Panel, in dem alle erforderlichen Einstellungen vorgenommen und die Versuchsläufe gestartet und beendet werden können. Darüber hinaus ermöglicht es die Überwachung des Versuchsstatus anhand von Signalleuchten und die Anzeige der aktuellen Messwerte. Der eigentliche Programmablauf ist im Block-Diagramm hinterlegt.

Im ersten Tab des Front Panels können alle erforderlichen Einstellungen für die Durchführung des Dauerlaufs definiert werden. Hierbei wird unterschieden zwischen den Einstellungen für die Aufnahme der Messwerte, die Durchführung der Frequenzgangermittlung und den Dauerlauf selbst. Hier sind die Datenrate und -anzahl für die Messwertaufnahme, die Faktoren für die Nachregelung der Eigenfrequenz und der Amplitude sowie die Zielkraft und die maximale Anzahl an Lastwechseln vorzugeben.

Nach Eingabe der grundlegenden Einstellungen erfolgt die erste Ermittlung der Eigenfrequenz mit einem Sinus-Sweepsignal. Die entsprechenden Einstellungen für das Erregersignal sowie die Darstellung des ermittelten Nachgiebigkeitsfrequenzgangs werden im Tab „1st FRF" vorgenommen. Die Amplitude hierzu wird manuell am Ansteuergerät für den Hydraulikerreger eingestellt. Anschließend kann die Eigenfrequenz aus dem dargestellten Diagramm abgelesen und eingegeben werden. Der Dauerlaufversuch kann dann über den entsprechenden Button gestartet und die Amplitude zunächst manuell am Ansteuergerät eingestellt werden. Anschließend wird mit dem Button „Manual Scaling Done" die automatische Kraftregelung gestartet. Der dritte Tab im Front Panel dient zur Überwachung der Belastungshöhe und des aktuellen Versuchsstatus. Aus den softwaretechnisch zusammengefassten Diagrammen können die aktuellen Kraftsignale sowie der letzte aufgenommene Nachgiebigkeitsfrequenzgang abgelesen werden.

Zusätzlich zeigen die Signalleuchten am rechten Bildschirmrand den aktuellen Versuchsmodus. Hierbei werden fünf Modi unterschieden: Messung des Nachgiebigkeitsfrequenzgangs parallel zum Dauerlauf, Anpassung der Resonanzfrequenz und ggf. Amplitude, Datenerfassung im normalen Dauerlauf, Messung beendet nach Erreichen der maximalen Lastwechselzahl und vorzeitiger Abbruch. Im Programm wurde auch die Option eingearbeitet, den Prüfstand im manuellen Modus ohne automatische Kraftüberprüfung laufen zu lassen. Dann muss die Frequenzgangmessung in regelmäßigen Abständen manuell gestartet werden. Diese Option wurde allerdings lediglich für die Anfangsphasen der Dauerlaufversuche verwendet, in denen durch das Setzverhalten des Betons die Eigenfrequenz rasch abfällt und die Zielkraft aufgrund der trägen automatischen Amplitudenanpassung längere Zeit nicht erreicht werden würde.

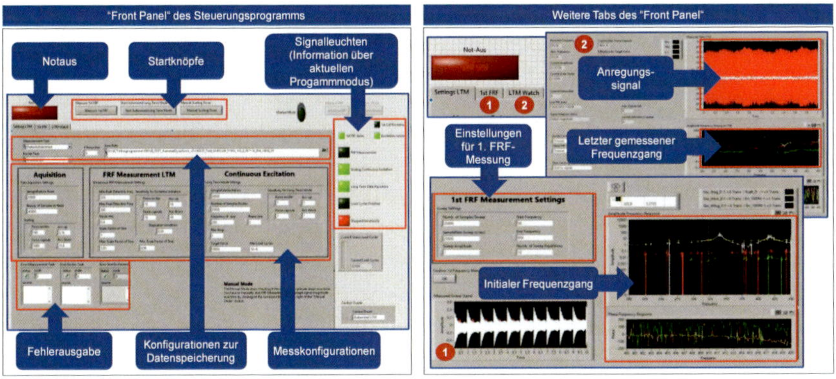

Bild 5.4: Eingabemasken des Programms zur Püfstandsteuerung
Input surface of the program for control of the test bench

Der Ablauf des Programms im Block-Diagramm besteht aus zwei Hauptschleifen, die parallel ausgeführt werden: Die Eventschleife und die Programmschleife. In der Eventschleife wird die Betätigung der Schaltflächen für den Start der ersten oder manuellen Frequenzgangmessung sowie für den automatischen oder manuellen Dauerlauf erkannt. Anschließend erfolgt der Befehl zur Änderung der Fallauswahl in der Programmschleife. Wird beispielsweise die Schaltfläche für den Start der ersten Frequenzgangmessung betätigt, so wird über die Eventschleife ein entsprechender Befehl an die Programmschleife übermittelt, wo dann der entsprechende Anwendungsfall selektiert wird. Dort wird das Sweepsignal generiert, an den Erreger übermittelt, die Messwertaufnahme durchgeführt und der Nachgiebigkeitsfrequenzgang ermittelt. Anschließend wird eine Aufforderung zur manuellen Ermittlung der Resonsanzfrequenz angezeigt und zur Eingabe der Frequenz in einem Pop-up Fenster aufgefordert.

Im Fall der automatischen Kraftregelung werden in der Programmschleife wiederum drei Schleifen parallel ausgeführt: Die Erregerschleife, die Einleseschleife und die Regelungsschleife. Zunächst wird in der Erregerschleife das Erregersignal mit der aktuellen Frequenz und der eingestellten Amplitude generiert sowie der Befehl zum Starten der Messwerterfassung und -speicherung an die Einleseschleife und die Regelungsschleife übermittelt. In der Einleseschleife werden die Messdaten der Sensoren kontinuierlich aufgenommen und die aktuelle Lastwechselanzahl bestimmt. Die Messdaten werden dann paketweise an die Regelungsschleife übergeben.

Während der manuellen Amplitudeneinstellung zu Beginn des Dauerlaufs werden in der Regelungsschleife zunächst nur die Messdatenpakete aus der Einleseschleife auf die entsprechenden Einheiten skaliert und abgespeichert. Erst bei Bestätigung der Amplitudenvoreinstellung durch den Button „Manual Scaling Done“ erfolgt zusätzlich die kontinuierliche Überprüfung der Belastungshöhe. Hierbei wird zum einen für jedes Messdatenpaket überprüft, ob die Amplitude der in die Betonprobe eingeleiteten Kraft um weniger als 7% von der vorgegebenen Zielkraft abweicht. Zum anderen wird die Amplitude zudem auf signifikante Signalabfälle getestet, die ein Indiz für Bruch oder Riss im Betongefüge bzw. sonstige gravierende Probleme im Prüfablauf darstellen. Werden solche signifikanten Signalsprünge detektiert, so wird die Messung beendet und der Erreger ausgeschaltet. Wird lediglich eine normale Unter- bzw. Überschreitung der zulässigen Kraftabweichung ermittelt, so wird der Befehl zur Messung eines neuen Nachgiebigkeitsfrequenzgangs an die Erregerschleife übermittelt und die Kraftüberprüfung für diese Zeit in einen Wartemodus versetzt. In diesem Modus werden wiederum lediglich die aufgenommenen Messwerte abgespeichert. Es erfolgt somit in dieser Phase keine weitere Kontrolle der Belastungshöhe.

Zur Messung des Nachgiebigkeitsfrequenzgangs wird in der Erregerschleife dem aktuellen Sinussignal ein weißes Rauschen überlagert, um für die Messung einen ähnlichen Energiegehalt über alle Frequenzen zu erhalten. Dieser Zeitpunkt wird zur Protokollierung zwischengespeichert. Zudem wird die Regelschleife aus dem Wartemodus in den Frequenzgangmodus gesetzt, sobald das Erregersignal generiert wurde und das System 1 s Zeit zum Einschwingen hatte. In der Regelschleife werden dann insgesamt zehn Datenpakete gesammelt für die Bestimmung eines gemittelten Nachgiebigkeitsfrequenzgangs und die automatische Ermittlung der Resonanzfrequenz. Um sicherzustellen, dass die korrekte Resonanzfrequenz ermittelt wird, erfolgt die Detektion in einem zuvor eingegrenzten Frequenzbereich. Dieser kann im Frontpanel unter den Einstellungen für die Dauerlauffrequenzgangmessung angepasst werden. Sowohl die neu detektierte Resonanzfrequenz als auch der Zeitpunkt der Frequenzgangmessung aus dem Zwischenspeicher werden in einem automatisch erstellten Messprotokoll dokumentiert. Zudem wird der gemessene Nachgiebigkeitsfrequenzgang in einer separaten Datei abgespeichert. Anschließend wird die Regelschleife erneut in den Wartemodus versetzt und einer von zwei unterschiedlichen Fällen der Signalanpassung in der Erregerschleife gestartet: Fall 1 enthält die schrittweise Anpassung der Eigenfrequenz, Fall 2 die Nachregelung der Kraftamplitude.

Für den Fall, dass die Differenz zwischen alter und neuer Resonanzfrequenz mehr als 1 Hz beträgt, muss eine schrittweise Anpassung der Erregerfrequenz erfolgen. Die Schrittweite darf hierbei nicht größer als 1 Hz gewählt werden, da es sonst zu impulsartigen Signaleinbrüchen am Erreger durch Probleme mit der Signalansteuerung kommt. Bei einer Differenz zwischen alter und neuer Resonanzfrequenz unter 1 Hz kann die Frequenz direkt angepasst werden und die Erregerschleife direkt in den Modus zur Amplitudennachregelung versetzt werden. Bei diesem Modus wird die voreingestellte Erregeramplitude um einen Skalierungsfaktor angepasst, bis die Kraftamplitude wieder im gewünschten Bereich liegt. Dies ist erforderlich, da durch die Einstellung auf die neue Frequenz auch eine Änderung des Kraftüberhöhungsfaktors und damit eine Änderung der Kraftverstärkung auftreten kann.

Zur Nachregelung der Amplitude wird die Regelschleife zunächst in den Adaptionsmodus versetzt. In diesem Modus erfolgt eine erneute Überprüfung der Kraftamplitude sowie die Bestimmung des Skalierungsfaktors aus dem Verhältnis von Zielkraft zu aktueller Kraft. Um die Ansteuerungsprobleme bei zu großen Skalierungsfaktoren zu vermeiden, sind Grenzwerte für diesen Faktor in den Frequenzgangeinstellungen festgelegt. Falls der theoretisch erforderliche Skalierungsfaktor die Grenzwerte über- oder unterschreitet, wird die Amplitude um den nächstliegenden Grenzwertfaktor angepasst. Dieser Vorgang wird so lange wiederholt, bis die gewünschte Zielkraft erreicht wird oder über einige Schritte hintereinander keine Änderung der Amplitude mehr detektiert wird. In letzterem Fall wird angenommen, dass die Grenze der Erregeramplitude erreicht wurde, was im automatischen Messprotokoll dokumentiert wird. Anschließend wird der Dauerlauf zunächst mit der aktuellen Kraftamplitude fortgesetzt, bis die nächste Frequenzgangmessung stattfindet. Die erneute Frequenzanpassung sorgt dafür, dass sich auch der Kraftüberhöhungsfaktor erneut ändert und damit die gewünschte Kraftamplitude wieder erreicht werden kann.

Ist die erforderliche Lastwechselanzahl erreicht oder wird die Messung vorher manuell oder automatisch gestoppt, so wird das Erregersignal beendet. Die restlichen Messdatenpakete werden abgespeichert und alle offenen Dokumente geschlossen sowie das Programm beendet. In **Bild 5.5** links ist die Validierung der neu entwickelten Prüfstandsteuerung anhand zylinderförmiger, autoklavierter Prüfkörper mit vergleichbarer Zielkraftbelastung dargestellt.

5.2 Versuchsplan der Ermüdungsversuche

Trial design of fatigue tests

In den beschriebenen Dauerlastversuchen aus der ersten Phase des Forschungsprojektes wurden sowohl Prüfkörper aus Normalbeton als auch Prüfkörper aus UHPC im Resonanzprüfstand bei unterschiedlichen Belastungshöhen untersucht. Die Ergebnisanalyse deutet darauf hin, dass die Ermüdungsfestigkeit beider Betonarten zwischen 40 und 50 % der zentrischen Zugfestigkeit liegt. Diese Proben wurden alle nach dem Ausschalen mit der sogenannten Normallagerung (L7) behandelt. Hierbei werden die Prüfkörper für 7 Tage in einem Wasserbad bei 20 °C gelagert und anschließend bei 20 °C und 65% relativer Feuchte bis zum Test gelagert [NEUN18]. Zur Vorwegnahme der Schwindvorgänge und damit verbundenen Geometrieabweichungen existieren noch weitergehende Nachbehandlungsverfahren. Von diesen wiesen besonders die Autoklavierung und die sogenannte Wärmebehandlung in Versuchen am ibac vielversprechende Ergebnisse in Bezug auf die Langzeitgeometriekonstanz auf. Beide Verfahren führen tendenziell zu einer geringfügig höheren Zugfestigkeit als bei normalgelagerten Proben, wobei die autoklavierten Proben langfristig leicht erhöhte Zugfestigkeitswerte gegenüber den wärmebehandelten Proben aufweisen. Allerdings sind die zentrischen Zugfestigkeiten der autoklavierten Proben auch größeren Schwankungen unterworfen.

Bei der Wärmebehandlung wird das Bauteil nach der Ausschalung zunächst in einem Wasserbad im Klimaschrank positioniert und abgedeckt. Anschließend wird das Wasserbad innerhalb von 9 h von 20°C auf 90°C erwärmt und die Temperatur für 48 h gehalten. Danach wird die Temperatur innerhalb von 27 h wieder auf 20°C abgesenkt. [NEUN18]

Bei der Autoklavierung wird das Bauteil nach dem Ausschalen in einem sogenannten Autoklav untergebracht, bei dem neben der Temperatur auch der Luftdruck geregelt werden kann. Damit das Bauteil nicht austrocknet, befindet sich auch ein Wasserbecken im Autoklav. Innerhalb von 9 h wird eine Erwärmung auf 190°C bei 12,5 bar durchgeführt und für 15 h gehalten. Anschließend wird der Druck auf 6 bar gesenkt und innerhalb von 30 h auf ca. 20°C abgekühlt. [NEUN18]

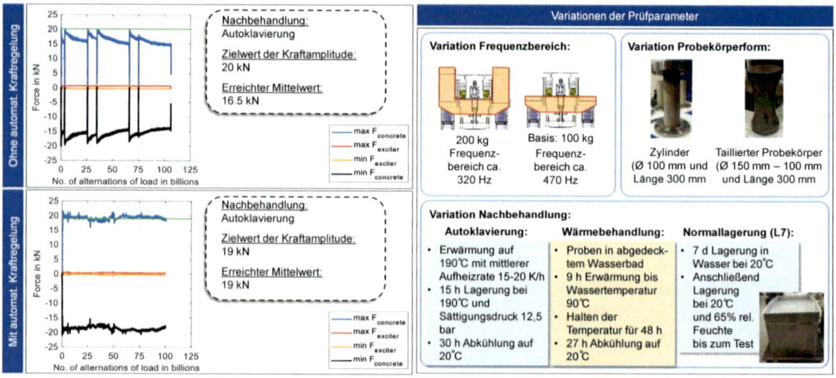

Bild 5.5: Validierung der automatisierten Kraftregelung und untersuchte Parametervariationen der Dauerlaufversuche

Validation of automatic force control and investigated variations of parameters of the long-term vibration tests

Im Rahmen dieser Arbeit wird mit Hilfe des Resonanzprüfstands somit untersucht, inwieweit die Nachbehandlungsverfahren auch Einfluss auf das Dauerlastverhalten von Beton haben. Hierbei wird der Fokus insbesondere darauf gelegt zu überprüfen, ob ein negativer Einfluss besteht, also ob die Ermüdungsgrenze für die nachbehandelten Proben niedriger liegt als bei den normalgelagerten Proben. Die Einzelbestandteile von

Betonmischungen bestehen aus Naturprodukten und sind damit in ihren Eigenschaften Schwankungen unterworfen. Zudem besteht immer die Möglichkeit, dass bei Handling und Transport der Betonproben Vorschädigungen des Materials auftreten, die nicht direkt an der Probe ersichtlich sind. Um diesen Unsicherheiten Rechnung zu tragen und sicherzustellen, dass verwertbare Ergebnisse entstehen, wird für jede untersuchte Parameterkombination eine Versuchsreihe aus mindestens drei – wenn möglich sechs – Prüfkörpern angestrebt. Die Einzelversuchsdauer von mehreren Tagen und die nötige Anzahl an Prüfkörpern bedingen einen hohen zeitlichen Aufwand für eine Versuchsreihe. Aus diesem Grund wird im Rahmen der Ermüdungsversuche in dieser Arbeit nur der Einfluss der Nachbehandlungsverfahren auf UHPC-Proben mit einem Größtkorn von 8 mm ohne Zugabe von Stahlfasern betrachtet (entspricht UHPC-4 laut Kapitel 10.5), um die Versuchszeiten nicht uferlos auszudehnen. **Bild 5.5** liefert einen Überblick über die untersuchten Parametervariationen in dieser Arbeit.

Als Prüfkörperform wird die Verwendung der neu entwickelten Freiformproben angestrebt. Dies lässt sich jedoch nur für die Untersuchung der wärmebehandelten Proben umsetzen. Der Grund hierfür liegt im größeren Durchmesser an Ober- und Unterseite der Freiformproben. Dies führt dazu, dass maximal drei Proben gleichzeitig in der Autoklavkammer behandelt werden können. Bei jedem Autoklavierungsvorgang schwanken die anschließend gemessenen Werte für die Zugfestigkeit und für die Mittelung der Werte sind mindestens drei Proben notwendig, sodass die Ermittlung der zentrischen Zugfestigkeit und die Ermüdungsversuche an Prüfkörpern aus unterschiedlichen Autoklavierungsvorgängen durchgeführt werden müssten. Dies würde zu unnötigen Unsicherheiten in der Versuchsbewertung führen, daher werden für die Versuchsreihen mit autoklavierten Prüfkörpern weiterhin Zylinder mit 100 mm Durchmesser verwendet. Bei den wärmebehandelten Prüfkörpern tritt die Problematik des Raumbedarfs nicht auf (alle sechs Probekörper können gleichzeitig wärmebehandelt werden), daher wird hier auf die Freiformprüfkörper zurückgegriffen, die eine definierte Materialbelastung begünstigen.

Da für die zylinderförmigen Prüfkörper mehr Schalungen zur Verfügung stehen, können die erforderlichen sechs Prüfkörper für eine Reihe Dauerlastversuche sowie die zusätzlichen drei Prüfkörper für die Ermittlung der zentrischen Zugfestigkeit direkt aus einer Betoncharge hergestellt werden. Bei den Freiformen stehen lediglich sechs Schalungen zur Verfügung, wovon drei Proben für die Ermittlung der zentrischen Zugfestigkeit benötigt werden. Daher können für die Dauerlastversuche pro Charge nur drei Prüfkörper verwendet werden. Um auf die erforderliche Anzahl an Prüfkörpern für eine Dauerlastreihe zu kommen, werden demnach immer zwei Chargen von Freiformprüfkörpern je untersuchter Parameterkombination benötigt.

Sowohl für die Autoklavierung als auch für die Wärmebehandlung werden jeweils mindestens zwei Versuchsreihen mit unterschiedlichen Belastungsniveaus und aktiver automatischer Prüfstandsteuerung durchgeführt. Hierbei wird die Prüfstandkonfiguration ohne Zusatzmassen (Resonanzmasse = 100 kg) verwendet. Die Prüffrequenz liegt je nach verwendeter Prüfkörperform zwischen 470 und 530 Hz. Zusätzlich wird für beide Nachbehandlungsverfahren auch der Einfluss unterschiedlicher Frequenzbereiche auf das Dauerlastverhalten überprüft. Hierzu werden ebenfalls jeweils zwei Versuchsreihen mit zusätzlich montierter Zusatzmasse (zusätzliche 100 kg) bei den Belastungsniveaus aus der Untersuchung mit einzelner Resonanzmasse durchgeführt. Die Prüffrequenz bewegt sich im Bereich von 320 bis 350 Hz. In Anlehnung an die Ergebnisse der vorangegangenen Versuche liegen die verwendeten Lastniveaus im Bereich von jeweils um 37-40% und 41-45 % der jeweiligen zentrischen Zugfestigkeit.

Zusätzlich werden Versuche ohne Automatisierung sowohl mit autoklavierten Zylindern als auch mit wärmebehandelten Zylindern und Freiformprüfkörpern durchgeführt. Diese Versuche werden mit Belastungen im Bereich von 30% der zentrischen Zugfestigkeit vorgenommen, um einen Einfluss der Prüfkörperform auf die Versuchsverläufe in einem unkritischen Belastungsbereich analysieren zu können. Für einen Vergleich der Versuchsverläufe mit und ohne Automatisierung werden auch Versuche an autoklavierten Zylindern ohne Automatisierung im kritischen Lastbereich durchgeführt. Die Ermittlung des Einflusses der Prüfkörperform auf die Versuchsverläufe im kritischen Belastungsbereich erfolgt hingegen mit aktiver Automatisierung, da hiermit der kritische Lastbereich besser gehalten wird. Weiterhin werden Versuche mit Automatisierung von normalgelagerten Zylindern zu Vergleichszwecken mit den Versuchen aus der ersten Projektphase durchgeführt. **Tabelle 5.1** gibt einen Überblick über die Dauerlastversuche am Prüfstand.

Tabelle 5.1: Geplante Dauerlastversuche
Planed tests with continuous loads

Belastungsbereich				**30%**	**37-40%**	**41-45%**	**50%**
	Prüfkörperform	**Zusatzmassen**	**Automatisierung**				
Auto-klaviert	**Zylinder**	-	-	9	6	6	-
		-	ja	-	6	6	6
		ja	ja	-	6	6	-
Wärme-behandelt	**Zylinder**	-	-	12	-	-	-
		-	ja	-	9	-	-
		ja	ja	-	5	-	-
	Freiform	-	-	6	-	-	-
		-	ja	-	6(3)	6(3)	-
		ja	ja	-	6	6	-
L7	**Zylinder**	-	ja	-	3	6	6

Dieses Versuchsprogramm führt – unter Berücksichtigung der unterschiedlichen Frequenzbereiche – zu einer Betriebsdauer des Prüfstands von etwa 300 Tagen bzw.

43 Wochen (ohne Berücksichtigung der Zeiten für Probenwechsel, Ein- und Ausbau der Zusatzmassen etc.). Dies verdeutlicht den hohen zeitlichen Aufwand für die Dauerlastversuche und begründet den Verzicht auf einen vollfaktoriellen Versuchsplan.

5.3 Ergebnisauswertung

Analysis of results

Zur Darstellung der Versuchsergebnisse wurden unterschiedliche Skripte mit der Berechnungssoftware MATLAB erstellt, die eine automatische Verarbeitung der aufgenommenen Messwerte ermöglichen. Auf diese Weise wird auch eine einheitliche Darstellung der Messwertverläufe in Diagrammen sichergestellt. Für die Evaluierung des Versuchsablaufs wird zum einen der Verlauf der erfassten Beschleunigungswerte an Ober- und Unterseite der Probe und zum anderen der Verlauf der in die Betonprobe eingeleiteten Kraft untersucht. Auf diese Weise können Unregelmäßigkeiten im Versuchsverlauf festgestellt und ihr Einfluss in die Auswertung mit einbezogen werden. Zusätzlich wird aus den Beschleunigungssignalen die relative Verlagerung (Dehnung bzw. Stauchung der Betonprobe) berechnet und diese auf die momentane Belastungskraft bezogen. Diese spezifische Dehnung ist, ähnlich dem E-Modul, eine Materialeigenschaft und sollte daher über dem Versuchsverlauf annähernd konstant bleiben, wenn keine signifikanten Veränderungen im Materialgefüge auftreten. Eine Abweichung der spezifischen Dehnungsverläufe deutet somit auf eine Schädigung des Betons im Versuchsablauf hin. Daneben ist die Steifigkeit der Betonprobe ebenfalls ein Indikator für aufgetretene Schädigungen. Daher wird auch dieser Wert in der Versuchsauswertung untersucht. Hierzu wird zum einen die Eigenfrequenz des Prüfaufbaus jeweils vor und nach dem Dauerlauf miteinander verglichen und die prozentuale Abweichung berechnet. Zum anderen wird auch der Verlauf der Eigenfrequenz über der Lastwechselanzahl anhand der Frequenzgangmessungen während der Dauerbelastung betrachtet. Dieser sollte dem Verlauf der bereits im Stand der Forschung beschriebenen Ermüdungsphasen von Beton entsprechen. Ein starker Abfall gegen Ende der Dauerbelastung spricht dann dafür, dass das Ende der zweiten Ermüdungsphase „Kontinuierlicher Rissfortschritt" erreicht ist oder bevorsteht. Um zudem Zusammenhänge zwischen Frequenz- und Kraftverlauf analysieren zu können, werden der prozentuale Verlauf der Eigenfrequenz des Prüfaufbaus bezogen auf die Anfangsfrequenz und der prozentuale Verlauf der in die Betonprobe eingeleiteten Kraft bezogen auf die Zielkraft in einem Diagramm gegenübergestellt. Weiterhin wird nach Abschluss eines Dauerlaufversuchs der entsprechende Prüfkörper am ibac einer zerstörenden Zugprüfung unterzogen, bei der die Restzugfestigkeit des Prüfkörpers festgestellt wird. Die prozentuale Änderung zwischen der Zugfestigkeit vor und nach den Dauerlaufversuchen wird ebenfalls als Bewertungskriterium herangezogen. In **Bild 5.6** sind exemplarisch die Auswertediagramme und charakteristischen Bewertungskriterien für einen Versuch mit autoklaviertem zylinderförmigem Prüfkörper bei aktiver Automatisierung dargestellt. Weitere Auswertdiagramme der Versuche finden sich im Anhang in Kapitel 10.3.

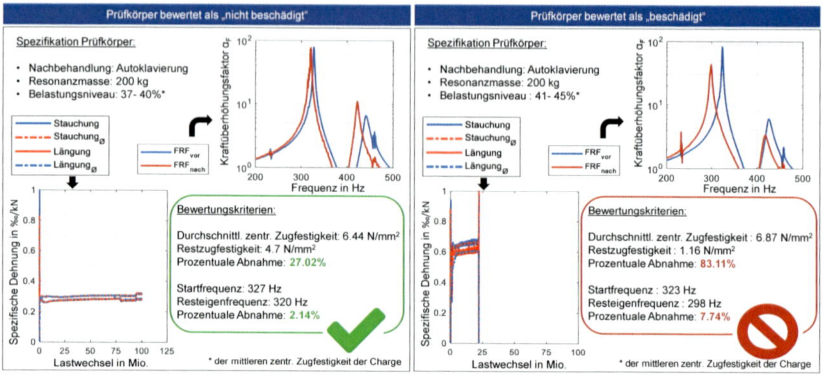

Bild 5.6: Beispiele für Auswertdiagramme und charakteristische Bewertungskriterien (s.a. Anhang)

Examples for analysis diagrams and characteristic evaluation criteria (s. appendix)

Aufgrund der großen Anzahl an Versuchen und zur besseren Übersichtlichkeit der Auswertung wird jede Probe in eine von drei Kategorien eingeordnet: „keine signifikante Beschädigung während des Dauerlaufs", „wahrscheinlich beschädigt" und „beschädigt". Jeder dieser Kategorien wird zusätzlich – einem Ampelsystem entsprechend – jeweils auch eine spezifische Farbe zugeordnet, um eine entsprechende Probenverteilung besser erkennbar zu machen: „keine signifikante Beschädigung" = „grün", „wahrscheinlich beschädigt" = gelb, „beschädigt" = rot.

Eines der deutlichsten Kriterien für eine Beschädigung der Betonprobe ist zunächst der prozentuale Abfall der Zugfestigkeit nach Durchführung des Dauerlaufs, gefolgt vom prozentualen Abfall der Eigenfrequenz. Eine Auswertung dieser beiden Werte über alle durchgeführten Versuche ergibt, dass in mehr als zwei Drittel aller Fälle, in denen die Restzugfestigkeit um mehr als 45% im Vergleich zur vorher ermittelten durchschnittlichen Zugfestigkeit der Betoncharge abfiel, auch ein Frequenzabfall von mehr als 4% auftrat. Aus diesem Grund werden alle Betonproben, bei denen diese Schwellen beide überschritten sind, als „beschädigt" gewertet, selbst dann, wenn die erforderliche Anzahl an Lastwechseln erreicht wurde. In diesen Fällen ist ein hoher Abfall der Restzugfestigkeit nur aufgrund von Beschädigungen beim Rücktransport der Proben zum ibac unwahrscheinlich, da der Frequenzabfall bereits während der Dauerläufe aufgetreten ist. Die Festlegung der Grenze des Restzugfestigkeitsabfalls auf den vergleichsweise hohen Wert von 45% ist mit der vergleichsweise großen Streuung bei der Bestimmung der zentrischen statischen Zugfestigkeitswerte pro Charge zu begründen.

Bei den Betonproben, bei denen lediglich eine der genannten Schwellen für den Restzugfestigkeitsabfall bzw. den Frequenzabfall überschritten wird oder bei denen automatisch vor Erreichen der maximalen Lastwechselanzahl gestoppt wurde, ohne dass beide Schwellen überschritten zu haben, ist eine weitergehende Analyse nötig. Hierfür werden besonders die Verläufe der spezifischen Dehnung genauer analysiert. Treten bei der spezifischen Dehnung signifikante Abweichungen von einem konstanten Verlauf auf, so weist dies auf signifikante Materialänderungen hin, sodass ein bestehender bzw. bevorstehender Schaden im Betongefüge angenommen werden kann. Diese Betonproben werden demnach als „wahrscheinlich beschädigt“ bewertet. Auch in diesen Fällen ist es unwahrscheinlich, dass ein hoher Restzugabfall nur auf Schäden beim Rücktransport zurückzuführen ist, da die spezifischen Dehnungsverläufe bereits während der Dauerlaufversuche aufgezeichnet werden. In Fällen, in denen, zusätzlich zu den Abweichungen im Verlauf der spezifischen Dehnung, die Werte für den Abfall der Restzugfestigkeit und/oder der Eigenfrequenz in der Nähe der Schwellenwerte liegen, werden die entsprechenden Proben als „beschädigt“ gewertet.

In Einzelfällen ist der Verlauf, der spezifischen Dehnung allerdings konstant, obwohl die Betonproben die Schwellenwerte für den Restzugfestigkeits- bzw. Eigenfrequenzabfall überschritten und die Proben somit als beschädigt gewertet werden. Diese Fälle sind darauf zurückzuführen, dass hier die Beschädigung in einem frühen Stadium der Dauerläufe auftrat, jedoch ohne einen plötzlichen extremen Kraftabfall und ohne dass die Grenzfrequenz zur Abschaltung des Versuches unterschritten wurde. Dies führte dazu, dass die entsprechenden Proben mit wesentlich reduzierter Belastung über dem noch intakten Materialquerschnitt weiterliefen, wodurch wieder ein konstanter Verlauf der spezifischen Dehnung verzeichnet wurde.

Auch besteht die Möglichkeit, dass die Betonproben bei Handling und Transport bereits vor Beginn der Dauerlaufversuche beschädigt werden, ohne dass dies den Prüfkörpern anzusehen wäre. Als Indikator für Vorbeschädigungen der Prüfkörper wird daher die Startfrequenz der Versuche herangezogen. Für jede Prüfstandkonfiguration (bestehend aus Nachbehandlung, Prüfkörperform und Prüfstand mit oder ohne Zusatzmassen) wird daher der Mittelwert aller Startfrequenzen gebildet und die durchschnittliche absolute Abweichung von diesem Mittelwert berechnet. Alle Versuche, bei denen die Startfrequenz um mehr als die durchschnittliche Abweichung niedriger lag, werden somit als potenziell vorbeschädigt gekennzeichnet und einer besonders eingehenden Untersuchung bei der Auswertung unterzogen. Einen Überblick über die Mittelwerte der Startfrequenzen und ihre durchschnittliche absolute Abweichung gerundet auf ganze Zahlen gibt **Tabelle 5.2**.

Aus der Analyse aller Betonproben geht hervor, dass bei über 70% aller Fälle, bei denen die Dauerläufe bereits nach weniger als 200.000 Lastwechseln (<0,2% der max. Lastwechsel) abgebrochen werden mussten, eine potenzielle Vorschädigung vorliegt. Daher kann davon ausgegangen werden, dass diese Betonproben aufgrund ihrer Vorschädigung so früh versagten. Deswegen werden sie in der finalen Auswertung nicht berücksichtigt. Auf die Gesamtzahl aller untersuchten Betonproben gesehen betrifft dies 6,5% der gesamten untersuchten Betonproben.

Tabelle 5.2: Mittelwerte der Startfrequenzen und ihre durchschnittliche absolute Abweichung je Prüfstandkonfiguration

Arithmetic average values of the start frequencies and their average absolute variance for each test-bench-configuartion

	Prüfkörperform	**Zusatzmassen**	**Mittelwert der Startfrequenzen [Hz]**	**Durchschnittliche absolute Abweichung [Hz]**
Autoklaviert	**Zylinder**	-	475	6
		ja	326	5
Wärmebehandelt	**Zylinder**	-	477	3
		ja	321	3
	Freiform	-	532	5
		ja	346	5
L7	**Zylinder**	-	481	4

Da die Adapterplatten manuell mit den Prüfkörpern verklebt wurden, traten häufig leichte Variationen der Klebschichtdicke und damit der Gesamthöhe der Prüfkörper auf. Die Abweichungen betrugen lediglich 1-2 mm. Da der verwendete Hydraulikerreger allerdings über einen maximalen Hub von 4 mm verfügt, führte dies teilweise zu Problemen bei der Einstellung höherer Kräfte im Bereich ab 18 kN. In der Folge konnte die vorgesehene Serie autoklavierter Zylinder ohne Zusatzmassen mit aktivierter Automatisierung für den Belastungsbereich 41-45% nicht die erforderliche Kraft erreichen. Sie wird folglich dem Belastungsbereich von 37-40% zugeordnet. Aus Zeitgründen, bedingt durch den großen Zeitumfang des Versuchplans war auch eine Wiederholung der Versuche nicht möglich, sodass dieser Belastungsbereich nicht abgedeckt ist.

Außerdem traten bei den Versuchen ohne Automatisierung wie erwartet oftmals signifikante Abweichungen in der aufgebrachten Kraft auf, sodass die eingestellten Belastungsbereiche häufig nicht eingehalten wurden. Im Zuge der Auswertung wird daher auf den Mittelwert der tatsächlich aufgebrachten Belastung für die Einordnung dieser Betonproben zurückgegriffen.

Die Auswertung aller durchgeführten Dauerlaufversuche ergibt, dass die Grenzbelastung für den untersuchten UHPC im Bereich von 40% der statischen zentrischen Zugfestigkeit liegt (siehe **Bild 5.7** und **Bild 5.8**). Damit liegt die Belastungsgrenze für diesen Werkstoff bezogen auf die zyklische Langzeitbelastung mit hohen Frequenzen zwischen 300 und 550 Hz im gleichen Bereich wie die aus der Forschung bekannte Belastungsgrenze für die zyklische Langzeitbelastung in niedrigeren Frequenzbereichen. Auch wurde kein signifikanter Einfluss der beiden Nachbehandlungsverfahren oder des genauen Frequenzbereichs festgestellt. Es ist jedoch zu bedenken, dass bereits ab einer Belastung von 38/39% der statischen zentrischen Zugfestigkeit eine signifikante Anzahl an untersuchten Proben beschädigt wurde. Daher ist bei einer praktischen Anwendung von UHPC in Werkzeugmaschinen zu empfehlen, eine Grenze von maximal 36% – mit größerer Sicherheit eher 30% – der statischen zentrischen Zugfestigkeit bei der Auslegung anzuwenden.

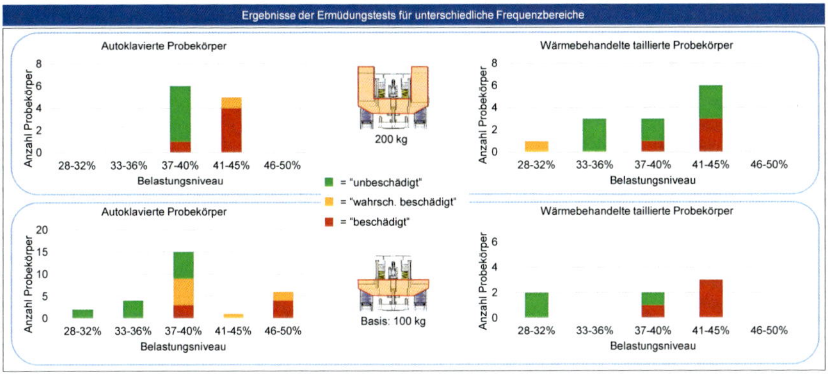

Bild 5.7: Ergebnisse der Ermüdungstests für unterschiedliche Frequenzbereiche
Results of the fatigue tests for different frequency ranges

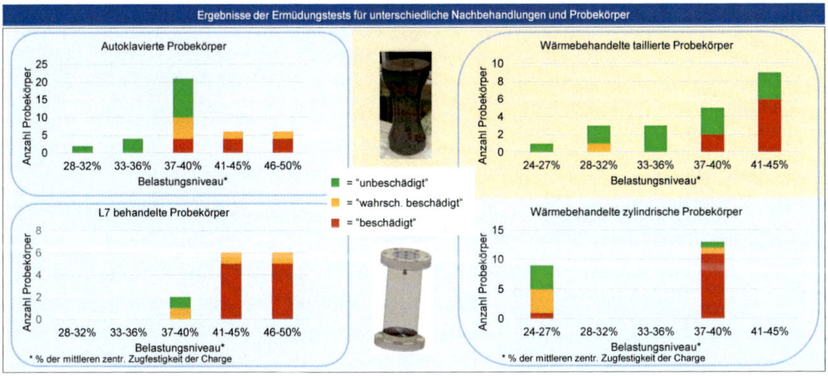

Bild 5.8: Ergebnisse der Ermüdungstests für unterschiedliche Nachbehandlung und Probekörperformen
Results of the fatigue tests for different post-treatments and forms of test objects

Die Bedeutung der genannten Grenzen für die Absolutwerte der Spannungsgrenzwerte für UHPC unter Dauerwechselbelastung wird anhand der Werte für die verwendeten Prüfkörper verdeutlicht. Bei den verwendeten autoklavierten Prüfkörpern wurden Zugfestigkeiten zwischen 5,76 und 6,89 N/mm^2 (durchschnittlich 6,28 N/mm^2) je nach Charge gemessen. Für die wärmebehandelten Prüfkörper wurden Werte zwischen 5,61 und 8,37 N/mm^2 (durchschnittlich 7,05 N/mm^2) und für die L7 gelagerten

Prüfkörper 4,83 bzw. 3,84 N/mm² (durchschnittlich 4,17 N/mm²) für die zentrische Zugfestigkeit ermittelt. Entsprechend liegen die Grenzzugspannungen unter Anwendung der sicheren Abschätzung von 30% (36%) der statischen zentrischen Zugfestigkeit bei 1,73 – 2,07 N/mm² (2,07 – 2,48 N/mm²) für die autoklavierten Prüfkörper, bei 1,68 – 2,51 N/mm² (2,02 – 3,01 N/mm²) für die wärmebehandelten Prüfkörper und bei 1,15 – 1,5 N/mm² (1,4 – 1,74 N/mm²) für die L7 gelagerten Prüfkörper. Bezogen auf die Absolutwerte der Grenzspannungen hat die verwendete Nachbehandlung demnach sehr wohl einen merklichen Einfluss auf die ertragbaren dynamischen Wechsellasten.

Insbesondere die oben ermittelten absoluten Grenzwerte für die dynamische Belastung der wärmebehandelten Prüfkörper mit Normalspannungen von 2 – 3 N/mm² decken sich zudem mit bekannten erfahrungsbasierten Bemessungsgrenzen aus der industriellen Praxis. So werden in [SAGM17] die Bemessungsgrenzen für die zentrische Zugbelastung von UHPC in Maschinenbauteilen mit max. 3 N/mm² angegeben. Solche Bauteile befinden sich mittlerweile seit vielen Jahren im Einsatz, ohne dass bislang ein Schaden an den Bauteilen mit diesen Auslegungsgrenzen bekannt geworden ist [SAGM17]. Die wissenschaftliche Grundlage für diese Grenzen wird somit durch die vorliegende Arbeit gelegt. An Stellen, wo die entsprechenden Spannungsgrenzen aufgrund der Anwendungsbedingungen jedoch nicht eingehalten werden können, müssen andere Materialien (wie z. B. Stahl) der Konstruktion bzw. Mischung hinzugefügt werden.

In Bezug auf die maximal ertragbare Anzahl an Lastwechseln ergibt die Analyse aller untersuchten und bewerteten Proben, dass bei den als „beschädigt" eingestuften Betonproben ca. 40% (39,5%) bereits bei weniger als 1 Mio. Lastwechseln – also nach weniger als 1% der maximalen Lastwechsel eine Beschädigung festgestellt werden konnte. Bei ca. 26% (25,6%) der Proben trat die Beschädigung zwischen 1 und 10% der maximalen Lastwechsel auf; und bei ca. 21% (20,9%) im Bereich zwischen 10 und 50% der maximalen Lastwechsel. In den Bereichen zwischen 50 und 80% bzw. 80% und 100% der maximalen Lastwechsel lagen jeweils 7% der beschädigten Proben. Die Analyse der prozentualen Kraft- und Frequenzverläufe ergibt, dass bei den Proben, bei denen die Beschädigung erst in einem späteren Stadium der Dauerlaufversuche erfolgte (> 1% der maximalen Lastwechsel), jeweils in 50% der Fälle ein Kraftpeak im Belastungsverlauf zum Zeitpunkt der Beschädigung erkennbar ist. Bei diesen Beschädigungen lässt sich nicht sicher sagen, ob die Kraftpeaks durch Festigkeitsreduktion der Probe erzeugt wurden oder ob Unregelmäßigkeiten des Automatisierungsprogramms den Kraftpeak und damit das finale Versagen der Proben verursachten. Unabhängig davon ist jedoch festzustellen, dass die Mehrheit der beschädigten Proben nach weniger als 10 Mio. Lastwechseln versagte.

5.4 Fazit

Conclusion

Zur Beantwortung der zweiten Teilforschungsfrage wurde in diesem Kapitel dokumentiert, wie der Resonanzprüfstand zur Untersuchung von dynamischer Langzeitwechselbelastung von Zementbeton bei Frequenzen zwischen 300 und 550 Hz überarbeitet wurde. Insbesondere die Prüfstandsteuerung wurde um eine automatische Kraftregelung zur Gewährleistung eines konstanten Lastniveaus über die gesamte Prüfdauer erweitert und erfolgreich validiert. Zudem wurde eine neue Prüfkörperform eingeführt und in die Prüfplanung integriert. Anschließend wurde ein Versuchsplan zur Untersuchung des Einflusses von unterschiedlichen Frequenzbereichen, Nachbehandlungen und Prüfkörperformen erarbeitet. Schließlich wurden die umfangreichen Versuche über insgesamt 10 Monate durchgeführt.

Für eine vergleichende Bewertung des Schädigungsgrades der Prüfkörper, unabhängig von auftretenden Rissen im sichtbaren Bereich, wurde basierend auf den Versuchsergebnissen ein Ampelsystem mit den Kategorien „beschädigt“ (rot), „wahrscheinlich beschädigt“ (gelb) und „nicht beschädigt“ (grün) eingeführt. Alle durchgeführten Versuche wurden eingeordnet und bzgl. des Belastungsniveaus (prozentual auf die zentrische statische Zugfestigkeit bezogen) vergleichend gegenübergestellt. Das Ergebnis einer Grenzbelastung für UHPC im Bereich von 40% der statischen zentrischen Zugfestigkeit bei 300 – 550 Hz deckt sich mit den aus der Forschung bekannten Ergebnissen für niedrigere Frequenzbereiche. Durch die große Streuung der Versuchsergebnisse wird allerdings empfohlen, die Auslegungsgrenzen eher bei 30% – 36% der statischen zentrischen Zugfestigkeit anzusetzen, um eine Auslegung zur sicheren Seite hin zu erreichen.

Im Falle des hier verwendeten UHPC führt dies bei Nachbehandlung durch Autoklavierung oder Wärmebehandlung zu Absolutgrenzwerten für die Zugspannungen von 2 – 3 N/mm^2. Die Nachbehandlungsverfahren haben dabei vor allem in Bezug auf die erreichbaren Werte für die statische zentrische Zugfestigkeit Auswirkungen auf die Einsatzgrenzen von Zementbeton in Werkzeugmaschinen. Für die praktische Anwendung in Werkzeugmaschinen bedeutet dieser Grenzwert, dass überall dort, wo die entsprechenden Spannungsgrenzen nicht eingehalten werden können, andere Materialien (wie z. B. Stahl) der Konstruktion bzw. Mischung hinzugefügt werden müssen.

Die umfassenden Untersuchungen ergeben somit eine signifikante wissenschaftliche Ergänzung und Absicherung von Angaben und Bemessungsgrenzen zur Auslegung für UHPC im Werkzeugmaschinenbau.

6 Strategien zur anwendungsgerechten Auslegung

Strategies for design in accordance with the application

Nach den Erläuterungen und Untersuchungen zur methodischen Anforderungsermittlung und der dynamischen Belastbarkeit des Werkstoffs Zementbeton in den Kapiteln 4 und 5, wird in diesem Kapitel auf die anwendungsgerechte Auslegung von Maschinenbauteilen aus Zementbeton auf Basis der zuvor ermittelten Erkenntnisse eingegangen. In Kapitel 6.1 erfolgt zunächst eine Ableitung von Konstruktionsstrategien für Zementbetonbauteile in Werkzeugmaschinen sowie die Aufstellung einer methodischen Vorgehensweise zur Konstruktion. Anschließend wird das Vorgehen am Beispiel der Miniaturmaschine DemoBAZ in Kapitel 6.2 angewandt und analysiert.

6.1 Ableitung von Konstruktionsstrategien für Maschinenbauteile aus Zementbeton

Derivation of design strategies for machine parts made of cement concrete

Am Anfang des Konstruktionsprozesses muss festgelegt werden, ob eine Baukasten- oder individuelle Einzelteilstruktur angestrebt wird, da bei Baukastenkonstruktionen die Anzahl der Randbedingungen deutlich erhöht ist (z. B. bzgl. Schnittstellen zwischen den Einzelvarianten). Bei Baukastenkonstruktionen für Betonteile gibt es zudem die Möglichkeit, entweder die Schalung oder das Bauteil als Baukasten auszuführen. Im ersteren Fall wird die Schalung entsprechend modular aufgebaut und das fertige Bauteil direkt aus der Schalung entnommen. Bei Ausführung des Bauteils als Baukasten werden zunächst einzelne Module des Bauteils aus Beton gegossen und mittels zuvor definierter Fügeverfahren zum Gesamtbauteil montiert. (siehe auch Kapitel 2.3.2)

Anschließend ist der Anteil und die Ausmaße von Stahl- oder Gussbauteilen festzulegen, die in Kombination mit dem Betonwerkstoff eingesetzt werden. Hier sind die beiden Extremfälle entweder eine reine Betonkonstruktion ohne Metallteile oder eine Metallhülle mit Beton als Füllmaterial. Nebenbemerkung (NB): Eine reine Betonkonstruktion ist in der Praxis unrealistisch (vgl. Kapitel 2). Wird eine Metallhülle mit Beton als Füllmaterial gewählt, so ist zunächst die Metallstruktur zu konstruieren. Anschließend sind die Kopplungsstellen zur Verbindung mit Beton auszulegen.

Wird hingegen eine tendenziell „reine“ Betonkonstruktion angestrebt, so ist die folgende Ausgangslage zu berücksichtigen: Wie schon von Neumann in Bezug auf Polymerbeton definiert, sind auch für Zementbeton die beiden Extremfälle massive/ kompakte monolithische Konstruktion und filigrane/ zergliederte Konstruktion anzusetzen [NEUM85]. Eine praktikable Konstruktion wird zwischen den beiden Extremfällen angesiedelt sein. Daher ist es sinnvoll gemäß dem Stand der Technik (siehe Kapitel 2.3.2), die Konstruktion ausgehend von einem der beiden Extremfälle zu beginnen und durch iteratives Entfernen resp. Hinzufügen von Material eine finale Konstruktion zu ermitteln. Die generellen Gestaltungsregeln nach [BREC17a], [JACK14] sowie

[SAGM17] werden ebenfalls angewandt. Insbesondere wird die Konstruktion entsprechend der vorherrschenden Belastung im Betrieb (Torsion, Biegung etc.) erfolgen.

Während für den Kraft- bzw. Energiefluss innerhalb des jeweiligen Bauteils maßgeblich die Materialverteilung des Betons ausschlaggebend ist, so ist an den Koppelstellen ein Zusammenfügen von unterschiedlichen Stoffen erforderlich, um den Kraft- bzw. Energiefluss zu ermöglichen. Gemäß den Konstruktionskatalogen nach Koller [KOLL98] stehen hierfür die mechanischen Prinziplösungen Adhäsion (Kleben), Kohäsion, Formschluss, Reibung oder Kraftschluss (Schraubverbindung) zur Verfügung. Die praktisch relevanten Prinziplösungen zur Anwendung in Betonteilen (Adhäsion, Form- und Kraftschluss) decken sich mit den in Kapitel 2.3.2 beschriebenen Möglichkeiten zur Koppelstellenausführung, sodass darauf zurückgegriffen werden kann. Die graphische Darstellung des Konstruktionsprozesses findet sich in **Bild 6.1**.

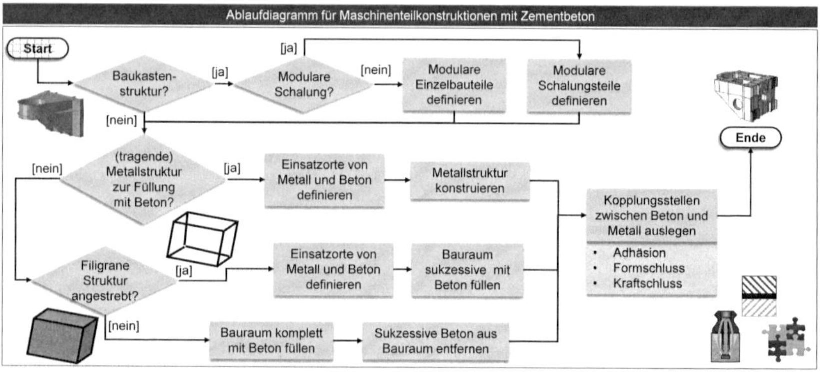

Bild 6.1: Konstruktionsprozess von Maschinenteilen aus Beton
Design process of machine parts made of concrete

6.2 Anwendung der Vorgehensweise auf Simulationsmodelle der Miniaturmaschine DemoBAZ

Application of the procedure to the miniature machine DemoBAZ

In diesem Unterkapitel wird die Vorgehensweise aus Kapitel 6.1 für das Beispiel der Miniaturmaschine DemoBAZ angewandt und anschließend mithilfe simulationsgestützter Auslegungsmethoden analysiert. Auf diese Weise wird ein Verständnis dafür entwickelt, wie sich die Anwendung von Zementbeton bei unterschiedlichen Maschinenbauteilen im Gesamtverbund der Maschine theoretisch auswirken kann, wenn die sonstigen Randbedingungen gleichbleiben.

Aus wirtschaftlichen und ökologischen Aspekten (z. B. geringerer Energiebedarf) ist ein möglichst geringer Materialbedarf anzustreben. Bei bewegten Komponenten in Maschinen spielen auch die erreichbaren Beschleunigungen eine Rolle, die eine möglichst geringe Masse erfordern.

6.2.1 Weitere Vorgaben und Randbedingungen für die Betonbauteile

Targets and boundary conditions for the parts made of cement concrete

Als erster Schritt werden gemäß dem methodischen Vorgehen aus Kapitel 4.2 die Anforderungen und Randbedingungen für die zu konstruierenden Betonbauteile festgelegt. Zusätzlich zu den bereits in Kapitel 4.3.3 aufgeführten generellen, maschinenbezogenen Randbedingungen werden nun die noch fehlenden werkstoffbezogenen Vorgaben festgelegt.

Für die Festlegung der minimalen Wandstärke wird die empirische Regel angewandt, dass die Wandstärke mindestens dem dreifachen Größtkorndurchmesser der Betonmischung entsprechen soll (vgl. Kapitel 2.3.2). Da der größte mittlere Korndurchmesser der hier verwendeten Betonmischungen bei 8 mm liegt (siehe Kapitel 10.5), ergibt sich eine zulässige minimale Wandstärke von 24 mm (anstelle von 5 mm min. Wandstärke bei der Stahlversion). Aus den Ergebnissen der Dauerlastversuche aus Kapitel 5 lässt sich zudem die Vorgabe ableiten, dass die maximal auftretende zentrische Zugnormalspannung im Beton bei dynamischer Bauteilbelastung in regulärer Höhe nicht mehr als 2 – 3 N/mm^2 betragen darf, um die Langzeithaltbarkeit der Betonstruktur sicher zu gewährleisten. Als maximal dynamische Kraft je Koordinatenrichtung am TCP wird ein Wert von 1 kN festgelegt, da für Maschinen von der Baugröße der DemoBAZ eine Belastung dieser Höhe erfahrungsgemäß im Bereich hoher Belastungen einzuordnen ist.

Dass die Vorgaben hinsichtlich der maximalen Zugspannungen im Beton auch bei Maschinen aus der industriellen Praxis angewendet werden können, wurde durch entsprechende Simulation der Spannungen in Strukturbauteilen einer Fräsmaschine aus Gusseisen belegt. Selbst bei simulierten Kräften von 30 kN am TCP liegen die Zugspannungen in den Strukturbauteilen größtenteils im Bereich von 3 – 5 N/mm^2. Mit den für eine ähnliche Masse bzw. Steifigkeit nötigen größeren Materialquerschnitten von Beton (siehe Ausführungen in **Bild 2.5**) sowie dem Einsatz zusätzlicher Materialien (z. B. Stahl) in Bereichen mit kritischer Belastung sind die Bemessungsgrenzen demnach erreichbar.

Hinsichtlich einer fertigungsgerechten Konstruktion ist die Vorgabe wichtig, dass das Bauteil gut in einer Betoncharge gießbar sein muss. Außerdem sollte die Form des Bauteils eine leicht entformbare Schalung begünstigen. Das bedeutet unter anderem, dass Hinterschnitte, filigrane Aussparungen, Durchbrüche sowie sprunghafte Querschnittsänderungen soweit möglich vermieden werden.

Einen Überblick über alle Vorgaben und Randbedingungen bei der Konstruktion der Strukturbauteile aus Beton für die Miniaturmaschine DemoBAZ bietet **Tabelle 6.1**.

Tabelle 6.1: Vorgaben und Randbedingungen für Gestellbauteile der DemoBAZ aus Zementbeton

Requirements and boundary conditions for structural parts of the DemoBAZ made of cement concrete

Eigenfrequenz [Hz]	**Bett**	**Ständer**	**Spindelkasten**
Masse [kg]	87	36	25
L [mm]	900	280	380
B [mm]	890	260	310
H [mm]	200	560	250
Frequenzbereich [Hz]	100-800	100-800	100-800
Max. dyn. Kräfte je Koordinatenrichtung am TCP [kN]	1	1	1
Max. Normalspannungen bzgl. dyn. Wechsellast [N/mm^2]	2 – 3	2 – 3	2 – 3
Min. Wandstärke [mm]	24	24	24

6.2.2 Konstruktionsvarianten von Maschinenbauteilen aus Zementbeton

Design variants of machine parts made of cement concrete

Gemäß dem Vorgehen aus Kapitel 6.1 und den Vorgaben und Randbedingungen aus Kapitel 6.2.1 werden für die einzelnen Stahl-Strukturbauteile der Miniaturmaschine DemoBAZ Pendants aus Zementbeton konstruiert. Aufgrund der großen zusätzlichen Komplexität wird in den folgenden Untersuchungen keine Baukastenstruktur untersucht. Zudem wird ein möglichst geringer Anteil an Stahleingussteilen in der Betonkonstruktion angestrebt, um den Volumenanteil des Betons im Bauteil so groß wie möglich zu halten. Hierdurch soll der Fokus der Untersuchungen auf den Einfluss des Werkstoffs Beton sichergestellt und eine möglichst gute Ausnutzung der höheren Materialdämpfung erzielt werden. Entsprechend wird der Extremfall der Füllkonstruktion (mit Beton als Füllung) in dieser Arbeit nicht betrachtet.

Hinsichtlich der Koppelstellenausführung wird der Fokus auf die Anwendung des Formschlusses durch eingegossene Stahlteile gelegt. Dadurch können die erforderlichen Genauigkeiten für den Einbau in die Maschine durch konventionelle spanende Bearbeitung effizient umgesetzt werden. Zur Vereinfachung einer späteren Schalungskonstruktion werden vereinzelte Koppelstellen mit Adapterplatten aus Stahl ausgeführt, die an im Beton eingegossene Gewindehülsen geschraubt werden. Klebeverbindungen wurden nicht mit einbezogen.

Da die Anwendung von Maschinenbetten aus Zementbeton bereits vereinzelt in der industriellen Praxis erfolgreich angewandt wurde, liegt der Fokus der Untersuchungen in dieser Arbeit auf den Bauteilen Ständer und Spindelkasten, an denen die Auswirkungen von Zementbeton auf das Maschinenverhalten untersucht wird. Für das Bett wird lediglich auf eine bereits zu einem früheren Zeitpunkt konstruierte und gefertigte Variante aus Zementbeton zurückgegriffen. Entsprechend wurde für das Bett aus Zementbeton nicht die methodische Vorgehensweise aus dem Kapitel 6.1 angewandt. Für Ständer und Spindelkasten werden hingegen verschiedene Varianten mit unterschiedlichen Designaspekten gemäß dem methodischen Vorgehen konstruiert.

Die übernommene Version des Betts aus Zementbeton ist in **Bild 6.2** rechts dargestellt. Gemäß den zuvor beschriebenen Randbedingungen entspricht die Anordnung und Länge von X- und Y-Achse, deren Führungsanbindungen beide im Bett integriert sind, denen der Stahlversion. Um der Forderung nach gleichen Massen von Stahl- und Betonversion nachzukommen, wurde eine filigrane Konstruktionsweise mit offenem Profil anstelle einer monolithischen gewählt. Die notwendige Versteifung der Struktur gegen Verwindungen der Achsen soll durch integrierte eingegossene Rippenstrukturen erreicht werden. Bzgl. der Koppelstellen wurden für jede Achse zwei Stahlschienen als Eingussteile im Beton integriert, auf denen wiederum nach entsprechender spanender Nachbearbeitung die Führungsschienen montiert werden. Um die Schalung und vor allem die Entformung des fertig gegossenen Betts zu vereinfachen, wird die Anbindung der Lagerstellen für die Kugelgewindetriebe über nachträglich an Gewindehülsen im Beton angeschraubte Adapterplatten aus Stahl realisiert. Hiermit wird der Einfluss der Koppelstellenkonstruktion bei eingeschraubten Adapterplatten gegenüber direkt eingegossenen Stahlplatten untersucht.

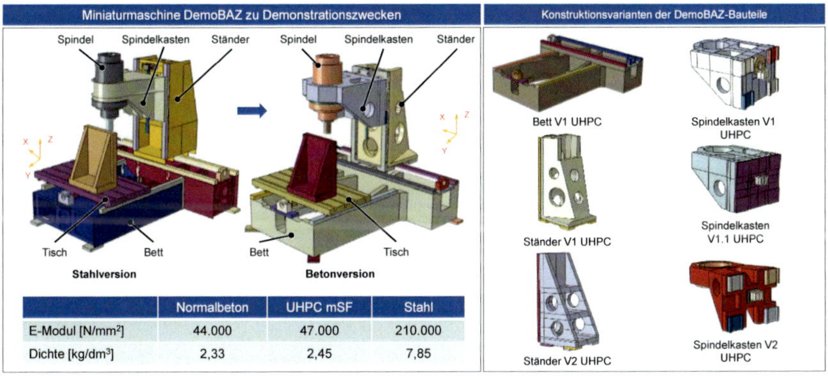

	Normalbeton	UHPC mSF	Stahl
E-Modul [N/mm²]	44.000	47.000	210.000
Dichte [kg/dm³]	2,33	2,45	7,85

Bild 6.2: Varianten der DemoBAZ-Bauteile aus Zementbeton

Variants of parts of the DemoBAZ made of cement concrete

Für den Ständer der DemoBAZ werden zwei unterschiedliche Konstruktionsweisen untersucht. Diese orientieren sich vor allem an den in Kapitel 4.3.3 identifizierten hauptsächlichen Schwingungsbelastungen im betrachteten Frequenzbereich. Neben einer vorrangig auf Torsionssteifigkeit ausgelegten Variante (siehe **Bild 6.2** rechts), wird auch eine Version mit offenem Profil (ähnlich der Stahlversion) erstellt, die eher auf Biegesteifigkeit in X-Richtung abzielt (dargestellt in **Bild 6.2** rechts). Die Torsionssteifigkeit der ersten Variante wird vorrangig durch ein weitgehend geschlossenes Querschnittsprofil erreicht, während die Biegesteifigkeit der zweiten Variante über entsprechende Querrippen erzielt wird. Beide Versionen entsprechen einer eher filigranen Konstruktionsweise, um der Randbedingung gleicher Massen wie beim Stahlbauteil zu entsprechen. Wie auch beim Bett werden für die Befestigung der Führungsschienen der Z-Achse bzw. der Führungsschuhe der X-Achse rechteckige Stahlprofile in den Beton eingegossen und durch Nachbearbeitung auf die erforderlichen Toleranzen gebracht.

Bei den Betonversionen des Spindelkastens der DemoBAZ wird zum einen der Ausgangspunkt einer eher monolithischen Konstruktion herangezogen, die dennoch der Forderung nach ähnlicher Masse wie bei der Stahlversion genügt. Die Masseanforderung wird über die Einbringung gezielter Aussparungen erreicht. Zum anderen wird auch eine vom Ausgangspunkt her filigrane Konstruktionsversion realisiert, die mehr der Konstruktionsweise der Stahlversion ähnelt. Ihre Versteifung wird über entsprechende integrierte Rippen erreicht. Bei der filigranen Version wird einerseits eine Anbindung der Führungsschuhe und der KGT-Mutter der Z-Achse über einzelne eingegossene Stahlplatten und andererseits eine Version mit in diesem Bereich durchgehender Stahlplatte untersucht. Die Darstellung der untersuchten Spindelkastenversionen ist in **Bild 6.2** rechts zu sehen. Einen Überblick über alle untersuchten Bauteilvarianten inklusive Einordnung bzgl. der Konstruktionsstrategien und Koppelstellenkonzepte gibt **Tabelle 6.2** wieder.

Zusätzlich zur Untersuchung der unterschiedlichen Konstruktionsvarianten erfolgt auch eine Simulation jeweils einer ausgewählten Variante für den theoretischen Vergleich bei Verwendung unterschiedlicher Betonmischungen.

Tabelle 6.2: Bauteilvarianten der DemoBAZ aus Zementbeton und Einordnung bzgl. der Konstruktionsstrategien

Variants of structural parts of the DemoBAZ made of cement concrete and classification regarding the design strategies

	Variante	**Koppelstellen**	**Konstruktionsart**
Bett	V1	An Gewindehülsen angeschraubte Adapterplatten für Lagerböcke der KGTs für X- und Y-Richtung	Filigran ohne Vorgehen nach Kap. 6.1
Ständer	V1	Torsionssteife Ständerversion mit massiver Stahlplatte für Anbindung der Führungsschuhe und KGT-Mutter der X-Richtung	Filigran (Torsionssteif)
	V2	Offene Ständerversion mit einzelnen eingegossenen Stahlplatten für Anbindung der Führungsschuhe und KGT-Mutter der X-Richtung	Filigran (Biegesteif in X-Richtung)
Spindelkasten	V1.1	Einzelne, eingegossene Stahlplatten für Anbindung der Führungsschuhe und KGT-Mutter der Z-Richtung	Filigran
	V1.2	Massive Stahlplatte für Anbindung der Führungsschuhe und KGT-Mutter der Z-Richtung	Filigran (höherer Stahlanteil)
	V2	Monolithische Version mit einzelnen eingegossenen Stahlplatten für Anbindung der Führungsschuhe und KGT-Mutter der Z-Richtung	Monolithisch

6.2.3 Analyse der Einzelteilvarianten

Analysis of design variants of single parts

Für jede der oben beschriebenen Einzelteilversionen von Bett, Ständer und Spindelkasten der DemoBAZ für die Ausführung in Beton werden anhand der CAD-Daten FEM-Modelle erstellt und zunächst hinsichtlich der Eigenformen miteinander sowie mit der jeweiligen Version aus Stahl verglichen. Für die Stahlversionen werden die entsprechenden FEM-Modelle aus dem Gesamtmodell der Stahl-DemoBAZ extrahiert, welches in Kapitel 4.3.2 verwendet wurde. Entsprechend sind die FEM-Stahlmodelle als Kombination von Volumen- und Schalenmodellen ausgeführt. Bei den Betonversionen wird aufgrund der größeren Wandstärke auf vollständige Volumenmodelle zurückgegriffen.

Als Material für die Zementbetonanteile wird eine UHPC-Mischung gem. **Tabelle 10.3** (siehe Kapitel 10.5) mit beigemischten Stahlfasern verwendet. Jeweils die Version 1 jedes Bauteils wird zusätzlich auch als Version aus Normalbeton simuliert. Die Materialwerte der Betonmischungen wurden anhand realer Materialmischungen am ibac ermittelt. Die Ermittlung der E-Moduln erfolgte an zylindrischen Prüfkörpern. Für die verwendete Normalbetonmischung beträgt der E-Modul 40.100 N/mm^2 und für den UHPC mit Stahlfasern (mSF) 47.000 N/mm^2. Die Dichten der Betonmischungen betragen 2,33 kg/dm^3 für Normalbeton und 2,45 kg/dm^3 für UHPC (siehe auch **Bild 6.2** links). Damit liegt der auf die Dichte bezogene E-Modul von Normalbeton 36% und der von UHPC 28% unter dem von Stahl. Betrachtet wird jeweils der Frequenzbereich bis 2000 Hz.

Für den Vergleich der Eigenfrequenzen zwischen den unterschiedlichen Versionen der einzelnen Strukturbauteile wurden zunächst vergleichbare Eigenformen identifiziert und anschließend deren zugehörige Eigenfrequenzen gegenübergestellt. Wie in **Bild 6.3** oben links dargestellt ist, verfügt das Bett sowohl in der Stahl- als auch in der Betonversion über die meisten Eigenformen im betrachteten Frequenzbereich. Gerade im oberen Teil des Frequenzbereichs ist bei der Stahlversion ein Großteil der beobachteten Eigenformen auf Biegeschwingungen der einzelnen Rippen zurückzuführen. Da es zu diesen in der Regel keine entsprechenden Eigenformen des Betonbetts gibt und sie auch für das Gesamtverhalten von untergeordneter Bedeutung sind, werden solche Schwingungen nicht mit betrachtet. Bei einem Großteil der vergleichbaren Eigenformen sind sowohl für UHPC als auch für Normalbeton die Eigenfrequenzen vergleichbarer Moden gegenüber der Stahlausführung erhöht. Insbesondere Eigenformen des Stahlbetts, welche die Schraubenverbindung zwischen den Bettteilen der X- und der Y-Achse beanspruchen, werden durch die Ausführung des Betonbetts aus einem Guss positiv beeinflusst. Die Modellierung der Schraubverbindungen in der Simulation erfolgte dabei über Feder-Dämpfer-Elemente für jede Schraube, denen jeweils die Schraubensteifigkeit berechnet nach VDI 2230 wurde. Die maximale Verschiebung von Eigenfrequenzen im Vergleich zur Stahlversion liegt bei 44% und durchschnittlich bei 4-10%. Im Bereich des vorderen Bettteils (Y-Achse) existieren jedoch einzelne Eigenformen, die durch die geschlossene Bodenplatte und die Deckplatte im Bereich des KGT-Festlagers in der Stahlausführung bei bis zu 58% höheren Eigenfrequenzen liegen (siehe **Bild 6.3** oben links). An diesen Stellen besitzt das Betonbett demnach tendenziell eine geringere dynamische Steifigkeit. Insgesamt weist das Betonbett jedoch ein verbessertes dynamisches Verhalten gegenüber der Stahlversion auf. In Bezug auf die Konstruktion von Betonbetten lässt sich zusammenfassen, dass das Massenkriterium nicht zu restriktiv angewandt werden darf, um die Steifigkeit nicht negativ zu beeinflussen. Stattdessen sollte eher mehr Material für versteifende Rippen o. ä. eingesetzt werden.

Der Spindelkasten weist in allen Versionen die wenigsten Eigenformen im Bereich bis 2000 Hz auf (vgl. **Bild 6.3** unten rechts). Wie beim Bett verfügt die Stahlversion über wesentlich mehr Eigenformen als die Betonversionen, von denen jedoch wieder ein Großteil auf Biegeschwingungen einzelner Rippen zurückgeführt werden kann. Diese

Eigenformen werden aus den gleichen Gründen wie beim Bett in der Betrachtung vernachlässigt. Bzgl. der vergleichbaren Eigenformen führen alle Betonversionen zu einer Verschiebung hin ggü. der Stahlversion höheren Eigenfrequenzen (durchschnittlich um 14% höher, maximal um 38% höher). Dies ist auf die steifere Konstruktionsweise der Betonversionen zurückzuführen. Hinsichtlich des Vergleichs der Betonversionen untereinander ist festzuhalten, dass eine durchgehende Stahlplatte im Bereich der Führungs- und KGT-Mutter-Koppelstellen lediglich zu einer leichten Versteifung der Konstruktion (durchschnittlich +4%) und damit zu geringfügig höheren Eigenfrequenzen führt. Der Einsatz von mehr Stahl bringt an dieser Stelle demnach vergleichsweise wenig Verbesserung. Die monolithische Betonversion (Spindelkasten V2) führt bei allen Eigenformen mit Schwingungen im Bereich der Führungs- und KGT-Mutter-Koppelstellen zu einer Verschiebung zu höheren Eigenfrequenzen. Die entsprechenden Eigenmoden liegen 12 bzw. 23% höher im Vergleich zur filigranen Konstruktionsvariante V1. Schwingungen im Bereich der Spindelanbindung – und insbesondere die Biegeschwingung in Z-Richtung – werden hingegen durch die fehlenden seitlichen Versteifungen zu teilweise deutlich geringeren Eigenfrequenzen hin verschoben. Für die Biegung in Z-Richtung liegt die Eigenform daher sogar 26% unter der entsprechenden Eigenfrequenz der Stahlversion und 31% unter der Betonversion V1. Insgesamt gesehen bietet die filigrane Spindelkastenversion V1 demnach ein besseres dynamisches Verhalten als die eher monolithische Version V2 und dies bei dennoch gleicher Bauteilmasse.

Das Zwischenfazit: Bei engen Vorgaben in Bezug auf die Bauteilmasse ist das Betonmaterial so zu verteilen, dass möglichst in allen Richtungen gleichermaßen eine Versteifung erreicht wird.

Die grundlegenden Beobachtungen bzgl. der Anzahl an Eigenformen der Stahlversion im Vergleich mit den Betonversionen, die bei Bett und Spindelkasten gemacht wurden, treffen auch auf den Ständer zu. Die vergleichbaren Eigenformen sind bei allen Betonversionen zu höheren Eigenfrequenzen hin verschoben (durchschnittlich 111-128%) (siehe **Bild 6.3** oben rechts). Die Erhöhung fällt beim Ständer wesentlich deutlicher aus als beim Spindelkasten, da hier die größten Konstruktionsmodifikationen zwischen den Varianten vorgenommen wurden. Ein Vergleich der torsionssteifen mit der biegesteifen Ständerversion ergibt, dass die torsionssteife Ständerversion V1 insbesondere bei den Torsionsschwingungen zu deutlich höheren Eigenfrequenzen führt (max. 45% höher – siehe **Bild 6.3** unten links). Bei der biegesteifen Ständerversion V2 hingegen liegen die Biegeschwingungen in X-Richtung um bis zu 12% höher in den Eigenfrequenzen als bei der torsionssteifen Variante V1. Die Biegeschwingungen in Y-Richtung der biegesteifen Version V2 liegen bei um bis zu 13% niedrigeren Eigenfrequenzen im Vergleich zur torsionssteifen Version V1. Der torsionssteife Ständer V1 führt demgemäß generell zu einem besseren dynamischen Verhalten ggü. der biegesteifen Version V2 und der Stahlversion. Verallgemeinert kann festgehalten werden, dass ein geschlossenes Profil mit einem an die Biegesteifigkeit angepassten Querschnittsverlauf verteilt über der Höhe für den Betonständer einer optimalen Materialverteilung in Bezug auf die dynamische Steifigkeit entspricht.

Bzgl. des Unterschiedes zwischen UHPC und Normalbeton lässt sich unabhängig vom betrachteten Bauteil festhalten, dass bei Normalbeton aufgrund des geringeren E-Moduls die Eigenformen gegenüber der UHPC-Version um durchschnittlich 1% zu niedrigeren Eigenfrequenzen hin verschoben sind. Das dynamische Verhalten der Einzelteile in der Simulation ist demnach grundsätzlich vergleichbar bei Verwendung unterschiedlicher Materialmischungen von Zementbeton. Dies lässt den Schluss zu, dass auch der kostengünstigere Normalbeton grundsätzlich zur Verbesserung des dynamischen Verhaltens eingesetzt werden kann, solange die signifikanten Unterschiede in der Tragfähigkeit und Belastbarkeit nicht zum Tragen kommen.

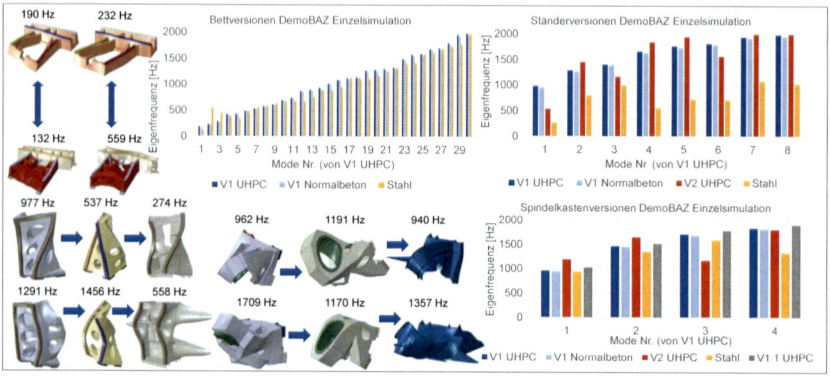

Bild 6.3: Simulationsgestützter Vergleich der Eigenfrequenzen der DemoBAZ-Teile aus Zementbeton

Comparison of simulated natural frequencies of the single parts of the DemoBAZ made of cement concrete

6.2.4 Analyse ausgewählter Baugruppenvarianten

Analysis of design variants of selected assemblies

Aus den Versionen der Einzelbauteile wurden insgesamt sieben unterschiedliche virtuelle Gesamtbaugruppen der DemoBAZ für simulationsgestützte Untersuchungen zusammengestellt, um den Einfluss verschiedener Bauteilvarianten und Materialkombinationen auf das Verhalten der *Gesamtmaschine* zu untersuchen. Die Zusammensetzung und Nummerierung der einzelnen Baugruppenvarianten sind in **Bild 6.4** links zusammengestellt.

Für jede Baugruppenvariante wurden jeweils simulationsgestützt die statischen Steifigkeiten, die Eigenformen und -frequenzen der einzelnen Schwingungsmoden sowie die FRFs am TCP in den drei Hauptkoordinatenrichtungen ermittelt. Alle Varianten wurden mit den gleichen Steifigkeits- und Dämpfungswerten für die Schnittstellen in Führungen, KGT-Muttern und -Lagern, Spindellagern und Aufstellern wie bei der Original-Stahlversion modelliert, um gezielt den Einfluss der Zementbetonbauteile auf das Gesamtverhalten vergleichen zu können. Zudem wurde auch immer die gleiche Position von Ständer und Spindelkasten simuliert, wie bei den ursprünglichen Untersuchungen der Stahlversion. Für die Varianten 1, 3 und 4 wurden zudem in jede Hauptkoordinatenrichtung Simulationen mit einer relativen Belastung von 1 kN am TCP durchgeführt sowie die Normalspannungsverteilung in den Betonteilen untersucht. Für Maschinen von der Baugröße der DemoBAZ ist eine Belastung von 1 kN am TCP erfahrungsgemäß im Bereich hoher Belastungen einzuordnen, sodass kritische Stellen in den Betonteilen gut identifiziert werden können.

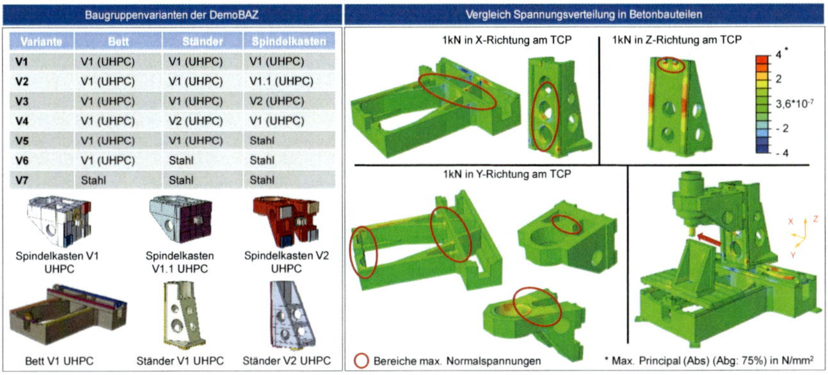

Bild 6.4: Einteilung Baugruppenvarianten und Vergleiche der Spannungsverteilung der DemoBAZ mit Bauteilen aus Zementbeton

Classification of different variants of assembly and comparison of simulated stress distribution of the DemoBAZ made of cement concrete

Bild 6.4 rechts gibt einen Überblick über die jeweils maximalen Spannungsverteilungen in den unterschiedlichen Bauteilvarianten und Richtungen. Hierbei ist festzustellen, dass die Spindelkastenversionen bei der gegebenen Belastung keine Stellen mit kritischen Zugspannungen > 2 – 3 N/mm² im Beton aufweisen. Die maximalen Zugspannungen treten bei einer Belastung in Y-Richtung an der Oberseite des Spindelkastens auf. Bzgl. der Ständervarianten lässt sich festhalten, dass die Spannungsverteilung größtenteils ebenfalls unkritisch unter 2 N/mm² liegt. Allerdings gibt es bei Variante 2 bei Belastung in Z-Richtung und bei Variante 1 bei Belastung in X-Richtung vereinzelt lokale Stellen, in denen Zugspannungen zwischen 2 und 2,67 N/mm² auftreten. Diese liegen damit im Grenzbereich kritischer Belastung. Auch beim Bett existieren bei Belastung in X- bzw. Y-Richtung einzelne lokale Stellen mit Zugspannungsspitzen > 2 N/mm² im Beton. Bei Belastung in X-Richtung treten an einer Stelle sogar Spannungen zwischen 3,33 und 4 N/mm² auf. Der Einsatz von simulationsgestützter Auslegung von Betonteilen wird folglich gerade für filigrane Betonkonstruktionen dringend empfohlen, um Problemstellen früh im Konstruktionsprozess erkennen und beheben zu können. Für eine Anwendung in der industriellen Praxis sollten die identifizierten Spannungsspitzen durch entsprechende Maßnahmen wie bspw. Rundungen, an unvermeidbaren Stellen auch mit Stahleinsätzen, etc. abgebaut werden. Zu Forschungszwecken werden sie in dieser Arbeit jedoch beibehalten – insbesondere im Hinblick auf spätere messtechnische Untersuchungen an gegossenen Betonbauteilen.

Um im weiteren Verlauf den Einfluss der verschiedenen Bauteile auf die statischen Steifigkeiten und das dynamische Verhalten genauer analysieren zu können, wurden vier Vergleichsgruppen der Baugruppenvarianten definiert. Diese sind in **Tabelle 6.3** zusammengefasst:

Tabelle 6.3: Vergleichsgruppen der Baugruppenversionen der DemoBAZ aus Zementbeton

Groups for comparison of variants of assemblies of the DemoBAZ made of cement concrete

Vegleichs-gruppe	Verglichene Baugruppen-versionen	Auswirkungsanalyse bzgl. Bauteil
Nr. 1	V1; V2; V3 und V5	Spindelkasten
Nr. 2	V1; V4 und V6	Ständer
Nr. 3	V6 und V7	Bett
Nr. 4	V1 und V7	Gesamtbaugruppe

Wie bereits aus der Sensitivitätsanalyse der Stahlversion aus Kapitel 4.3.3 ersichtlich, haben die Betonbauteile bei der DemoBAZ lediglich einen untergeordneten Einfluss auf die statische Steifigkeit am TCP. Für die statischen Steifigkeiten am TCP besitzen Spindel und Spindellager den weitaus größten Einfluss. Beide Komponenten kommen jedoch nicht für einen Einsatz von Zementbeton in Frage.

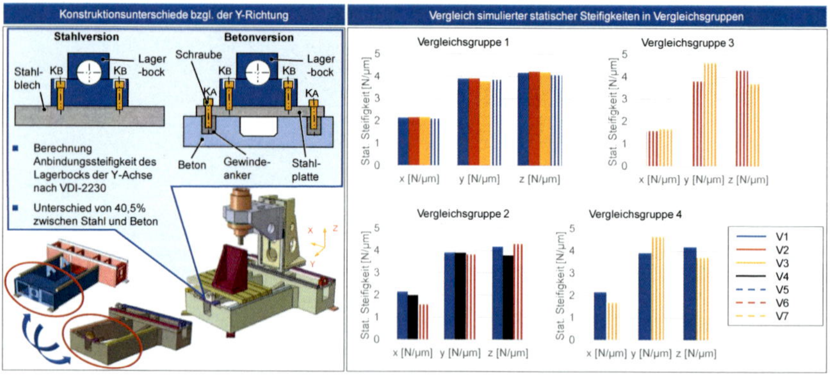

Bild 6.5: Vergleich simulierter statischer Steifigkeiten der DemoBAZ aus Zementbeton

Comparison of simulated static stiffnesses of the DemoBAZ made of cement concrete

Betrachtet man den Einfluss des Spindelkastens auf die statische Steifigkeit am TCP in Vergleichsgruppe 1 gem. **Bild 6.5** oben links, so ergibt sich, dass die Betonversionen in allen drei Hauptkoordinatenrichtungen nur für eine minimal höhere statische Steifigkeit am TCP sorgen, obwohl die Simulation der Einzelbauteile eine höhere dynamische Steifigkeit der Betonversionen ergab. Folglich sind die verwendeten Varianten der Spindelkastenkonstruktion aus UHPC in ihrer statischen Steifigkeit sehr ähnlich zur Stahlversion, sodass sie die statische Steifigkeit nicht signifikant verändern.

Die Analyse des Ständereinflusses auf die statischen Steifigkeiten in Vergleichsgruppe 2 (vgl. **Bild 6.5** unten links) ergibt ebenfalls nur geringe Unterschiede in der statischen Steifigkeit. In X- und Y-Richtung ist die Steifigkeit mit torsionssteifem Ständer geringfügig höher als bei Verwendung der biegesteifen Version oder des Stahlständers. In Z-Richtung hingegen führt insbesondere der biegesteife Ständer sogar zu einer geringeren Steifigkeit als bei Verwendung der Stahlversion. Dies liegt an der nachgiebigeren Anbindung des Festlagers für den Z-KGT durch eine reduzierte Abstützfläche. Beim Vergleich der statischen Steifigkeiten unter Verwendung unterschiedlicher Betten in Vergleichsgruppe 3 (vgl. **Bild 6.5** oben rechts) fällt vor allem die deutlich reduzierte statische Steifigkeit in Y-Richtung bei Verwendung des Betonbetts auf. Diese ist vor allem auf die Verwendung der zusätzlichen Adapterplatte für die Montage des Festlagers des KGTs für die Y-Richtung zurückzuführen (siehe **Bild 6.5** links). Da die Adapterplatte lediglich mit einer Schraube pro Seite an dem Betonteil des Betts befestigt ist, ist die Steifigkeit an dieser Stelle um überschlägig 40% reduziert. Dies ergibt sich aus der Berechnung der Schraubensteifigkeit nach VDI 2230 für die beiden Anbindungsversionen. Die gleiche Anbindungsart ist beim Betonbett auch für die Lagerböcke des KGTs für die X-Richtung vorhanden, sodass auch hier die Stahlversion des Betts zu geringfügig höheren Steifigkeiten ggü. der Betonversion führt. Der Unterschied in X-Richtung fällt jedoch nicht so signifikant aus, da bei der gegebenen Belastung das KGT-Lager in Y-Richtung in direkter Richtung im Kraftfluss liegt, während in X-Richtung die Belastung der Lagerstellen durch Torsion und Biegung von Spindelkasten und Ständer reduziert wird. Lediglich in Z-Richtung kann für das Bett eine höhere statische Steifigkeit bei Verwendung der Betonversion festgestellt werden. Für die statische Steifigkeit am TCP ist also die Ausführung der Koppelstellen zwischen den Strukturbauteilen relevanter als die Unterschiede in der Konstruktionsweise des Gesamtbauteils.

Wird die Gegenüberstellung der Gesamtbaugruppen aus Zementbeton bzw. aus Stahl in Vergleichsgruppe 4 betrachtet (siehe **Bild 6.5** unten rechts), so ist festzustellen, dass die Baugruppe aus Beton in X- und Z-Richtung eine höhere statische Steifigkeit aufweist als die Betonbaugruppen. In X-Richtung konnte entsprechend durch die torsionssteife Ständerversion der nachteilige Effekt der nachgiebigen KGT-Lagerstellen ausgeglichen werden. In Y-Richtung fällt die Steifigkeit durch die Konstruktion der KGT-Lagerstelle bei Stahl jedoch weiterhin höher aus als bei Beton.

Bezüglich des dynamischen Verhaltens wird die Analyse ebenfalls anhand der definierten Vergleichsgruppen durchgeführt. In diesen Gruppen werden die simulierten FRF in den Hauptkoordinatenrichtungen verglichen. Zur Sicherstellung eines konsistenten Vergleichs der Eigenformen in der FRF-Analyse wurden zunächst die Eigenfrequenzen für alle vergleichbaren Eigenformen in den unterschiedlichen Baugruppenversionen im relevanten Frequenzbereich identifiziert und in einer Tabelle gegenübergestellt, siehe **Tabelle 6.4**.

Tabelle 6.4: Vergleichbare Eigenformen der Baugruppenvarianten der DemoBAZ
Comparable vibration modes of the variants of assemblies of the DemoBAZ

Schwingung am TCP	Eigenfrequenzen der Baugruppenvarianten [Hz]							Beschreibung
	V1	**V2**	**V3**	**V4**	**V5**	**V6**	**V7**	
X	121	120,4	121,2	117,7	120,5	112,2	122,9	Schieben Ständer (in X)
X	169,9	169	172,8	167	170,3	142,4	146,8	Torsion Bett + Biegung Ständer (um Y)
Z + Y	280,7	269,1	266,6	263,2	257,8	271,2	263,9	Biegung + Schieben SpiKa (in Z)
X	323	319,4	325,4	306,6	307,8	244,8	264,6	Kippen SpiKa + Ständer (um Y)
Z	353,9	353,7	353,9	325,8	353,3	352,2	349,7	Torsion Bett (um X)
Z	375,9	375,9	375,4	374	375,9	374,6	341	
Z + Y	400,7	400,5	396,5	385,2	397,4	395	384,1	Biegung Bett (in Y) + Biegung SpiKa (in Z)
Y	526,5	526,7	524,5	523	525,1	519,8	521,3	
X	549	555	567,8	507,3	516,9	407,2	372,6	Torsion SpiKa (um Y) + Torsion Ständer (um Z)
Y	572,7	573,1	563,1	574,4	569,6	547,5	524,6	Biegung Bett + SpiKa (in Z)
Y	601,3	601,7	595	611	597,9	591,5	521,3	
X	766,5	763,1	768,3	761,9	765,7	660,3	648,2	Torsion SpiKa (um Y)

In Vergleichsgruppe 1 fällt auf, dass in Z-Richtung kein erkennbarer Unterschied in den Frequenzgängen vorliegt (siehe **Bild 6.6** unten links). Dies zeigt, dass der Spindelkasten aus Zementbeton in Z-Richtung weder einen positiven noch einen negativen Effekt auf das dynamische Verhalten am TCP ausübt. In X- und Y-Richtung sind lokale positive Einflüsse der Betonspindelkastenversionen zu erkennen, bei denen einzelne Amplituden reduziert ausfallen. Beispielsweise kann die Verbesserung der Torsions- und Biegeschwingungen des Spindelkastens in X- und Y-Richtung im Bereich von 700-800 Hz genannt werden (siehe **Bild 6.6** oben). Mit Ausnahme dieser Schwingungen bestehen zwischen den unterschiedlichen Konstruktionsvarianten aus Beton nur geringfügige lokale Unterschiede. Die Biegeschwingung bei 800 Hz wird bei der monolithischen Spindelkastenversion 2 zu einer kleineren Eigenfrequenz hin verschoben, was auf eine reduzierte Steifigkeit hinweist. Zudem wird die Amplitude deutlich reduziert. Dies wird bedingt durch einen höheren Schwingungsanteil in der Betonstruktur und damit einhergehend einem größeren Einfluss der höheren Materialdämpfung. Insgesamt hat die Konstruktionsweise des Spindelkastens bei den festgelegten Randbedingungen einen untergeordneten Einfluss auf das dynamische Verhalten. Der Einsatz von Beton für den Spindelkasten eignet sich daher in diesem Fall nur für gezielte Verbesserungen von einzelnen Eigenfrequenzen.

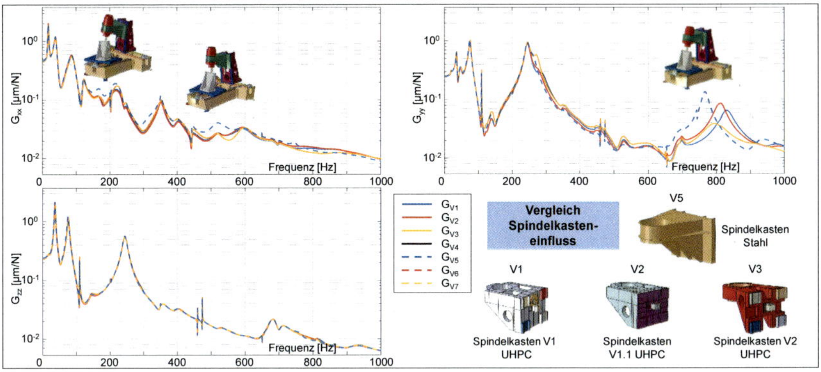

Bild 6.6: Vergleich des simulierten dynamischen Verhaltens der DemoBAZ aus Zementbeton (Vergleichsgruppe 1)

Comparison of simulated dynamic behavior of the DemoBAZ made of cement concrete (group 1)

Aus der Analyse von Vergleichsgruppe 2 geht hervor, dass auch der Betonständer keinen signifikanten Einfluss auf das dynamische Verhalten in Z-Richtung ausübt (siehe **Bild 6.7** unten links). Lediglich bei 154 Hz der Stahlversion kann eine leichte Amplitudenreduktion durch die Verwendung von Beton erzielt werden. Deutlicher fällt der Einfluss des Ständers auf das dynamische Verhalten in Y- und speziell in X-Richtung aus. Insbesondere im Bereich von 100-250 Hz (erste Biegebeanspruchungen des Ständers) sowie zwischen 600-800 Hz (Biegung des Ständers in Y-Richtung) sind deutlich reduzierte Amplituden sowie eine Verschiebung der Eigenschwingungen zu höheren Frequenzen durch die Betonversionen zu erkennen (siehe **Bild 6.7** oben). Bzgl. der unterschiedlichen Konstruktionsweisen fällt die Bilanz des torsionssteif ausgeführten Ständers positiver aus als die des biegesteifen Ständers. Es bleibt somit festzuhalten, dass der Einsatz von Beton für den Ständer grundsätzlich mehr positiven Einfluss auf das dynamische Verhalten am TCP hat als beim Spindelkasten. Allerdings muss gezielt die geeignete Kombinations-Variante gewählt werden, um die Effekte ausnutzen zu können.

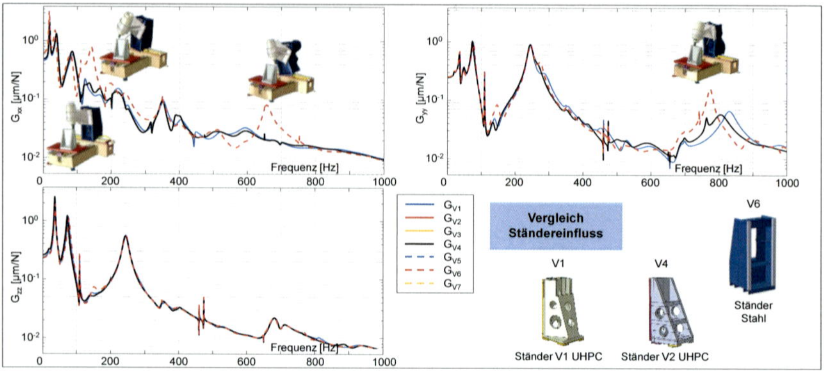

Bild 6.7: Vergleich des simulierten dynamischen Verhaltens der DemoBAZ aus Zementbeton (Vergleichsgruppe 2)

Comparison of simulated dynamic behavior of the DemoBAZ made of cement concrete (group 2)

Bzgl. des Einflusses des Betonbetts auf das dynamische Verhalten ergibt sich aus Vergleichsgruppe 3, dass in X-Richtung im Bereich von 300-550 Hz sowie in Z-Richtung generell ab 300 Hz eine leichte Reduktion der Amplituden im FRF erreicht wird (vgl. **Bild 6.8** links). Hier kommt die erhöhte Materialdämpfung des Zementbetons durch die Strukturschwingungen des Betts zum Tragen. Im Frequenzbereich unter 300 Hz bzw. generell für die Y-Richtung führt der alleinige Einsatz des Betonbetts teilweise sogar zu einer deutlichen Erhöhung der Amplituden. Dies ist auf die bereits erwähnte nachgiebigere Ausführung der Lageranbindung der Kugelgewindetriebe zurückzuführen, die in Y-Richtung besonders großen negativen Einfluss auf das dynamische Verhalten hat (vgl. **Bild 6.8** oben rechts). Daraus ergibt sich, dass bei der Konstruktion von filigranen Betonbauteilen ein besonderes Augenmerk auf die Ausführung der kraftübertragenden Koppelstellen zu legen ist. Diese dürfen keine steifigkeitsmindernden Elemente enthalten. Anderenfalls kann der positive Effekt der dynamischen Eigenschaften von Beton nicht zum Tragen kommen und im Gegenteil das dynamische Verhalten insgesamt sogar negativ beeinflusst werden.

In Vergleichsgruppe 4 wird das dynamische Verhalten der DemoBAZ-Version aus Stahl dem dynamischen Verhalten der Variante gegenübergestellt, bei der alle Strukturbauteile aus Beton sind (siehe **Bild 6.9**). Die Ergebnisanalyse zeigt, dass in X-Richtung größtenteils eine deutliche Verbesserung des dynamischen Verhaltens in Form von reduzierten Amplituden im Bereich von 100-700 Hz erzielt werden kann (siehe **Bild 6.9** oben links). Lediglich an lokalen Stellen weist die Betonversion größere Amplituden als die Stahlversion auf. Diese Stellen sind größtenteils auf den negativen Einfluss der Lageranbindungen der Kugelgewindetriebe an das Betonbett zurückzuführen. Für die Z-Richtung kann eine Amplitudenreduktion ab 300 Hz beobachtet werden, die durch das Betonbett verursacht wird (vgl. **Bild 6.9** unten links). In Y-Richtung (siehe **Bild 6.9** oben rechts) bestätigt sich die Verschlechterung des dynamischen Verhaltens durch die Betonversion, die bereits in Vergleichsgruppe 3 analysiert wurde.

Eine genaue Analyse zeigt, dass die Eigenformen, die bei Stahl- und Betonversion vergleichbar sind, größtenteils zu höheren Frequenzen und reduzierten Amplituden führen. Durch die bereits erwähnte nachgiebige Ausführung der Lageranbindung der KGTs kommen jedoch bei der Betonversion Eigenformen mit hohen Amplituden hinzu, zu denen es keine vergleichbaren Eigenformen der Stahlversion gibt. Dies verdeutlicht erneut die Erkenntnis, dass auch einzelne ungünstig ausgeführte Koppelstellen im direkten Kraftfluss die grundsätzlich positiven Materialeinflüsse zunichtemachen können.

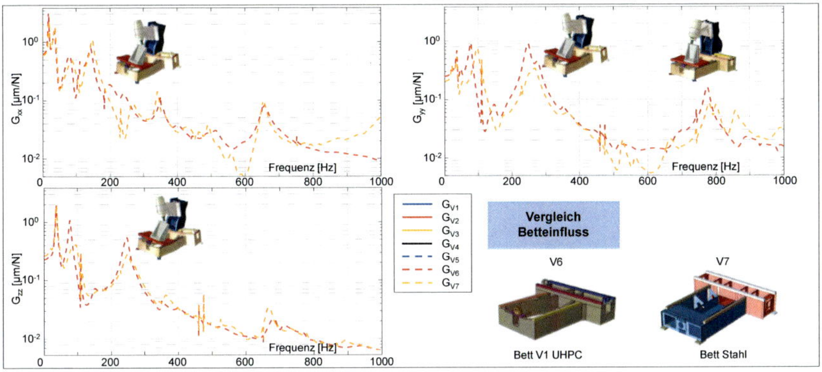

Bild 6.8: Vergleich des simulierten dynamischen Verhaltens der DemoBAZ aus Zementbeton (Vergleichsgruppe 3)

Comparison of simulated dynamic behavior of the DemoBAZ made of cement concrete (group 3)

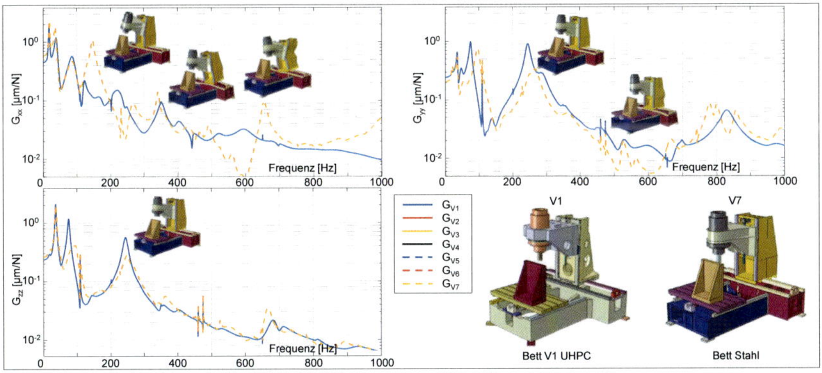

Bild 6.9: Vergleich des simulierten dynamischen Verhaltens der DemoBAZ aus Zementbeton (Vergleichsgruppe 4)

Comparison of simulated dynamic behavior of the DemoBAZ made of cement concrete (group 4)

Zusammenfassend gilt, dass durch unterschiedliche Konstruktionsweisen der DemoBAZ-Betonteile wenige signifikante Unterschiede bzgl. des dynamischen Maschinenverhaltens am TCP festzustellen sind. Dies gilt, wenn zusätzlich die generellen Konstruktionshinweise für eine steife Ausführung berücksichtigt werden sowie die Randbedingung ähnlicher Bauteilmassen eingehalten werden. Eine große Bedeutung kommt hingegen der Ausführung von Koppelstellen zu. Insbesondere Koppelstellen, die im direkten Kraftfluss zur Belastung am TCP liegen und bei denen der Belastungseinfluss nicht durch Biege- oder Torsionsbelastung von dämpfenden Bauteilen abgemindert wird, haben einen wesentlichen Einfluss. Es ist auf eine besonders steife Ausführung zu achten, bei der im Vergleich zur Metallversion keine zusätzlichen nachgiebigen Stellen eingebaut werden. Eine ungünstig ausgeführte Koppelstelle kann dazu führen, dass der positive Effekt des eingesetzten Materials fast vollständig aufgehoben wird. Kaum Einfluss hat hingegen eine einfache Erhöhung des Stahlanteils in einem Bauteil. Dies gilt, solange die Metalleinsätze für die entsprechenden Schraubverbindungen direkt in den Beton eingegossen werden.

Hinsichtlich der unterschiedlichen Strukturbauteile hat das Material des Maschinenbetts in Kreuzbettbauweise den größten Einfluss auf das dynamische Verhalten. Dies ist damit begründet, dass es aufgrund seiner größeren Hebelarme sowie seiner größeren Masse die meisten Strukturschwingungen im betrachteten Frequenzbereich aufweist. Der Spindelkasten liegt zwar in unmittelbarer Nähe zum TCP und damit immer direkt im Kraftfluss, weist jedoch im betrachteten Frequenzbereich nur wenige Strukturschwingungen auf, sodass der positive Dämpfungseffekt lediglich für einzelne Moden zum Tragen kommt. Bei diesen ist der Effekt jedoch besonders deutlich zu sehen. Zudem hat hier die Konstruktionsweise einen größeren Einfluss. Pauschale Aussagen über eine Verbesserung oder Verschlechterung bei eher monolithischer oder filigraner Ausführung können allerdings nicht untermauert werden. Der Einflussgrad des Betonständers auf das Maschinenverhalten ist zwischen dem Einflussgrad des Betts und dem des Spindelkastens anzusiedeln: Lokal begrenzter als beim Bett, aber stärker als beim Spindelkasten.

6.3 Fazit

Conclusion

Um den ersten Teil der dritten Forschungsfrage zu beantworten, wurden in diesem Kapitel zunächst mögliche Konstruktionsstrategien für Betonbauteile abgeleitet sowie die verbleibenden werkstoffbezogenen Anforderungen aufgestellt. Anschließend wurden virtuelle Konstruktionsvarianten von Bett, Ständer und Spindelkasten der Miniaturmaschine DemoBAZ erstellt und simulationsgestützt hinsichtlich ihres dynamischen Verhaltens untersucht. Gegenüber den Stahlversionen konnte durch den Einsatz von Beton ein teilweise signifikant verbessertes dynamisches Verhalten der Einzelbauteile erzielt werden. Die Unterschiede zwischen den einzelnen Konstruktionsvarianten aus Beton fallen demgegenüber gering aus. Dabei weist die filigrane Spindelkastenversion insgesamt ein dynamisch vorteilhafteres Verhalten als die eher monolithische Version auf. Beim Ständer bietet die torsionssteife Ausführung mehr Vorteile als die biegesteife Version.

Die Ergebnisse bzgl. des statischen und dynamischen Verhaltens am TCP der DemoBAZ können anhand folgender Stichpunkte zusammengefasst werden:

- Auf das statische Verhalten am TCP haben die unterschiedlichen Konstruktionsweisen von Ständer und Spindelkasten bei genau definierten engen Randbedingungen nur einen geringfügigen Einfluss.
- Die Verwendung von Beton sowie unterschiedlichen Konstruktionsweisen für Bett, Spindelkasten und Ständer haben nur an den lokalen Stellen der FRF einen positiven Einfluss auf das dynamische Verhalten am TCP, an denen stark ausgeprägten Strukturschwingungen der einzelnen Bauteile auftreten.
- Da das Bett im betrachteten Frequenzbereich die meisten Strukturschwingungen aufweist, hat es den größten Einfluss auf das dynamische Verhalten.
- Zusätzliche steifigkeitsmindernde Elemente im Bereich von Koppelstellen, die direkt im Kraftfluss liegen, haben signifikante negative Auswirkungen, die auch generell positive Einflüsse durch das eingesetzte Material aufheben können.

Bei genau definierten Randbedingungen ist demnach der Fokus in der Konstruktion auf die Optimierung der kraftübertragenden Koppelstellen zu legen. Zudem gilt es, lokale Spannungsspitzen, die sich in ihrer Höhe im Bereich der kritischen Materialkennwerte befinden, zu vermeiden.

Die Ergebnisse verdeutlichen auch, dass Zementbeton trotz der geringeren Dichte kein Leichtbauwerkstoff ist, da verminderte Steifigkeit durch mehr Material (z. B. dickere Wandstärken) ausgeglichen werden muss. Aufgrund der gleichzeitig niedrigeren Dichte führt dies zwar nicht zwingend zu einer größeren Gesamtmasse, allerdings auch nicht zu einer signifikanten Massenreduktion. Als zentraler Konstruktionshinweis lässt sich folgende Regel ableiten:

Bei Metallwerkstoffen ist so wenig Material wie nötig einzusetzen, bei Betonwerkstoffen hingegen so viel Material wie möglich.

Auch die in diesem Kapitel geschilderten Untersuchungen zeigen demnach praxistaugliche Hinweise gemäß den umfangreichen Forschungsarbeiten.

7 Validierung von Strukturbauteilen aus Zementbeton in Werkzeugmaschinen

Structural parts made of cement concrete in machine tools

Die praktische Umsetzung und messtechnische Untersuchung von Strukturbauteilen von Werkzeugmaschinen aus Zementbeton ist Gegenstand der Dokumentation in diesem Kapitel. Aufbauend auf den Ergebnissen der vorangegangenen Kapitel, werden die simulationsgestützten Analysen der Miniaturmaschine mit Zementbetonbauteilen validiert (Kapitel 7.1), weiterführende Untersuchungen insbesondere zu Dauer- und Überbelastung der Betonbauteile durchgeführt und die Ergebnisse analysiert (Kapitel 7.2). Die Validierung wird gem. Kapitel 7.3 mit Anwendung eines Betonständers in einer Fräsmaschine gängiger Baugröße abgerundet.

7.1 Validierung der Simulationsmodelle anhand ausgewählter Beispiele

Validation of simulation models for specific examples

Zur Validierung der simulationsgestützten Analysen der Miniaturmaschine aus Kapitel 6.2 werden in Kapitel 7.1.1 zunächst einige der untersuchten Varianten für unterschiedliche Strukturbauteile aus Zementbeton ausgewählt, entsprechende Schalungen entworfen und die Bauteile hergestellt. Anschließend erfolgt die dynamische Vermessung und der Vergleich der Einzelbauteile mit den jeweiligen Pendants aus Stahl (Kapitel 7.1.2) bevor schließlich in Kapitel 7.1.3 die Gesamtbaugruppe der DemoBAZ in verschiedenen Kombinationen vermessen, die Messungen den Simulationsergebnissen gegenübergestellt und weitergehenden Analysen unterzogen wird.

7.1.1 Herstellung ausgewählter Bauteilvarianten aus Zementbeton

Manufacturing of specific part variants made of cement concrete

Um die Analysen aus den Simulationsmodellen zu validieren, müssen zunächst die entsprechenden Bauteile hergestellt werden. Aus den zur Verfügung stehenden Konstruktionsvarianten der einzelnen Strukturbauteile (siehe Kapitel 6) werden diejenigen Versionen ausgewählt, die (lokale) positive Effekte auf das dynamische Verhalten sowohl von Einzelbauteil als auch Gesamtmaschine versprechen sowie eine zeit- und kosteneffiziente Herstellung und Schalungskonstruktion ermöglichen. Beim Ständer wurde eine komplexe und aufwändigere Schalungskonstruktion in die messtechnischen Untersuchungen mit einbezogen. Zudem wird bei der Auswahl bzgl. der verwendeten Schnittstellenkonzepte berücksichtigt, dass die teilweise starke Schwindung des Betons eine nachträgliche Bearbeitung der Bauteile nötig macht. Da die Bearbeitung von Betonoberflächen mit den am WZL verfügbaren Ressourcen nicht ohne weiteres bewerkstelligt werden kann und eine externe Nachbearbeitung sowohl zeit- als auch kostenintensiv ist, werden bei der Auswahl die Bauteilvarianten bevorzugt, die bei der Schnittstellenausführung über eingegossene Stahlteile verfügen, an denen die

Maschinenelemente befestigt werden. Das Ergebnis der Auswahl ist in **Tabelle 7.1** aufgelistet.

Tabelle 7.1: Für die Fertigung ausgewählte Strukturbauteile der DemoBAZ
Selected structural parts of the DemoBAZ for manufacturing

	Variante	**Grund**
Bett	VB1	Bereits vorhanden
Ständer	VSt1.1	Komplexe und aufwändige Schalungskonstruktion Massive Stahlplatte als Anbindung an X-Achse
Spindelkasten	VSp1.1	Weniger aufwändige Schalung Einzelne Stahleingussteile für Anbindung an Z-Achse

Für diese Bauteile werden jeweils entsprechende Schalungen konstruiert und gefertigt. Als Schalungsmaterial wurde hierbei laminiertes Holz verwendet, da Holz für die Stückzahl Eins ein kosteneffizientes Material mit ausreichender Genauigkeit und Haltbarkeit darstellt. Wie bei allen urformenden Fertigungsverfahren besteht eine wesentliche Herausforderung darin, eine gute Entformbarkeit zu gewährleisten. Zudem müssen Zwängungen, die infolge der Schwindung des Betons beim Aushärtevorgang auftreten können, vermieden werden, da hierdurch Eigenspannungen und Risse im Bauteil hervorgerufen werden können. Um diese Anforderungen zu erfüllen, werden in den Schalungen Entformungsschrägen vorgesehen und sprunghafte Querschnittsübergänge vermieden. Einzelne Schalungsteile werden zudem segmentiert ausgeführt, wodurch das Ausschalen weiterhin erleichtert wird und Zwängungen infolge des Ausschalvorgangs zusätzlich reduziert werden. An den Stellen, an denen Hohlräume und Hinterschnitte nicht vermieden werden können, werden entsprechende Kerne angebracht. Diese sind entweder als verlorene Kerne aus Styrodur oder als mehrteilige Kerne aus Holz ausgeführt. Bei den mehrteiligen Kernen können die Einzelteile beim Ausschalen nacheinander entfernt und anschließend wiederverwendet werden. Die Stahleingussteile werden mittels Schraubverbindung an der Schalungswand fixiert, um ihre Position während des Gussvorgangs sicherzustellen. Die Schalungskonstruktionen der hergestellten Bauteilvarianten für Bett, Ständer und Spindelkasten der Miniaturmaschine sind in **Bild 7.1** dargestellt.

Beim Bett erfolgt die Befüllung mit Beton an der späteren Unterseite des Bauteils und kann dort prinzipiell an jeder Stelle der Bodenfläche vorgenommen werden. Bei der herzustellenden Ständerversion hingegen ist die Schalung hochkant ausgeführt, sodass der Eingießvorgang über kleinere Einfüllöffnungen an der Oberseite erfolgen muss. Um dennoch eine gute Verteilung des Betons in der Schalung zu erreichen, wird beim Befüllen zunächst ein Teil der oberen Schalung weggelassen und zunächst der untere Schalungsteil mit Beton ausgefüllt. Erst danach wird der obere Schalungsteil montiert und die Befüllung über die Einfüllöffnungen abgeschlossen. Bei der Spindelkastenschalung erfolgt der Gussvorgang ebenfalls an der Oberseite des Bauteils, hier ist jedoch durch die größere zur Verfügung stehende Oberfläche wieder eine ausreichend große Einfüllöffnung gegeben.

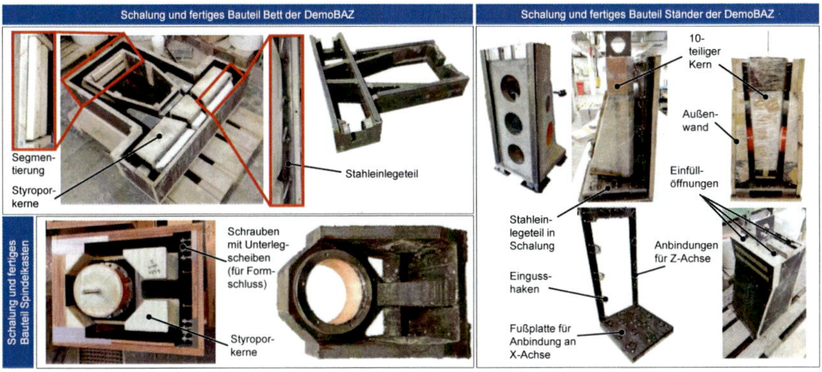

Bild 7.1: Schalungen der hergestellten DemoBAZ-Teile aus Zementbeton
Formwork of the manufactured parts of the DemoBAZ made of cement concrete

Alle drei Bauteile werden jeweils in zwei Versionen mit unterschiedlichen Betonmischungen gegossen, um auch den Einfluss der Materialzusammensetzung auf das dynamische Bauteilverhalten abschätzen zu können. Bett und Ständer werden einerseits aus einem normalen Zementbeton mit einem Wasserzementwert w/z von 0,4 und andererseits aus einem UHPC mit Beigabe von Stahlfasern mit einem Durchmesser von 0,16 mm und einer Länge von 8 mm hergestellt (siehe Kapitel 10.5). Der Spindelkasten wird in einer Version ebenfalls aus der UHPC-Mischung mit Stahlfasern gegossen. Zusätzlich wird eine zweite Version mit der gleichen UHPC-Mischung erstellt, jedoch ohne die Beigabe von Stahlfasern.

Während des Gießvorgangs werden die Schalungen auf einem Rütteltisch platziert, damit beim Einguss eingeschlossene Luft besser entweichen kann und eine bessere Verdichtung des Betons erreicht wird. Nach dem Härten der Betonmischung erfolgt die Ausschalung und für die Bett- und Ständerversionen jeweils eine Lagerung für 7 Tage in einem Wasserbad. Die Spindelkastenversionen werden nach der Entnahme aus der Schalung der im Stand der Technik beschriebenen Wärmebehandlung unterzogen, um die Schwindvorgänge des Betons abzuschließen.

7.1.2 Vermessung der Einzelbauteile

Measurement of single parts

Die hergestellten Bauteile aus Zementbeton werden zunächst einzeln vermessen und den Simulationen sowie den Einzelmessungen der entsprechenden Stahlbauteile gegenübergestellt. Die Validierung des dynamischen Verhaltens der Einzelbauteile erfolgt hierbei anhand experimenteller Modalanalysen. Zusätzlich wird auch die tatsächliche Masse der Bauteile mit den zugrundeliegenden CAD-Daten abgeglichen.

Zur Durchführung der experimentellen Modalanalyse werden die Einzelkomponenten jeweils auf vier Spiralfedern mit geringer Steifigkeit aufgestellt, um die Komponenten von Umwelteinflüssen zu entkoppeln. Die räumliche dynamische Anregung erfolgt durch einen Impulshammer an einem einzelnen Punkt der Struktur. Die hierdurch entstehenden Strukturschwingungen werden durch Beschleunigungssensoren an den Knotenpunkten des definierten Messgitters erfasst. Die Messung erfolgt jeweils für einen Frequenzbereich von 0 bis 1000 Hz. Für die Ständer- und Spindelkastenversionen aus UHPC ist der Messbereich auf 2000 Hz erweitert, da hier unter 1000 Hz keine bzw. nur eine Strukturschwingung auftritt. **Bild 7.2** zeigt die Anregung und Aufstellung der einzelnen Strukturbauteile sowie den Abgleich zwischen Messung und Simulation der UHPC-Versionen. Dabei zeigt sich, dass die Abweichung zwischen den Eigenfrequenzen von Messung und Simulation bei den UHPC-Versionen mit Stahlfasern durchschnittlich 1-2% beträgt. Die gute Übereinstimmung ist evident. Die simulationsgestützten Auslegungsmethoden können demnach für diesen Werkstoff gut verwendet werden. Auch das Bett aus Normalbeton weist im Vergleich zu den Simulationsergebnissen Abweichungen von unter 5% in den Eigenfrequenzen auf. Der Vergleich der ermittelten Bauteilmassen mit den entsprechenden Angaben aus den CAD-Daten ergibt ebenfalls eine gute Übereinstimmung zwischen Realität und virtuellem Modell. Somit sind zudem die für das Simulationsmodell angenommenen Werte für die Materialdichten der verwendeten Betonmischungen validiert.

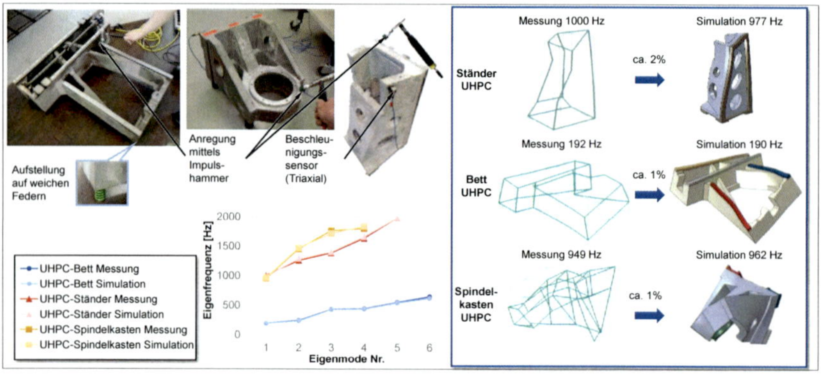

Bild 7.2: Messaufbau Einzelteilvermessung und Validierung der Einzelteilsimulation
Set-up for measurement and validation of simulation of single parts

Beim Ständer aus Normalbeton liegen die Abweichungen zwischen Messung und Simulation mit teilweise mehr als 40% allerdings deutlich höher. Dies ist auf die Schalungskonstruktion des Ständers und die unterschiedlichen Verarbeitungseigenschaften von Normalbeton und UHPC mit Stahlfasern zurückzuführen. Durch den aufwändigen und komplexen Aufbau der Ständerschalung ist auch die Befüllung entsprechend aufwändiger und bietet ein höheres Risiko für Lufteinschlüsse während der Befüllung. Zudem ist durch das Höhe-Breitenverhältnis auch die Verdichtung der Betonmasse durch den Rütteltisch nicht mehr gewährleistet. Insbesondere bei Verwendung von Normalbeton mit vergleichsweise großem Größtkorndurchmesser kann es daher zu Verarbeitungsschwierigkeiten kommen, aus denen später Schwundrisse im Bauteil resultieren können. Im vorliegenden Fall des Normalbetonständers traten solche

Schwundrisse an beiden Seiten im oberen Teil längs des Ständers im Bereich von verlorenen Kernen auf. Eine Abbildung der Gussergebnisse ist in **Bild 7.3** dargestellt.

Da der verwendete UHPC über ein feineres Gefüge und selbstverdichtende Eigenschaften verfügt, weist der Ständer aus dieser Betonmischung keine Schwundrisse und eine deutlich bessere Verarbeitungsqualität auf. Dieser qualitative Unterschied zwischen der Normalbeton- und der UHPC-Version des Ständers zeigt sich auch in den quantitativen Ergebnissen der experimentellen Modalanalyse. Vergleichbare Moden des UHPC-Ständers treten bei deutlich höheren Eigenfrequenzen auf als beim Normalbeton. Bis zu 13% Abweichung können hier festgestellt werden, im Gegensatz zu einer Abweichung von maximal 1% in der Simulation (siehe **Bild 7.3** links). Der Unterschied in den gemessenen Eigenfrequenzen vergleichbarer Moden zwischen UHPC- und Normalbetonversion des Betts beträgt hingegen maximal 5% (vgl. **Bild 7.3** rechts oben). Da die Schalungskonstruktion des Betts eine einfache Befüllung und Verarbeitung gewährleistet, ist demnach auch bei Verwendung von Normalbeton ein gutes Verarbeitungsergebnis für dieses Bauteil zu erzielen. Dies verdeutlicht somit erneut, dass das dynamische Verhalten von Strukturkomponenten aus den unterschiedlichen Betonmischungen vergleichbar ist, solange die signifikanten Unterschiede in den Druck- und Zugfestigkeiten bei den Belastungen nicht zum Tragen kommen. Eine weitere praxisrelevante Feststellung, die insbesondere unter dem Kostenaspekt interessant ist, da Normalbeton geringere Materialkosten als UHPC aufweist.

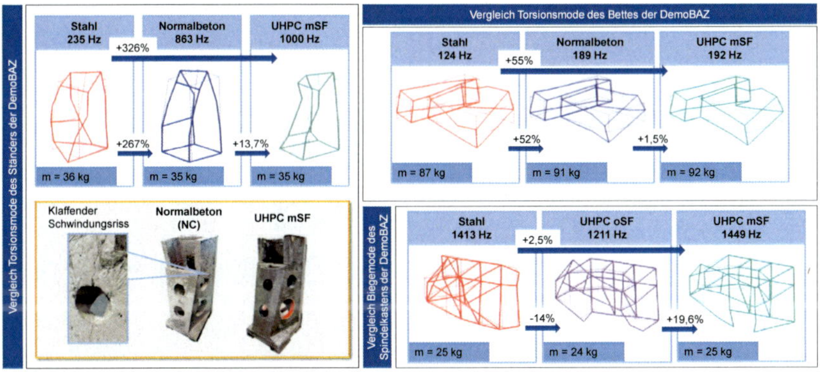

Bild 7.3: Vergleich der Einzelbauteile
Comparison of single parts

Der Einfluss von Stahlfaserbeigabe zu UHPC-Mischungen auf die erreichbare Bauteilqualität wird anhand der Spindelkastenuntersuchungen deutlich. Bei der Verwendung von UHPC ohne Stahlfaserbeigabe traten im vorderen Teil des Spindelkastens bereits beim Ausschalen Schwundrisse auf, die infolge von Eigenspannungen entstanden. Entsprechend wurde auch eine größere Abweichung von durchschnittlich 14% (maximal 23%) zwischen Simulation und Messung bzgl. der Eigenfrequenzen festgestellt. Teilweise lagen die Eigenfrequenzen sogar unter denen vergleichbarer Eigenschwingungen des Stahlspindelkastens (siehe **Bild 7.3**). Bei Verwendung von UHPC mit

Stahlfaserbeigabe und der gleichen Schalungskonstruktion traten diese Risse nicht auf. Dies ist darauf zurückzuführen, dass die Stahlfasern entstehende Risse während des Aushärtevorgangs überbrücken können und auf diese Weise das Material zusammenhalten. Dadurch wird die Entstehung von klaffenden Rissen im Bauteil verhindert. Der Rückschluss liegt nahe, dass der positive Einfluss der Stahlfasern auf die Vermeidung von Rissen im Zuge der Aushärtung vor allem bei komplexen Geometrien von Bauteil und Schalung sowie vergleichsweise niedrigen Wandstärken besonders zum Tragen kommt.

Dennoch zeigt die Analyse der Einzelvermessungen, dass die Eigenfrequenzen vergleichbarer Strukturschwingungsmoden in der experimentellen Modalanalyse der Betonbauteile teilweise deutlich höher liegen als bei den entsprechenden Stahlbauteilen (siehe **Bild 7.3**). Dieses Ergebnis bestätigt und validiert damit die Schlussfolgerungen aus den Simulationen der Einzelbauteile aus Kapitel 6.2.3. Bauteile aus Zementbeton können also vergleichbare bzw. verbesserte dynamische Eigenschaften im Vergleich zu Stahlbauteilen erreichen. Dafür müssen die werkstoffspezifischen Besonderheiten in der Konstruktion berücksichtigt werden (z. B. ausreichende Abmessungen der Materialquerschnitte, Einsatz von Stahl in kritischen Spannungsbereichen etc.). Bei gleicher Schalungskonstruktion können die Gussergebnisse unterschiedlicher Materialmischungen jedoch in der Qualität stark variieren. Entsprechend muss die Schalung immer exakt auf die Materialmischung abgestimmt werden. Der verwendete UHPC mit beigemischten Stahlfasern ist dabei unempfindlicher gegenüber komplexen Schalungskonstruktionen als die beiden anderen untersuchten Mischungen.

7.1.3 Vermessung der Gesamtmaschine DemoBAZ

Measurement of the total machine DemoBAZ

Nach der Untersuchung der hergestellten Einzelbauteile werden diese in unterschiedlichen Kombinationen zu Gesamtversionen der Miniaturmaschine montiert und ebenfalls messtechnisch untersucht. Um die Vergleichbarkeit der Ergebnisse mit den Untersuchungen der Stahlversion, mit den Simulationen und untereinander sicherzustellen, werden alle Messungen jeweils mit den gleichen Achspositionen und Messaufbauten durchgeführt wie in Kapitel 4.3 und Kapitel 6.2 beschrieben. Erneut werden sowohl statische Kennlinien und Nachgiebigkeitsfrequenzgänge als auch eine experimentelle Modalanalyse bei räumlicher Anregung gemessen. Die dynamische Anregung für die Messung der Nachgiebigkeitsfrequenzgänge und der Modalanalyse erfolgt relativ zwischen dem TCP der eingesetzten Werkzeugattrappe und dem Spanntisch und wird mittels eines piezoelektrischen Erregers im Bereich von 0 bis 1500 Hz durchgeführt. Zur Überbrückung von Spiel und Losen im Maschinenaufbau wird bei den dynamischen Messungen eine statische Vorspannung von 750 N aufgebracht.

Die Ermittlung der statischen Kennlinien erfolgt ebenfalls relativ zwischen TCP und Spanntisch durch Aufbringen einer rampenförmigen quasistatischen Kraft und anschließende ebenfalls rampenförmige Entlastung der Maschinenstruktur. Die entstehende Verlagerung wird mittels induktiver Wegsensoren erfasst, sodass die statischen

Kennlinien in einem Diagramm dargestellt und die entsprechenden statischen Steifigkeiten für jede Raumrichtung ermittelt werden können. Ausgehend von den hergestellten Einzelbauteilen aus Zementbeton (siehe Kapitel 7.1.2) werden die in **Tabelle 7.2** aufgelisteten Bauteilkombinationen als Baugruppen messtechnisch untersucht. Für eine Validierung der Simulation mit Betonbauteilen wird die Variante BBB verwendet, bei der alle Gestellbauteile als Betonversion aus UHPC ausgeführt sind. Aufgrund der lediglich geringfügigen Abweichungen zwischen den Bettversionen aus Normalbeton und UHPC und den Schwundrissen in der Ständerversion aus Normalbeton wurde auf die Untersuchung der Bauteile aus Normalbeton im Gesamtverbund der Miniaturmaschine verzichtet. Gleiches gilt für die rissbehaftete Version des Spindelkastens aus UHPC oSF in der Gesamtbaugruppe der Miniaturmaschine.

Tabelle 7.2: Messtechnisch untersuchte Gesamtversionen der DemoBAZ

Metrologically investigated total versions of the DemoBAZ

Variante	Bett	Ständer	Spindelkasten
SSS	Stahl	Stahl	Stahl
SSB	Stahl	Stahl	UHPC mSF
SBS	Stahl	UHPC mSF	Stahl
SBB	Stahl	UHPC mSF	UHPC mSF
BSS	UHPC mSF	Stahl	Stahl
BSB	UHPC mSF	Stahl	UHPC mSF
BBS	UHPC mSF	UHPC mSF	Stahl
BBB	UHPC mSF	UHPC mSF	UHPC mSF

Simulationsvalidierung anhand der Variante BBB

Wie in **Bild 7.4** rechts unten dargestellt, wird für die Version BBB bei Messung und Simulation eine gute Übereinstimmung mit einer durchschnittlichen Abweichung von 5,78% zwischen den Eigenfrequenzen der Modalanalyse erzielt. Die maximale Abweichung beträgt 17,27% bzw. 25,25%. Sie tritt bei der ersten gemessenen Mode auf, die sich in der Simulation auf zwei Moden aufteilt und durch die unterschiedliche Aufstellung der Stahl- und der Betonversion des Betts begründet wird. Im Gegensatz zur Stahlversion sind die Adapterbleche für die Aufstellfüße nicht am Bett angeschweißt, sondern an in den Beton eingegossenen Gewindehülsen eingeschraubt, was zu einer zusätzlichen Schraubenverbindung und damit auch einer zusätzlichen Nachgiebigkeitsstelle führt. Diese führt zu Abweichungen zwischen Simulation und Messung. Die Ergebnisse inklusive Phasengang zu allen Abgleichen finden sich im Anhang (siehe Kapitel 10.410.2)

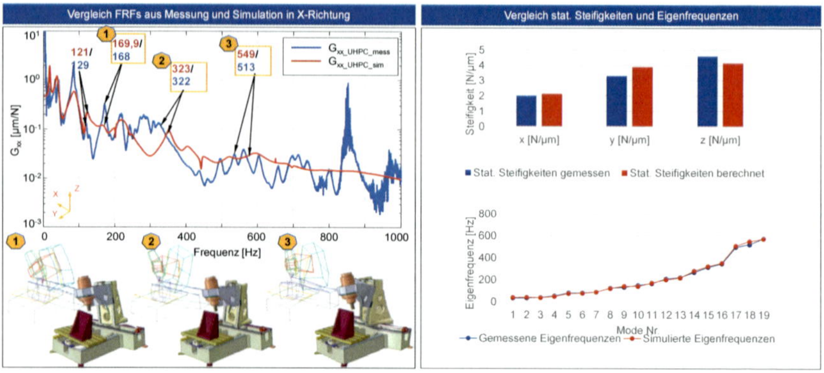

Bild 7.4: Ergebnisse des Abgleichs von Messung und Simulation der DemoBAZ aus UHPC (Statik, Eigenmoden und FRF in X-Richtung)

Results of comparison of measurement and simulation of the DemoBAZ made of UHPC (Static, natural modes and FRF in X direction)

Der Vergleich der statischen Steifigkeiten aus Simulation und Messung der Version BBB zeigt Abweichungen von maximal 18% und damit eine hinreichende Übereinstimmung (siehe **Bild 7.4** rechts oben). Dass die Spanne der Abweichungen bei der statischen Simulation der Gesamtbaugruppe größer ist, liegt darin begründet, dass die Simulationen alle mit den gleichen Steifigkeitswerten für die jeweiligen Verbindungselemente zwischen den Strukturbauteilen durchgeführt wurden. Durch die Vielzahl an manuellen Montagevorgängen, die zur Erstellung der unterschiedlichen Kombinationsvarianten nötig wurden, kommt es jedoch zu Abweichungen im Verhalten der einzelnen Verbindungselemente, die sich – gerade bei dem vergleichsweise starken Einfluss der Elemente in der Miniaturmaschine – entsprechend in den Vergleichsergebnissen von Simulation und Messung niederschlagen. In X- und Y-Richtung liegen die simulierten Steifigkeiten dabei geringfügig höher, in Z-Richtung dagegen geringfügig niedriger als die messtechnisch ermittelten.

Bzgl. der FRF in den drei Hauptachsen verbleiben, wie auch bei der Stahlversion in Kapitel 4.3.2, nach dem Abgleich signifikante Abweichungen bzgl. der Amplituden der unterschiedlichen Eigenschwingungen zwischen Messung und Simulation, die durch die große Varianz der Dämpfungswerte entstehen (vgl. **Bild 7.4** links und **Bild 7.5**). In der Simulation wurde zudem davon ausgegangen, dass bis auf die unterschiedliche Materialdämpfung alle Dämpfungswerte mit der Stahlversion identisch bleiben. In der Realität können die Dämpfungswerte sich jedoch allein durch die Vielzahl an Montagemaßnahmen immer wieder ändern. Daher wird dieser Abgleich auch hier nicht forciert. Die weitgehend ähnlichen Größenordnungen der Nachgiebigkeiten sind zudem hinreichend für die Validierung.

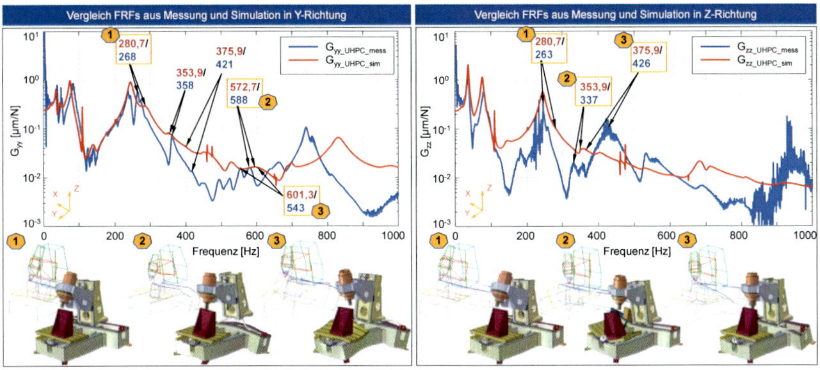

Bild 7.5: Ergebnisse des Abgleichs von Messung und Simulation der DemoBAZ aus UHPC (FRFs in Y- und Z-Richtung)

Results of comparison of measurement and simulation of the DemoBAZ made of UHPC (FRFs in Y and Z direction)

Die Amplitudenabweichungen in den FRFs zwischen Messung und Simulation werfen die Frage auf, ob die Analyse der unterschiedlichen Konstruktionsweisen im Gesamtverbund aus Kapitel 6.2.4 zulässig ist. Daher werden die messtechnisch ermittelten FRFs der Baugruppenvarianten BBS und BSS (siehe **Tabelle 7.2**) für jede Koordinatenrichtung jeweils in einem Diagramm zusammengefasst und den jeweiligen Simulationsergebnissen gegenübergestellt. Dies ist in **Bild 7.6**, **Bild 7.7** und **Bild 7.8** veranschaulicht.

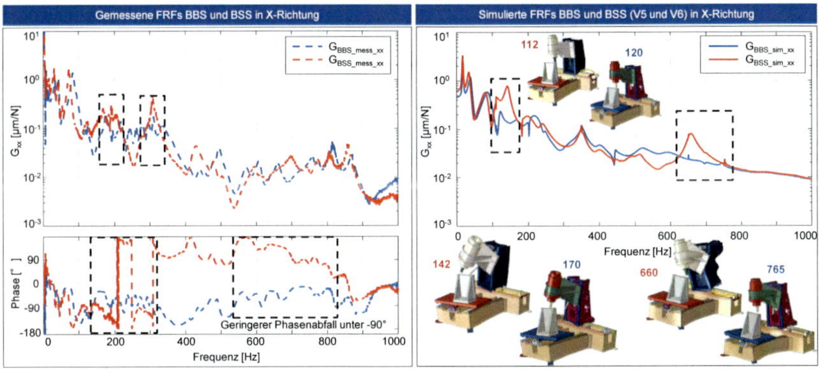

Bild 7.6: Validierung des simulationsgestützten Variantenvergleichs der DemoBAZ anhand Baugruppenversionen BBS und BSS (FRFs in X-Richtung)

Validation of the simulated comparison of variants of the DemoBAZ for machine variants BBS and BSS (FRFs in X direction)

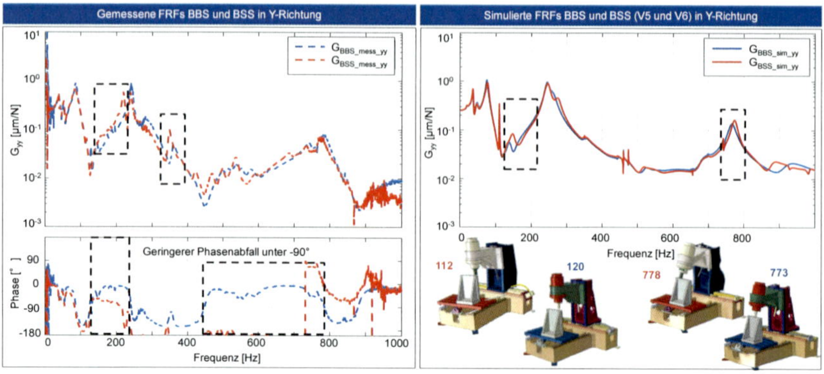

Bild 7.7: Validierung des simulationsgestützten Variantenvergleichs der DemoBAZ anhand Baugruppenversionen BBS und BSS (FRFs in Y-Richtung)

Validation of the simulated comparison of variant of the DemoBAZ for machine variants BBS and BSS (FRFs in Y direction)

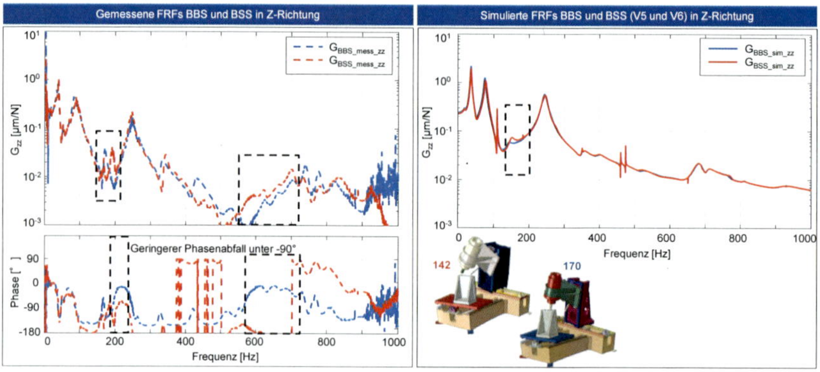

Bild 7.8: Validierung des simulationsgestützten Variantenvergleichs der DemoBAZ anhand Baugruppenversionen BBS und BSS (FRFs in Z-Richtung)

Validation of the simulated comparison of variant of the DemoBAZ for machine variants BBS and BSS (FRFs in Z direction)

Aus der Gegenüberstellung wird deutlich, dass durch die Amplitudenabweichungen zwischen Messung und Simulation der Vergleich der Baugruppenvarianten in der Messung lokal unterschiedlich stark ausgeprägt ist. So fallen beispielsweise die Unterschiede zwischen Version BBS und BSS im messtechnisch ermittelten Amplitudenfrequenzgang in X-Richtung in den Bereichen von 100-200 Hz und 600-700 Hz weniger deutlich aus als in der Simulation (siehe Markierungen in **Bild 7.8**). In Y- und Z-Richtung im Bereich von 300-400 Hz (Y) bzw. 100-200 Hz (Z) fällt der gemessene Unterschied deutlicher aus als in der Simulation. Insgesamt betrachtet lassen sich aus der

Simulation jedoch bereits praxistaugliche Rückschlüsse hinsichtlich der Auswirkungen unterschiedlicher Konstruktionsvarianten ziehen.

Weiterführende Analysen anhand der Messergebnisse

Um den Einfluss der unterschiedlichen Materialkombinationen bezogen auf Bett, Ständer und Spindelkasten besser analysieren zu können, werden wieder Vergleichsgruppen der Varianten definiert. Diese sind in **Tabelle 7.3** zusammengefasst. Die Ergebnisse der statischen Messungen sind in **Bild 7.9** rechts dargestellt.

Tabelle 7.3: Vergleichsgruppen der vermessenen Baugruppenversionen der DemoBAZ aus Zementbeton

Groups for comparison of measured variants of assemblies of the DemoBAZ made of cement concrete

Vergleichsgruppe	Verglichene Baugruppenversionen	Beeinflussendes und analysiertes Bauteil
Nr. 1.1	SSS vs. SSB	Spindelkasten
Nr. 1.2	SBB vs. SBS	
Nr. 1.3	BBB vs. BBS	
Nr. 1.4	BSS vs. BSB	
Nr. 2.1	SSS vs. SBS	Ständer
Nr. 2.2	SSB vs. SBB	
Nr. 2.3	BBB vs. BSB	
Nr. 2.4	BBS vs. BSS	
Nr. 3.1	SSS vs. BSS	Bett
Nr. 3.2	SSB vs. BSB	
Nr. 3.3	SBB vs. BBB	
Nr. 3.4	SBS vs. BBS	
Nr. 4	SSS vs. BBB	Gesamtbaugruppe

Im Folgenden wird die Ergebnisanalyse der messtechnischen Untersuchungen der Vergleichsgruppen anhand von Übersichtsdarstellungen erläutert. Die detaillierten Darstellungen der Messergebnisse der einzelnen Vergleichsgruppen 1.1 bis 3.4 bzgl. des statischen und dynamischen Verhaltens der DemoBAZ finden sich im Anhang in Kapitel 10.4. Da Vergleichsgruppe 4 den Vergleich der DemoBAZ-Versionen jeweils komplett aus Stahl bzw. UHPC darstellt, wird diese hier detailliert erläutert.

Die Tabelle in **Bild 7.9** links liefert eine Übersicht über die Vergleichsergebnisse der statischen Steifigkeiten nach Vergleichsgruppen aufgeschlüsselt. Hieraus ist ersichtlich, dass der Betonspindelkasten wenig Einfluss auf die statische Gesamtsteifigkeit der Maschine hat, wenn Bauteilversionen unterschiedlichen Materials kombiniert werden. Lediglich bei Verwendung von Betonbett und –ständer, führt der Einsatz des Betonspindelkastens zu einer Steigerung der statischen Steifigkeit in Y- und Z-Richtung. Der Betonständer hingegen hat, insbesondere in X-Richtung und bis auf eine Ausnahme in Z-Richtung, generell einen positiven Einfluss auf die statische Gesamtsteifigkeit. Dies liegt daran, dass die gewählte Konstruktionsweise des Ständers deutlich steifer ausgeführt ist als die Stahlversion. Lediglich in Y-Richtung hat der Betonständer keinen Einfluss auf die statische Steifigkeit verglichen mit der Stahlversion, wenn das Stahlbett in Kombination verwendet wird. Im Gegensatz dazu kann der Stahlständer in Kombination mit dem Betonbett offensichtlich durch seine weichere Konstruktionsweise eine bessere Kraftverteilung in der Gesamtmaschine erzielen, die die nachteilige Anbindung der KGT-Lager im Betonbett weniger stark zum Tragen kommen lässt. Das Betonbett wiederum hat insbesondere in Z-Richtung einen positiven Einfluss auf das statische Gesamtverhalten, während in X-Richtung nur in Kombination mit dem Betonständer eine Verbesserung erzielt werden kann. In Y-Richtung führt die weiche Ausführung der Lagerkoppelstelle beim Betonbett immer zu einer Reduktion der statischen Steifigkeit. Die Reduktion der Steifigkeit in Y-Richtung kann auf die bereits in Kapitel 6.2.4 erläuterte weichere Anbindung der KGT-Lager bei der Betonversion des Betts zurückgeführt werden. Damit ist diese Beobachtung aus der Simulation messtechnisch validiert.

Bei der Analyse der Vergleichsgruppe 4 ist festzustellen, dass bei der Version mit UHPC, wie schon in der Simulation, eine Erhöhung der statischen Steifigkeiten in X- und Z-Richtung und eine Reduktion in Y-Richtung gegenüber der Version aus Stahl vorliegt (vgl. **Bild 7.10** rechts). Damit ist auch in diesem Punkt die Simulation validiert.

Gruppe Nr.	Versionen	Auswertung Statische Steifigkeiten		
		X	Y	Z
Nr. 1.1	SSS vs. SSB	=	=	=
Nr. 1.2	SBB vs. SBS	=	=	=
Nr. 1.3	BBB vs. BBS	=	+	+
Nr. 1.4	BSS vs. BSB	=	=	-
Nr. 2.1	SSS vs. SBS	+	=	+
Nr. 2.2	SSB vs. SBB	+	=	+
Nr. 2.3	BBB vs. BSB	+	-	+
Nr. 2.4	BBS vs. BSS	+	-	-
Nr. 3.1	SSS vs. BSS	=	-	+
Nr. 3.2	SSB vs. BSB	=	-	+
Nr. 3.3	SBB vs. BBB	+	-	+
Nr. 3.4	SBS vs. BBS	+	-	-
Nr. 4	SSS vs. BBB	+	-	+

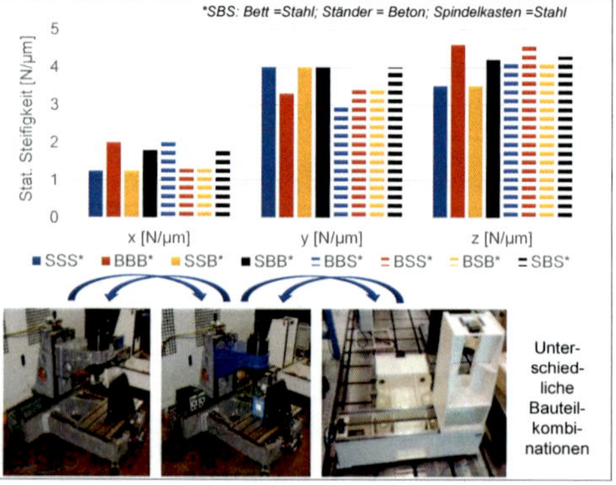

Bild 7.9: Zusammenfassung und Ergebnisanalyse der Vergleichsgruppen aus statischen Messungen der DemoBAZ mit unterschiedlichen Bauteilkombinationen

Overview and analysis of the groups of comparison regarding the static measurements of the DemoBAZ with different combined parts

Für den Vergleich des dynamischen Verhaltens in den einzelnen Vergleichsgruppen werden sowohl die Amplituden- als auch die Phasengänge betrachtet. Insbesondere der Verlauf des Phasengangs ist wichtig für eine Einschätzung des Stabilitätsverhaltens der Maschine, da regeneratives Rattern nur bei einem Phasenverlauf unterhalb von -90° auftreten kann. Reduzierte Amplituden deuten auf eine wirksame Ausnutzung der höheren Materialdämpfung hin, während ein geringerer Anteil des Phasengangs unterhalb von -90° einen stabilen Arbeitsbereich der Maschine und eine Vermeidung von selbsterregten Schwingungen bedeutet. Eine Verbesserung des dynamischen Verhaltens ist daher gegeben, wenn bei der Stahlversion ursprünglich ein Phasenverlauf unterhalb von -90° vorliegt und bei Verwendung von Beton entweder im entsprechenden Bereich die Amplitude reduziert ist oder der Phasenverlauf auf oberhalb von -90° angehoben ist. Beide Effekte zugleich entsprechen ebenfalls einem verbesserten dynamischen Verhalten.

Der direkte Vergleich der Komplettversionen der DemoBAZ aus Stahl und Beton in Vergleichsgruppe 4 zeigt, dass vor allem in X- und Z-Richtung messbare Verbesserungen des dynamischen Verhaltens erzielt werden (siehe **Bild 7.10** links und **Bild 7.11**). In X-Richtung ist dies der Fall für den Bereich von 150-230 Hz sowie für 300-600 Hz. In Z-Richtung liegen die Verbesserungen vor allem zwischen 100-200 Hz, 300-400 Hz und 520-630 Hz. In Y-Richtung fallen die Verbesserungen geringer aus und sind in den Bereichen auch beschränkter (100-200 Hz und 400-520 Hz). Wie beim statischen Verhalten ist dies insbesondere auf die nachgiebigere Konstruktion der Lageranbindungen am Betonbett zurückzuführen. Diese Lageranbindungen sowie generell die Unterschiede in der Konstruktionsweise zwischen Stahl und UHPC führen auch dazu, dass nicht alle Eigenmoden direkt miteinander vergleichbar sind. Die Verbesserungen betreffen, wie zu erwarten, vorrangig die Moden, bei denen Strukturschwingungen der Gestellbauteile vorliegen, da nur hier die höhere Materialdämpfung des Betons zum Tragen kommt. In der Gegenüberstellung des messtechnischen mit dem simulierten Vergleich der beiden DemoBAZ-Varianten (SSS und BBB) stellt sich erneut heraus, dass bereits aus der Simulation tendenziell die richtigen Schlussfolgerungen über den Einfluss der Betonbauteile auf das Gesamtverhalten gezogen werden können. Die Abweichungen in den simulierten Amplituden im Vergleich zur Messung beeinflussen das Vergleichsergebnis demnach nicht signifikant. Somit kann die simulationsgestützte Analyse zur Einschränkung der Variantenvielfalt für die Methodik herangezogen werden.

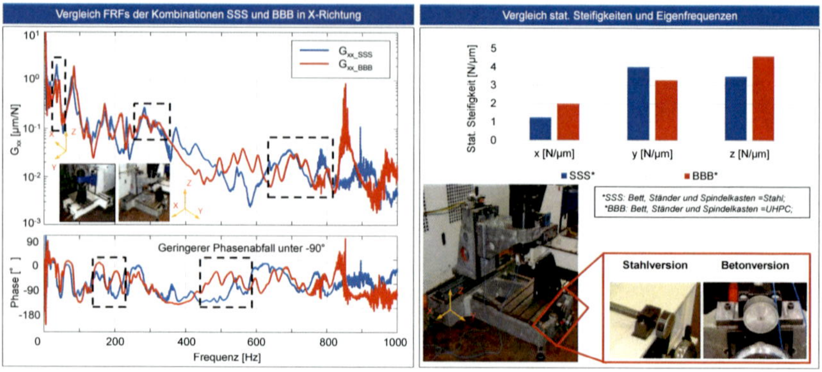

Bild 7.10: Vergleich Stahl- und UHPC-Version der DemoBAZ (Vergleichsgruppe 4): Statikergebnisse und FRF in X-Richtung

Comparison of steel and UHPC-version of the DemoBAZ (group 4): Results of static measurements and FRF in X direction

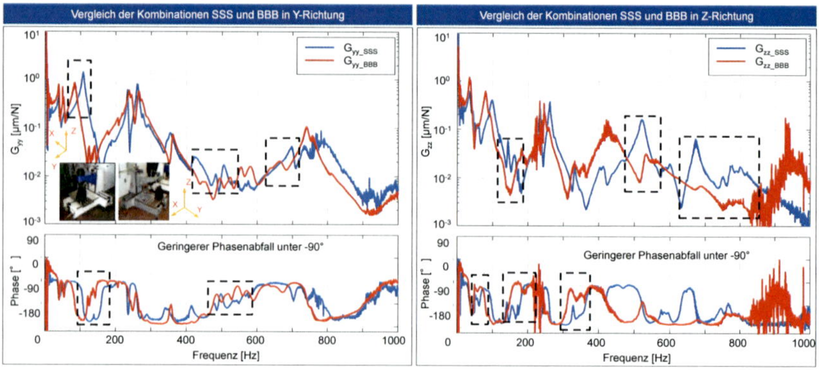

Bild 7.11: Vergleich Stahl- und UHPC-Version der DemoBAZ (Vergleichsgruppe 4): FRFs in Y- und Z-Richtung

Comparison of steel and UHPC-version of the DemoBAZ (group 4): FRFs in Y and Z direction

Aus der Übersicht über die Analysen der einzelnen Vergleichsgruppen, die in **Bild 7.12** dargestellt ist, lässt sich schlussfolgern, dass das Betonbett den deutlichsten und bzgl. des betroffenen Frequenzbereichs weitreichendsten Einfluss auf das dynamische Verhalten der DemoBAZ am TCP besitzt. Dies gilt insbesondere, wenn zusätzlich noch Ständer und/oder Spindelkasten in der Betonversion kombiniert werden. Dieser Effekt liegt darin begründet, dass das Bett im betrachteten Frequenzbereich die meisten Strukturschwingungen aufweist. Dementsprechend wirkt sich die höhere Materialdämpfung des UHPC bei entsprechend vielen Eigenfrequenzen aus. Kommen noch Ständer und/oder Spindelkasten aus UHPC dazu, so vergrößert sich der Effekt noch.

Wird das Betonbett hingegen nur mit Stahlständer und –spindelkasten verwendet, so fallen die positiven Veränderungen (verglichen mit einer Verwendung des Stahlbetts) weniger ausgeprägt aus. Teilweise kommt es sogar im Gegenteil zu einer Verschlechterung des dynamischen Verhaltens. Dies lässt sich durch die nachgiebige Konstruktionsweise der einzelnen Gestellbauteile in der Stahlversion erklären. Werden die nachgiebigen Konstruktionen von Ständer und Spindelkasten mit dem ebenfalls nachgiebigen Stahlbett verwendet, so sorgt die Vielzahl an – teilweise sich überschneidenden – Schwingungsformen dafür, dass das dynamische Gesamtverhalten am TCP vergleichsweise ausgeglichen und stabil verläuft. Bei Verwendung des steiferen Betonbetts fällt dieser ausgleichende Effekt weg (vgl. **Bild 7.12**).

Der Betonspindelkasten hat vor allem in Kombination mit dem Stahlständer ausgeprägte positive Effekte auf das dynamische Verhalten gegenüber dem Pendant aus Stahl. Ähnliches gilt auch für den Betonständer, der vor allem in Kombination mit dem Stahlspindelkasten positive Effekte über einen vergleichsweise großen Frequenzbereich gegenüber der Stahlversion des Ständers aufweist. Dies ist damit zu erklären, dass das dynamische Verhalten durch den Einsatz eines Bauteils aus UHPC bereits verbessert wird und im Vergleich dazu der positive Effekt durch ein zusätzliches UHPC-Teil prozentual geringer ausfällt. Für den Einfluss beider Bauteile (Spindelkasten und Ständer) gilt, dass die Effekte in Z-Richtung ausgeprägter sind, wenn das Stahlbett verwendet wird, während bei Verwendung des Betonbetts die X-Richtung deutlicher betroffen ist. Dies liegt daran, dass das Stahlbett im Vergleich zum UHPC-Bett in Z-Richtung deutlich weicher ist, während das UHPC-Bett insbesondere in X-Richtung nachgiebige Stellen aufweist. Schwachstellen einer Bettkonstruktion können demnach zumindest teilweise durch eine Kombination von entsprechend angepasster Konstruktion und verwendetem Material der weiteren Gestellbauteile ausgeglichen bzw. gemindert werden.

Abschließend lässt sich sagen, dass bei allen Gestellbauteilen der DemoBAZ der Einsatz von UHPC prinzipiell zu zumindest lokalen Verbesserungen des dynamischen Verhaltens führen kann. Dabei können auch Schwachstellen der anderen Gestellbauteile ausgeglichen werden. Durch die Vielzahl an relevanten Strukturschwingungen hat das Bett zwar tendenziell den größten Einfluss auf das dynamische Verhalten. Dennoch ist eine Analyse und ggf. Abstimmung des dynamischen Verhaltens der weiteren Gestellbauteile auf das Gesamtverhalten am TCP von erheblicher Bedeutung und sollte auf keinen Fall vernachlässigt werden. Eine generelle Aussage zu einer besonders geeigneten Kombination von Material und Einsatzort in der Maschine ist allerdings immer im Einzelfall zu analysieren. Im Hinblick auf die Anwendung der Konstruktionsmethodiken für Bauteile aus Betonwerkstoffen ist festzuhalten, dass das Betonbett, welches nicht nach der Methodik dieser Arbeit entwickelt wurde, die größten Schwachstellen aufweist, während die Anwendung der Methodik für die Konstruktion von Ständer und Spindelkasten zu deutlich besseren Ergebnissen führte.

Gruppe Nr.	Versionen	Auswertung FRFs (Verbesserungen: Frequenzbereich in Hz)								
			X			Y			Z	
Nr. 1.1	SSS vs. SSB	200-300	580	Leicht		300-500	Mittel		250-700	Leicht
Nr. 1.2	SBB vs. SBS	200-400	>550	Leicht		>500	Leicht		>500	Leicht
Nr. 1.3	BBB vs. BBS		450-550	Mittel			Kein	150-200	300-400	Mittel
Nr. 1.4	BSS vs. BSB	250-300	450-750	Deutlich	150-200	450-700	Deutlich	150-250	500-700	Deutlich
Nr. 2.1	SSS vs. SBS	100-230	450-550	Mittel		500	Mittel		450-650	Mittel
Nr. 2.2	SSB vs. SBB	100-200		Mittel		500	Mittel		380-700	Mittel
Nr. 2.3	BBB vs. BSB	100-200	480	Mittel		500	Mittel		300-400	Mittel
Nr. 2.4	BBS vs. BSS	150-300	>550	Mittel	150-250	450-750	Mittel	200-230	580-700	Mittel
Nr. 3.1	SSS vs. BSS	200-300	600-700	Mittel	100	420	Mittel	160	520-650	Mittel
Nr. 3.2	SSB vs. BSB	100-300	400-700	Deutlich	100-150	400-700	Mittel	80-200	400-700	Deutlich
Nr. 3.3	SBB vs. BBB	100-300	400-600	Deutlich	80-250	450-850	Deutlich		300-400	Deutlich
Nr. 3.4	SBS vs. BBS	200-300	500-800	Deutlich	80-150	500-700	Deutlich	200	600-750	Deutlich
Nr. 4	SSS vs. BBB	150-230	300-600	Deutlich	100-200	400-500	Leicht	100-200	300-400 (+520-630)	Deutlich

* : einzelne Frequenz; : Bereich ca. 50-100 Hz weit; : Bereich ca. 150-200 Hz weit; : Bereich >200 Hz weit

Bild 7.12: Ergebnisanalyse aller Vergleichsgruppen aus FRFs der DemoBAZ

Analysis of results of all groups of comparison from FRFs of the DemoBAZ

7.2 Dauer- und Überlastversuche an der DemoBAZ

Experiments with continuous load and overload of the DemoBAZ

7.2.1 Dauerbelastung der Miniaturmaschine

Continuous load on the miniature machine

Bei der simulationsgestützten Untersuchung der Spannungsverteilung in den Strukturbauteilen aus Zementbeton (siehe Kapitel 6.2.4) konnten bereits kritische Stellen hinsichtlich einer schwingenden Dauerbelastung in den hergestellten Bauteilen identifiziert werden. Zur weiteren Analyse und Übertragung der Ergebnisse aus den Kapiteln 5 und 6.2 wurde daher ein Versuch unter Dauerbelastung an der Gesamtbaugruppe der DemoBAZ mit Ständer, Spindelkasten und Bett aus UHPC mit Stahlfasern durchgeführt. Um die erforderlichen hohen Kräfte mit den dafür erforderlichen Anregungshüben in die Struktur einzuleiten, wurde für diese Versuche ein Hydraulikerreger anstelle des zuvor verwendeten Piezoelektrischen Erregers verwendet. Die Anregung erfolgte dabei relativ zwischen Werkzeug- und Werkstückseite der DemoBAZ am TCP. Um möglichst alle Hauptkoordinatenrichtungen gleichmäßig anzusprechen, wurde eine räumliche Anregung wie bei den experimentellen Modalanalysen gewählt. Als Anregungsfrequenz wurden 300 Hz gewählt. Damit liegt die Anregung bei hohen Frequenzen und zugleich mittig im betrachteten relevanten Frequenzbereich der Maschine von 100 bis 700 Hz (siehe Kapitel 4). Als Mittelwert wurde eine Kraft von 1 kN eingestellt mit einer Amplitude von 800 N bis 1 kN, was für die Baugröße der DemoBAZ einer vergleichsweise hohen Belastung entspricht. Die Anregung erfolgte kontinuierlich für 92 h und 10 min, was einer Lastwechselzahl von $9{,}95 \cdot 10^7$ entspricht und somit im Bereich der angestrebten Lastwechselzahl für die Versuche aus Kapitel 5 liegt.

Mittels triaxialer Beschleunigungssensoren an Werkzeug- und Werkstückseite wurden direkt vor und nach der Dauerbelastung mit dem Hydraulikerreger räumliche Nachgiebigkeitsfrequenzgänge über einen Frequenzbereich von 1000 Hz aufgezeichnet und gegenübergestellt. Die FRFs sind in **Bild 7.13** links dargestellt.

Während und nach der Dauerbelastung konnte kein plötzliches Versagen der Betonbauteile durch sichtbare klaffende Risse oder gar Bruch der Bauteile festgestellt werden. Aus den FRFs vor und nach Dauerlauf ist jedoch ersichtlich, dass es an einigen Stellen zu Verschiebungen der Eigenfrequenzen hin zu niedrigeren Frequenzen kommt, was auf einen Steifigkeitsverlust an diesen Stellen hinweist. Eine Analyse der betroffenen Schwingungsformen aus der räumlichen experimentellen Modalanalyse ergibt, dass genau die Moden besonders betroffen sind, bei denen die in der Simulation als kritisch identifizierten Stellen der Betonbauteile besonders beansprucht werden. So werden bei 150 bzw. 165 Hz durch Schwingungen in X-Richtung (Torsion des Betts und Kippen von Ständer und Spindelkasten) vor allem die Schnittstellen zwischen dem vorderen und hinteren Bettteil sowie der vordere Bereich des Ständers an den Aussparungen zum Gewichtsausgleich beansprucht, an denen die maximalen Normalspannungen in der Simulation detektiert wurden. Ähnlich verhält es sich mit der Schwingung bei 574 Hz (Biegung von Bett und Spindelkasten in Z-Richtung), bei der insbesondere der Spindelkasten in Y-Richtung kritisch beansprucht ist. Der größte Amplitudenzuwachs ist bei 300 Hz zu beobachten und demnach genau im Bereich der Anregungsfrequenz. Hier liegen zwei Schwingungsmoden, in denen durch Kippen des Spindelkastens um die Y- bzw. die X-Achse die kritischen Stellen auf Zug beansprucht werden. Die Einhaltung der Grenzbelastung hinsichtlich dauerhafter Wechsellast im Werkstoff, welche in Kapitel 5 identifiziert wurde, ist demnach auch auf die praktische Anwendung in Maschinenbauteilen übertragbar, um Steifigkeitsverluste in der Maschine zu vermeiden.

7.2.2 Crashversuch

Experimental crash

Neben der schwingenden Dauerbelastung von Maschinen mit Bauteilen aus Zementbeton ist auch das Verhalten unter Einwirkung von Überlastung (z. B. durch Crash) interessant für die praktische Anwendung. Da die DemoBAZ nicht über elektrische Antriebe für die Verfahrbewegung der Achsen verfügt und eine Messung der wirkenden Kraft im Falle eines Crashs schwierig durchzuführen ist, wurde stattdessen ein Analogieversuch durchgeführt. Hierbei wurde ein Vorschlag-Impulshammer der Firma PCB mit roter Kunststoffspitze verwendet, mit dem normalerweise besonders große Maschinenstrukturen angeregt werden. Durch Anwendung an der Miniaturmaschine konnten damit Kräfte im Bereich von 10 bis 15 kN impulsartig an der Spindel aufgebracht werden. Basierend auf den Simulationen der Spannungsverteilung in den Betonbauteilen bei einer Belastung mit 10 kN wurde die X-Richtung als kritischste Belastungsrichtung identifiziert. In dieser Richtung ist auch die Achslänge am größten und somit bei real verfahrbaren Achsen die größte Endgeschwindigkeit möglich. Bei einem

Crash in dieser Richtung wäre demnach potenziell die größte kinetische Energie wirksam. Daher wurde diese Richtung für die Anregung mittels des Vorschlag-Impulshammers ausgewählt.

Insgesamt dreimal wurde die Anregung durch den Impulshammer in X-Richtung durchgeführt und das Zeitsignal der Krafteinleitung mit aufgezeichnet, sodass jeweils die Höhe der wirkenden Kraft bekannt ist. Aufgrund der Größe der Hammerspitze konnte für die Kraftanregung mittels Vorschlag-Impulshammer nicht direkt am TCP angeregt werden, sondern am Spindelgehäuse direkt über dem TCP. Jeweils vor und nach jedem Schlag wurde mittels eines kleineren Impulshammers nebst Beschleunigungssensoren der jeweilige Nachgiebigkeitsfrequenzgang in X-Richtung ermittelt. **Bild 7.13** rechts zeigt hierbei die entsprechenden Nachgiebigkeitsfrequenzgänge mit den entsprechenden Werten für die eingeleitete Kraft.

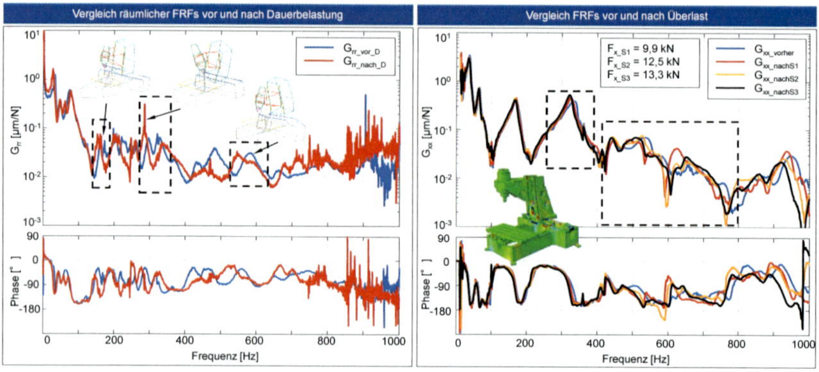

Bild 7.13: Ergebnisanalyse anhand FRFs der DemoBAZ bei Dauer- bzw. Überlast

Analysis of results regarding FRFs of the DemoBAZ under alternating load and overload

Ähnlich wie bei den Versuchen unter Dauerlast, ist bei der Eigenschwingung in X-Richtung bei 300 Hz, eine eindeutige und kontinuierliche Abnahme der Steifigkeit durch Verschiebung hin zu niedrigeren Eigenfrequenzen sowie eine Erhöhung der Amplitude festzustellen. Dabei werden die spannungskritischen Stellen in Bett und Ständer besonders belastet.

Am deutlichsten zeigen sich die Unterschiede zwischen den Frequenzgängen im oberen Frequenzbereich ab 400 Hz und insbesondere beim Vergleich zwischen Ausgangssituation und Schlag 1. Bei den nachfolgenden Schlägen mit zunehmender Kraft sind keine signifikanten Amplitudensteigerungen oder Steifigkeitsverluste aufgrund einer Verschiebung hin zu niedrigeren Eigenfrequenzen mehr zu beobachten. Teilweise wird sogar ein gewisser Erholungseffekt beobachtet, der jedoch im Rahmen der Messgenauigkeit in diesem Frequenzbereich liegt. Eine mögliche Ursache für einen Erholungseffekt ist die Verwendung von Stahlfasern in der untersuchten Betonmischung. Diese Fasern können auftretende Mikrorisse in der Betonstruktur überbrücken und die

Last lokal aufnehmen. Klaffende Risse konnten nach den Messungen mit bloßem Auge nicht erkannt werden.

7.3 Verwendung von Zementbeton für den Ständer einer Fräsmaschine

Use of cement concrete for the column of a milling machine

Die bisherigen Analysen der DemoBAZ liefern lediglich Ergebnisse für eine Miniaturmaschine. Die Übertragbarkeit der bisher gewonnenen Erkenntnisse auf Bauteile größeren Maßstabs wird daher in diesem Unterkapitel anhand eines Ständers einer Fräsmaschine mit gängiger Baugröße weiter untersucht. Die vorangehenden Untersuchungen der Stahlversion dieser Maschine wurden bereits in Kapitel 4.3 erläutert. In Kapitel 7.3.1 wird zunächst auf die Konstruktion und Herstellung des Fahrständerersatzes aus Zementbeton eingegangen, bevor in Kapitel 7.3.2 die Ergebnisse der messtechnischen Untersuchungen des Betonständers im Vergleich zu der Stahlversion dargestellt und analysiert werden.

7.3.1 Konstruktion und Herstellung des Betonständers

Design and manufacturing of the column made of cement concrete

Da für den Einsatz von Zementbeton in Maschinenbetten gängiger Baugrößen bereits Beispiele aus der praktischen Anwendung existieren und der Fokus dieser Arbeit auf bewegten Maschinenteilen aus Zementbeton liegt, wurde der Fahrständer der Fräsmaschine für eine Ersatzkonstruktion aus UHPC ausgewählt. Wie schon bei der DemoBAZ, wurden als wesentliche Randbedingungen die Beibehaltung der Außenmaße und Positionen der Schnittstellen sowie eine vergleichbare Masse wie bei der Originalversion aus Gusseisen definiert. Zudem sollten die statischen Steifigkeiten am TCP vergleichbar mit denen der Gussversion bleiben. Für die Ausführung der Koppelstellenanbindungen wurde, aus den gleichen Gründen wie bei den Bauteilen der DemoBAZ, auf eingegossene Stahlteile zurückgegriffen. An diese Stahlteile wurden T-Stücke geschweißt, um den Formschluss im Beton zu gewährleisten. Da im Gegensatz zu den Bauteilen der DemoBAZ, die Originalversion des Fahrständers der FZ12WM aus Gusseisen ist, unterscheiden sich die Konstruktionsweisen weniger stark voneinander als zwischen einer Betonguss- und einer Stahl-Schweißkonstruktion. Wie der Originalständer, verfügt die UHPC-Version über ein geschlossenes Profil für maximale Torsionssteifigkeit. Die Wandstärken der Betonversion sind jedoch größer, um die erforderliche Steifigkeit trotz reduzierten E-Moduls sicherzustellen. Materialanhäufungen sind durch die niedrige Vergusstemperatur unproblematisch. Um die Montage von Antriebsmotoren und Kugelgewindetrieben zu ermöglichen sowie die Maßgaben bzgl. der Masse einzuhalten, wurden an den Seiten Aussparungen und Hohlräume vorgesehen.

Da für dieses Bauteil nur ein Abguss erfolgt, wird für die kosteneffiziente Herstellung der Schalung ebenfalls auf laminiertes Holz zurückgegriffen. Hohlräume und Hinterschnitte wurden teilweise aus mehrteiligen Holzkernen und teilweise aus verlorenen

Styroporkernen ausgeführt. Der Gussvorgang erfolgt in liegender Position des Fahrständers, wobei sich die Stahleingussteile für die Montage der Z-Führungsschienen unten und die Rückseite des Fahrständers oben befindet. Eine Herausforderung stellte hierbei der aus Gründen der Biegesteifigkeit schräg verlaufende Rücken des Fahrständers aus Beton dar. Um eine gute Entlüftung des flüssigen Betons und eine gleichmäßige Befüllung der Form zu gewährleisten, wird der Gussvorgang in zwei Schritten ausgeführt: Zunächst wird die Rückseite des Ständers (der Deckel der Schalung) offengelassen, bis die Schalung bis fast an den unteren Rand der Schräge gefüllt ist. Anschließend wird der Deckel befestigt, an den Rändern abgedichtet und die Schalung über die verbleibenden Eingussöffnungen an der höchsten Stelle der Rückseite (am Boden des Ständers) vollständig befüllt. Nach Aushärtung und Entschalung des Bauteils erfolgt noch eine Wärmebehandlung im Wasserbad, bevor die Stahleinlegeteile durch Fräsen nachbearbeitet werden, um die erforderlichen Genauigkeiten einzuhalten. Als Material wurde die UHPC-Mischung nach **Tabelle 10.3** (siehe Kapitel 10.5) ohne beigemischte Stahlfasern verwendet. Durch einen lokal ungünstig ausgeführten Hohlraum im Betonständer kam es jedoch im Zuge des Aushärtevorgangs zu Rissen aufgrund von Schwindung und entstehenden Zwängungen im oberen rückseitigen Teil des Ständers (siehe **Bild 7.16**). Dennoch wurden die Untersuchungen fortgeführt und in diesem Zuge ein besonderes Augenmerk auf den Einfluss von Schädigungen im Bauteil auf das dynamische Gesamtverhalten der Maschine gelegt.

7.3.2 Vergleich der Ständervarianten aus unterschiedlichen Materialien für FZ12WM

Comparison of the column variants made of different materials for FZ12WM

Um die Ständervarianten aus Gusseisen bzw. UHPC adäquat vergleichen zu können, werden für die Gesamtmaschine mit UHPC-Ständer die gleichen Messungen, durchgeführt, wie bei der Originalmaschine mit Gusseisenständer (vgl. Kapitel 4.3.2). Zunächst erfolgt hierbei die Ermittlung der Gewichtskraft des UHPC-Ständers anhand eines im Kran eingehängten Kraftmessquarzes. Es wird jeweils eine Version mit und ohne montierte Führungsschienen, Motoren etc. vermessen. Wie aus **Bild 7.14** hervorgeht, beträgt in beiden Fällen die Massenzunahme durch die Verwendung von UHPC weniger als 10% (8,8 bzw. 7%) und kann damit als geringfügig betrachtet werden.

Die statischen Steifigkeiten werden erneut durch Einbringung und anschließende Entlastung einer rampenförmigen Kraft relativ zwischen TCP und Spanntisch ermittelt. Die Verlagerung wird durch induktive Wegsensoren erfasst. Dies erfolgt nacheinander in jede Hauptkoordinatenrichtung der Maschine. Die ermittelten statischen Steifigkeiten liegen bei Verwendung des UHPC-Ständers leicht unter denen der Gusseisenversion, sind mit Abweichungen unterhalb von 10% jedoch ebenfalls als vergleichbar anzusehen. Die geringfügig reduzierte Steifigkeit kann unter anderem auf die geringfügig erhöhte Gewichtskraft aufgrund der höheren Wandstärke der Betonversion zurückgeführt werden.

Die Ermittlung des dynamischen Verhaltens geschieht wieder über eine relative dynamische Anregung zwischen dem TCP an der eingesetzten Werkzeugattrappe und dem Spanntisch und wird mittels eines piezoelektrischen Erregers im Bereich von 0 bis 600 Hz durchgeführt. Aus der vergleichenden Analyse der Nachgiebigkeitsfrequenzgänge bei der Gusseisen- bzw. UHPC-Version des Fahrständers geht hervor, dass in allen drei Hauptkoordinatenrichtungen jeweils im Bereich von 150-250 Hz sowie ab ca. 500 Hz lokale positive Einflüsse des UHPC-Ständers in Form von reduzierten Amplituden sowie einem verringerten Anteil des Phasenverlaufs unterhalb von -90° zu beobachten sind. Ebenfalls in allen drei Hauptkoordinatenrichtungen erfolgt jedoch bei 100 Hz eine signifikante Erhöhung der Amplitude bzw. Absenkung des Phasengangs unter -90°, was einer Verschlechterung des dynamischen Verhaltens gleichkommt (siehe **Bild 7.14** und **Bild 7.15**). Aus der Analyse der experimentellen Modalanalysen geht hervor, welche Moden jeweils von der Verbesserung bzw. Verschlechterung des dynamischen Verhaltens betroffen sind. Bei den positiv beeinflussten Moden handelt es sich erwartungsgemäß um Moden, bei denen Strukturschwingungen des Fahrständers auftreten und somit die höhere Materialdämpfung des Betons zum Tragen kommt. Hierbei zeigt sich, dass auch dann lokale Verbesserungen des dynamischen Verhaltens erzielt werden können, wenn die Strukturschwingungen des entsprechenden Betonbauteils lediglich indirekt über Schwingungen anderer Maschinenteile ausgelöst werden. Am vorliegenden Beispiel betrifft dies die Strukturschwingungen im Bereich von 200 Hz, bei denen der Fahrständer durch Schwingungen des Maschinentisches angeregt wird, die über das Bett übertragen werden. Wie ebenfalls zu erwarten, betrifft der negativ beeinflusste Frequenzbereich um 100 Hz die Strukturschwingungen des Fahrständers, bei denen der während der Herstellung aufgetretene klaffende Schwindungsriss zum Tragen kommt. Die fehlende Materialverbindung an der Rissstelle führt hierbei zu einer deutlichen Verstärkung der bereits vorhandenen Strukturschwingungen.

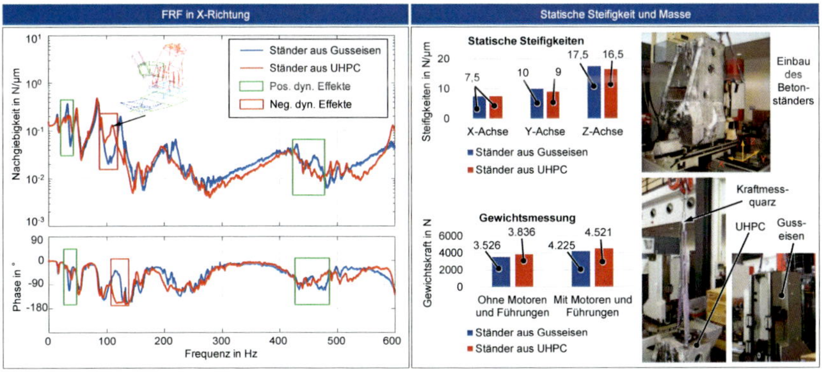

Bild 7.14: Vergleich der Messergebnisse der FZ12WM mit Ständer aus Gusseisen und UHPC (FRF in X-Richtung, Statik und Gewichtskraft)

Comparison of measurement results of the FZ12WM with column made of cast iron and UHPC (FRF in X direction, static and weight force)

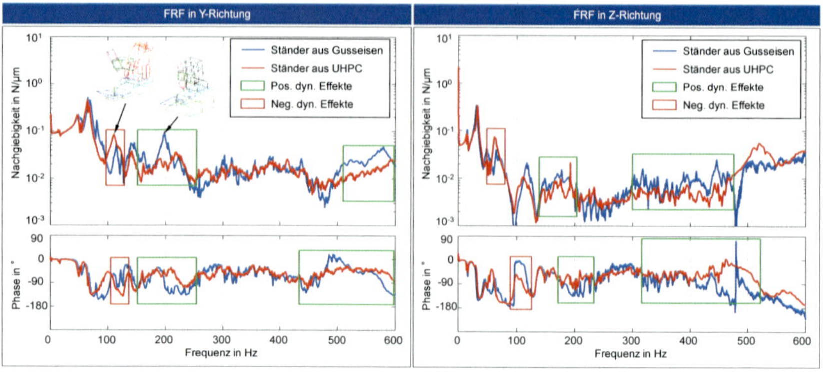

Bild 7.15: Vergleich der Messergebnisse der FZ12WM mit Ständer in aus Gusseisen und UHPC (FRFs in Y- und Z-Richtung)

Comparison of measurement results of the FZ12WM with column made of cast iron and UHPC (FRF in Y and Z direction)

Als weiterführende Untersuchungen wurden am Fahrständer-Einzelbauteil mittels eines Impulshammers mehrere Frequenzgänge hintereinander aufgenommen. Die Anregung durch den Impulshammer sowie die Messung der resultierenden Beschleunigungen mittels triaxialen Sensoren erfolgte oben an der vorderen rechten Ecke des Ständers. Anhand der ermittelten Frequenzgänge konnte eine kontinuierliche Verschiebung bestimmter Eigenmoden hin zu niedrigeren Eigenfrequenzen beobachtet werden. Dies ist in **Bild 7.16** ersichtlich. Dieser Effekt kann auf Verschleißvorgänge durch Bewegung und Reibungsvorgänge zwischen den Rissflanken zurückgeführt werden. Ein Versuch die Rissflanken mittels nachträglich außen angebrachter Stahlverstrebungen zusammenzuhalten, verstärkte diesen Effekt, da das Zusammendrücken der Rissflanken zu einer höheren Reibung führte.

Bild 7.16: Schalung und Untersuchung des Rissfortschritts am UHPC-Ständer der FZ12WM

Formwork and investigation of crack propagation in column made of UHPC of the FZ12WM

7.4 Fazit

Conclusion

Mit den in diesem Kapitel durchgeführten messtechnischen Untersuchungen konnte erfolgreich validiert werden, dass simulationsgestützte Analysen, wie in Kapitel 6 für die Konstruktion von einzelnen Betonbauteilen, anwendbar sind. Auch für die Analyse der Effekte in der Gesamtmaschine hinsichtlich des statischen und dynamischen Verhaltens sind die Simulationen anwendbar. Zudem konnten die konstruktionstechnischen Erkenntnisse aus Kapitel 6 anhand der Messungen bestätigt werden.

Durch die werkstoffgerechte Konstruktionsweise von Einzelbauteilen können deren dynamische Eigenschaften verbessert werden. Die Schalung zur Herstellung der Bauteile muss jedoch immer speziell auf die verwendete Materialmischung abgestimmt werden, um ein qualitativ hochwertiges Bauteil zu erhalten. Dies erfordert vor allem Erfahrungswissen. Bzgl. der in dieser Arbeit verwendeten Betonmischungen erweist sich UHPC mit beigemischten Stahlfasern als hinreichend unempfindlich hinsichtlich komplexer Schalungsgeometrien.

Bezogen auf die Gesamtbaugruppe konnte bestätigt werden, dass lokale Verbesserungen des dynamischen Verhaltens durch den Einsatz von Zementbeton in bewegten Strukturkomponenten erreicht werden und auch Schwachstellen anderer Bauteile kompensiert werden können. Obwohl das Bett durch die Vielzahl an Eigenschwingungen im betrachteten Frequenzbereich tendenziell den größten Einfluss auf das dynamische Verhalten hat, sollte der Konstrukteur die Analyse der weiteren Gestellbauteile in jedem Fall mit einbeziehen. Eine generelle Aussage bzgl. geeigneter Kombination von Einsatzort in der Maschine und Materialart lässt sich nicht treffen, sondern muss im Einzelfall untersucht werden.

Bzgl. des entwickelten methodischen Vorgehens zur Auslegung von Gestellbauteilen aus Zementbeton konnte nachgewiesen werden, dass die Anwendung der Methodik zu besseren Ergebnissen führte. Durch die erstmalige Durchführung von Dauerschwingversuchen an einer Maschinenbaugruppe mit Zementbetonbauteilen wurde zudem der Nachweis erbracht, dass die Ergebnisse aus Kapitel 5 hinsichtlich der dynamischen Dauerbelastbarkeit von Beton ebenfalls in die praktische Anwendung übertragbar sind. Ebenfalls erstmalig wurde messtechnisch das dynamische Verhalten vor und nach Aufbringung einer impulsartigen Überlast in die Maschinenstruktur sowie bei aufgetretenen klaffenden Rissen in einer Betonstruktur untersucht. In beiden Fällen konnte ein messbarer Einfluss nachgewiesen werden, der jedoch nicht zum unmittelbaren Totalausfall der Komponenten führte.

8 Zusammenfassung und Ausblick

Summary and Outlook

Zusammenfassung

Summary

Zementbeton als alternativer Werkstoff für Strukturkomponenten in Werkzeugmaschinen bietet aufgrund hoher Materialdämpfung, großer Gestaltungsfreiheit und ggü. Stahl geringerer Materialkosten einige positive Eigenschaften zur Maschinenverbesserung. Vereinzelt wird dieser Werkstoff bereits für Maschinenbetten verwendet. Unsicherheiten und fehlende wissenschaftliche Untersuchungen bzgl. der Eigenschaften unter hochdynamischen Belastungen und bzgl. der zielgerichteten werkstoffgerechten Konstruktion verhindern bislang jedoch einen großflächigeren Einsatz von Zementbeton sowie die Verwendung für bewegte und dynamisch belastete Strukturbauteile.

Das in dieser Arbeit entwickelte methodische Vorgehen bietet die Möglichkeit zur werkstoffgerechten und effizienten Konstruktion und Auslegung von dynamisch belasteten Werkzeugmaschinenbauteilen aus Zementbeton. Zunächst müssen die Anforderungen an Maschinenbauteile sowohl bauteil- als auch werkstoffseitig systematisch ermittelt werden. Hierzu stehen simulationsgestützte sowie messtechnische Untersuchungsmethoden zur Charakterisierung von Werkzeugmaschinen zur Verfügung. Ergänzend können recherche- bzw. erfahrungsbasierte Kenntnisse eingesetzt werden, um die Anforderungen zu vervollständigen. Das systematisch entwickelte methodische Vorgehen für die Ermittlung der bauteilseitigen Anforderungen wurde am Beispiel der DemoBAZ-Miniaturmaschine sowie der Fräsmaschine FZ12WM erfolgreich durchgeführt und verifiziert.

Bzgl. der werkstoffseitigen Anforderungen wurde in dieser Arbeit ein besonderer Fokus auf die dynamische Wechseldauerbelastung von Betonwerkstoffen bei hohen Frequenzen zwischen 300 und 550 Hz gelegt. Der Resonanzprüfstand DynaForce und die Versuchssteuerung wurden entsprechend verbessert. Zur systematischen und vergleichbaren Auswertung der Dauerlastversuche wurde zudem ein Klassifizierungsmodus mit drei Kategorien eingeführt und angewandt. Die Ergebnisanalyse der Versuche mit unterschiedlich behandelten Betonproben zeigt, dass die Dauerfestigkeit von wärmebehandeltem/autoklavierten UHPC-Beton im Bereich von 40% der statischen zentrischen Zugfestigkeit liegt. Dies deckt sich mit dem Stand der Forschung für niedrigere Frequenzbereiche. Signifikante Abhängigkeiten der Dauerfestigkeit von der verwendeten Nachbehandlung und dem Frequenzbereich der Belastung konnten nicht festgestellt werden. Für eine Auslegung zur sicheren Seite wird, aufgrund der großen Streuung der Versuchsergebnisse, jedoch eine Grenze von 30% bis 36% der statischen zentrischen Zugfestigkeit empfohlen.

Basierend auf den Erkenntnissen aus Kapitel 4 und 5 wurden die Anforderungen und Randbedingungen für einen Einsatz von Zementbeton in bewegten, dynamisch belasteten Strukturkomponenten quantifiziert und zusammengefasst. Darauf aufbauend wurden Konstruktionsstrategien für Maschinenbauteile aus Zementbeton abgeleitet. Diese wurden in einem methodischen Vorgehen für eine zielgerichtete und werkstoffgerechte Auslegung zusammengefasst. Das Vorgehen wurde anschließend am Beispiel der Miniaturmaschine DemoBAZ zunächst simulationsgestützt in verschiedenen Varianten umgesetzt und analysiert. Dabei wurde die Erkenntnis gewonnen, dass bei genau definierten engen Randbedingungen die Auswirkungen unterschiedlicher Konstruktionsweisen der bewegten Strukturkomponenten (Ständer und Spindelkasten) der DemoBAZ nur geringen Einfluss auf das statische und dynamische Verhalten am TCP haben. Steifigkeitsmindernde Elemente im Bereich von Koppelstellen, die im direkten Kraftfluss liegen, haben hingegen signifikante negative Auswirkungen, die positive Werkstoffeffekte verstärken, aber auch aufheben können. Zudem konnte als zentraler Konstruktionshinweis folgende Formulierung abgeleitet werden:

Bei Metallwerkstoffen so wenig Material wie nötig einsetzen, bei Betonwerkstoffen hingegen so viel Material wie möglich.

Die Ergebnisse aus der simulationsgestützten Analyse wurden im Nachgang anhand umfassender messtechnischer Untersuchungen validiert. Darüber hinaus konnte durch erstmalig durchgeführte Dauerschwingversuche an einer Maschinenbaugruppe nachgewiesen werden, dass die Ergebnisse der dynamischen Dauerlastversuche in die praktische Anwendung bei Maschinenbauteilen übertragbar sind. Weiterhin wurde gezeigt, dass die Anwendung des entwickelten methodischen Vorgehens zu besseren Konstruktionsergebnissen führt im Vergleich zur Nicht-Anwendung der Methodik. Die erarbeiteten Ergebnisse tragen somit zu einer besseren Einschätzung der Verwendbarkeit von Zementbeton in Werkzeugmaschinen bei. Der konkrete Nutzen muss allerdings immer im Einzelfall bewertet werden.

Insgesamt sind mit den aufwändigen methodischen und versuchstechnischen Arbeiten nicht nur Forschungslücken adressiert worden, sondern auch praktisch verwertbare Ergebnisse für die Auslegung von Beton-Komponenten im Maschinenbau erarbeitet worden.

Ausblick

Outlook

Ein wichtiges Eigenschaftsfeld für zukünftige Forschungen zur Anwendung von Zementbeton in Werkzeugmaschinen stellt das thermische Verhalten dar, welches in dieser Arbeit nicht fokussiert betrachtet wurde. Durch hohe Wärmespeicherkapazitäten und geringe thermische Leitfähigkeit ergeben sich sowohl potentiell positive als auch negative Einflüsse von Beton auf das thermische Maschinenverhalten, wie im Stand der Technik angedeutet. Untersuchungen bzgl. Methoden und Konstruktionsstrategien sowie deren Auswirkungen können hier das Verständnis und die Abschätzung der Anwendbarkeit des Werkstoffs Zementbeton in Werkzeugmaschinen weiter vorantreiben. Dies kann analog zur in dieser Arbeit erforschten Systematik für die Statik und Dynamik erfolgen. Gleiches gilt für die Themenbereiche Maßhaltigkeit und chemische Beständigkeit. Beispielsweise ist die Maßhaltigkeit durch werkstoffseitige Verbesserung oder konstruktive Gestaltung der Bauteile genauso zu untersuchen, wie äußere Einflüsse und die chemische Beständigkeit. Hierbei ist insbesondere eine Prüfmethodik mit den für Werkzeugmaschinen erforderlichen Messgenauigkeiten im Bereich von wenigen µm/m und die Betrachtung an realen Bauteilen von Werkzeugmaschinen anzustreben.

Weiterer Forschungsbedarf ergibt sich im Bereich der Koppelstellenausführungen in Bezug auf das dynamische Verhalten unter wechselnder dynamischer Belastung, die im Rahmen dieser Arbeit als kritische Faktoren ermittelt wurden. Auch die Auswirkungen unterschiedlicher Materialmischungen auf die Schalungskonstruktion bieten Potential für weitere Forschungstätigkeiten.

Weiterhin kann die entwickelte Methodik zur Untersuchung und Analyse von dynamischer Wechseldauerbelastung bei hohen Frequenzen von Betonwerkstoffen auch für andere Mischungszusammensetzungen eingesetzt werden. Dies betrifft Polymerbeton sowie aktuelle und zukünftige neue Materialmischungen (z. B. Biopolymere etc.). Auf diese Weise wird die Hürde für den Einsatz neuer alternativer Materialien in Werkzeugmaschinen signifikant gesenkt.

Summary and Outlook

Summary

Cement concrete offers some positive characteristics as an alternative material for structural components of machine tools such as high material damping, great freedom in design and lower material costs compared to steel. Occasionally, this material is already used for machine beds. However, uncertainties and lack of research regarding the characteristics under high dynamic conditions and regarding the targeted material-specific design constrain a broader application of cement concrete as well as the application in moving dynamically loaded structural parts.

The methodical procedure developed in this work offers the possibility to a material-specific and efficient layout and design for dynamically loaded parts of machine tools made of cement concrete. First, the requirements at the machine parts have to be determined systematically for the parts as well as for the material. For this, simulation-based or measurement-based investigation methods are applicable to characterize the machine tools. Additionally, research-based or findings based on experience can be used to complete the requirements. The systematically developed methodical procedure to determine the requirements regarding the machine parts was successfully applied to and verified for the miniature machine DemoBAZ and the milling machine FZ12WM.

Regarding the requirements for the material, this work focuses on the continuous alternating dynamic load of concrete material at high frequencies in the range of 300 to 550 Hz. The resonance test bench DynaForce and the program for controlling the test bench were improved. To systematically and comparable evaluation of the experiments under continuous alternate loads a classification mode with three different categories has been introduced and applied. The analysis of the results with differently treated concrete samples shows, that the fatigue strength of heat-treated/autoclaved UHPC is located at around 40% of the static centric tensile strength. This is consistent with the state of the art for lower frequency ranges. Significant dependencies of the fatigue load on the used post-treatment or the local frequency range of the load couldn't be detected. However, to be on the safe side regarding the design it is recommended to use a limit of 30% to 36% of the static centric tensile strength, because of the large dispersion of the experiments.

Based on the determined requirements and boundary conditions for the use of cement concrete in moving dynamically loaded structural components, design strategies for machines parts made of cement concrete were derived. These were summarized in a methodical procedure for a targeted and material-specific design. Afterwards, the procedure has been applied to the miniature machine DemoBAZ in a simulation model. Therefore, different variants of the parts have been designed and analyzed. It was found that the effect of different design strategies of the moving structural components (column and spindle-case) of the DemoBAZ on the static and dynamic behavior at the TCP is low. However, elements which lower the stiffness in the area of coupling points in the direct force flux have significant effects, which can strengthen positive effects of the material but also compensate them. Additionally, following formulation could be derived as a central design instruction:

As little material as necessary should be used for metal materials, whereas as much material as possible should be used for concrete materials.

Afterwards, the results from the simulation-based analysis could be validated by extensive measurement-based investigations. Additionally, for the first time experiments under continuous alternating loads on a machine assembly were conducted. It could be proved that the results of the dynamic experiments on the test bench are transferable to the practical application in parts of machine tools. Furthermore, it was shown that the application of the developed methodical procedure leads to better design results than without the methodic procedure. Therefore, the obtained findings contribute to a better assessment of the usability of cement concrete in machine tools. The final decision about the real benefit of using this material has to be made separately for each use case.

In total, not only research gaps have been addressed by the elaborate methodical and experimental work but also practically usable results for the design of machine parts made of concrete have been found.

Outlook

An important field of characteristics for further research regarding the application of cement concrete in machine tools is the thermal behavior, which was not focused in this work. High heat storage capacities and low thermal conductivity can have both positive and negative influences of concrete on the thermal behavior, as indicated in the state of the art. Investigations regarding methods and design strategies as well as their effects could improve the understanding and the evaluation of the usability of cement concrete in machine tools. This can be done analogously to the systematic approach for the static and dynamic behavior used in this work. The same applies to dimensional stability and chemical resistance. For example, the dimensional stability has to be investigated regarding improvements in the material mixtures as well as the influences from the environment and chemical resistance. In particular, a test methodology with the measuring accuracies required for machine tools in the range of a few µm/m and the consideration of real machine tool components should be aimed for.

Further need for research results from the importance of the design of coupling points regarding the dynamic behavior under alternating dynamic loads, that was identified as critical in this work. Furthermore, exploring the impact of various material mixtures on the design of the formwork offers opportunities for further research.

Additionally, the developed method to investigate and analysis of continuous dynamic alternating loads at high frequencies for concrete materials can be applied to different material mixtures. This applies for polymer concrete as well as new future material mixtures (e. g. bio polymers etc.). This significantly lowers the obstacles for the application of new alternate materials in machine tools.

9 Literaturverzeichnis

References

[ABDI78a] Abdin SZ, Shenoy RK, Visveswaran M. E.: Investigation on Granite as a Material for Metrology Aids. In: Annals of the CIRP. 27. Jg., 1978, Nr. 1. S. 377–381

[ABDI78b] Abdin, S. Z.; Shenoy, R. K.; Visveswaran, M. E.: Investigation on Granite as a Material for Metrology Aids. In: Annals of the CIRP. 27. Jg., 1978, Nr. 1. S. 377–381

[ADAM99] Adams, V.; Askenazi, A.: Building Better Products with Finite Element Analysis, 1999

[AHLE15] Ahlers, C. K.-J. (Hrsg.): Taschenbuch der Werkzeugmaschinen. München: Carl-Hanser Verlag, 2015

[ALLE14] Allemang, R. J.; Phillips, A. W.: The Unified Matrix Polynomial Approach to Understanding Modal Parameter Estimation: An Update. In: Proc. of Int. Conf. on Noise and Vibration (ISMA)

[ANDE07] Anders, S.; Lohaus, L.: Polymer- und fasermodifizierte Hochleistungsbetone für hoch-dynamisch beanspruchte Verbindungen wie "Grouted Joints" bei Windenergieanlagen, 2007

[ARGY86] Argyris, J.; Miejnek, H.: Die Methode der finiten Elemente. Wiesbaden: Vieweg, 1986

[ASBE97] Asbeck, J.: Automatisierter Entwurf mechanisch optimaler Bauteile durch Integration von CAD und Strukturoptimierung. Dissertation RWTH Aachen, 1997

[ASTM03] ASTM (2003). Standard Test Method for Tensile Strength of Chemical-Resistant Mortar, Grouts, and Monolithic Surfacings

[ATES13] Ates, E.; Gerger, M. N.: Usability of Polymer Concrete as a Machine-Making Material Regarding Fatigue Strength. In: World Journal of Engineering and Technology. 1. Jg., 2013, Nr. 3. S. 59–64

[BAI09] Bai, W.; Zhang, J.; Yan, P.; Wang, X.: Study on vibration alleviating properties of glass fiber reinforced polymer concrete through orthogonal tests. In: Materials & Design. 30. Jg., 2009, Nr. 4. S. 1417–1421

[BANE22] Banerji, S.; Kodur, V.: Effect of temperature on mechanical properties of ultra-high performance concrete. In: Fire and Materials. 46. Jg., 2022, Nr. 1. S. 287–301

[BÄR07] Bär, J.: Einsatz ausgewählter Polymerwerkstoffe im Werkzeugmaschinenbau. Dissertation Universität Magdeburg, 2007

[BART93] Barth, T.: Modell zur Beschreibung mechanischer Kurzzeitkennwerte des Werkstoffs Reaktionsharzbeton. Dissertation Technische Hochschule Darmstadt, 1993

[BATE08] Bates, C.: Rock-Solid Machine Bases. In: American Machinist

[BATH86] Bathe, K. J.: Finite-Elemente-Methode. Berlin, Heidelberg: Springer, 1986

[BAZA15] Bazant, Z. P.; RILEM TC-242-MDC: RILEM Draft Recommendation: TC-242-MDC Multi-Decade Creep and Shrinkage of Concrete: Material Model and Structural Analy-sis. Model B4 for Creep, Drying Shrinkage and Autogenous Shrinkage of Normal and High-Strength Concretes with Multi-Decade Applicability. In: Materials and Structures (RILEM). 48. Jg., 2015, Nr. 4. S. 753–770

[BECK71] Beckenbauer, K.: Möglichkeiten zur Verringerung der Ratterneigung an spanenden Werkzeugmaschinen. In: Aachener VDW-Konstrukteur-Arbeitstagung. Aachen, N.N.1971

[BEDE16] Bede, N.; Kozar, I.: Determination of Dynamic Modulus of Elasticity for Concrete by Impact Hammer. Rijeka, Croatia, 2016

[BEDI13] Bedi, R.; Chandra, R.; Singh, S. P.: Mechanical Properties of Polymer Concrete. In: Journal of Composites. 2013. Jg., 2013. S. 1–12

[BERG18] Berger, M.: Einsatz von ultrahochfestem Beton als Alternative zu Stahl in Primärstrukturen von Werkzeugmaschinen. Dissertation TU Darmstadt, 2018

[BÖGE10] Bögel, S.; Reitz, E.: Maschinen aus Beton. Bögel Reitz GmbH, 2010

[BÖGL10] Bögl, S.; Reitz, E.: Hipercon - Maschinen aus Beton. Asslar, 2010

[BORN01] Bornemann, R.; Schmidt, M.; Fehling, E.; Middendorf, B.: Ultra-Hochleistungsbeton UHPC – Herstellung, Eigenschaften und Anwendungsmöglichkeiten. In: Beton- und Stahlbetonbau. 96. Jg., 2001, Nr. 7. S. 458–467

[BRAM04] Brameshuber, W.: Selbstverdichtender Beton. (Reihe: Schriftenreihe Spezialbetone. Bd. 5). Düsseldorf: Verlag Bau und Technik, 2004

[BRAM16] Brameshuber, W.: Beton – Ausgangsstoffe und Eigenschaften. Vorlesungsskript Bau-stoffkunde 2 BSK 2 BB, Bauingenieurwesen (2. Semester) RWTH Aachen, 2016

[BREC07a] Brecher, C.; Kunc, M.; Wolf, G.; Quack, U.: Vergleichende Untersuchung und Simulation von Strukturbauteilen mit innen belassenen Sandkernen. In: Gießerei. 94. Jg., 2007, Nr. 7. S. 18–30

[BREC07b] Brecher, C.; Kunc, M.: Statisches und dynamisches Verhalten von Strukturbauteilen mit mineralischen Füllstoffen. In: ZWF. 102. Jg., 2007, Nr. 7. S. 472–475

[BREC10a] Brecher, C.; Kunc, M.; Klein, W. H.: Relevante Dämpfungseffekte in Strukturbauteilen für Werkzeugmaschinen. In: ZWF. 105 (2010). Jg., 2010, Nr. ZW110361. S. 1–5

[BREC10b] Brecher C, Utsch P, Klar R, Wenzel, C.: Compact Design for High Precision Machine Tools. In: International Journal of Machine Tools and Manufacture. 50. Jg., 2010. S. 328–334

[BREC13] Brecher, C.; Fey, M.; Bäumler, S.: Damping models for machine tool components of linear axes. In: CIRP Annals - Manufacturing Technology. 62. Jg., 2013, Nr. 1. S. 399–402

[BREC14] Brecher, C.; Fey, M.; Habermann, R.: Comparison of damping properties of spindle bearings. In: Proceedings of 16th International Conference on Machine Design and Production, 2014

[BREC15] Brecher, C.: Einsatz von Zementbeton in Werkzeugmaschinen. In: Werkstatttechnik. 105. Jg., 2015, Nr. H.5. S. 269–274

[BREC16] Brecher, C.; Jasper, D.; Schmidt, S.; Fey, M.: Methodik zur Ermittlung der Schraubenzusatzkräfte von Schraubenverbindungen. In: Konstruktion - Zeitschrift für Produktentwicklung und Ingenieur-Werkstoffe, 2016, Nr. 6. S. 78–82

[BREC17a] Brecher, C.; Weck, M.: Werkzeugmaschinen Fertigungssysteme 2. (Reihe: VDI-Buch). Berlin, Heidelberg: Springer Berlin Heidelberg, 2017

[BREC17b] Brecher, C.; Schmidt, S.; Jasper, D.; Neunzig, C.; Fey, M.: Alternativer Werkstoff für stabile Maschinen. In: maschinenmarkt, 2017, Nr. 20. S. 42–45

[BREC17c] Brecher, C.; Schmidt, S.; Jasper, D.; Neunzig, C.; Fey, M.: Zementbetone für Maschinenkomponenten unter hochfrequenter Wechsellast. In: VDI-Z. 159. Jg., 2017, Nr. 6. S. 44–47

[BREC17d] Brecher, C.; Jasper, D.; Schmidt, S.; Neunzig, C.: Statische und dynamische Koppelstellenkräfte in Werkzeugmaschinen zur Auslegung von Beton-Gestellbauteilen. In: Konstruktion - Zeitschrift für Produktentwicklung und Ingenieur-Werkstoffe, 2017, Nr. 4. S. 72–77

[BREC19] Brecher, C.; Weck, M.: Werkzeugmaschinen Fertigungssysteme 1. (Reihe: VDI-Buch). 9 // 9. Aufl. 2019. Aufl. Berlin, Heidelberg: Springer; Springer Berlin Heidelberg, 2019 // 2018

[BREI07] Breitenbücher, R.; Ibuk, H.; Osterminski, K.: Veränderung der Steifigkeit und des Dehnungsverhaltens von Normalbeton bei zyklischer Druckschwellenbeanspruchung mit Ruhepausen. In: Beton- und Stahlbetonbau. 102. Jg., 2007, Nr. 2. S. 80–87

[BREI12] Breitenbücher, R.: Herstellung und Eigenschaften von Stahlfaserbeton. In Universität der Bundeswehr München (Hrsg.): Festschrift zum 60. Geburtstag von Univ.-Prof. Dr.-Ing. Manfred Keuser. (Reihe: Schriftenreihe Berichte aus dem konstruktiven Ingeni-eurbau. Bd. 4). Neubiberg, 2012

[BREM92] Bremer, H.; Pfeiffer, F.: Elastische Mehrkörpersysteme. Stuttgart: Teubner, 1992

[BRON00] Bronstein, I. N.; Semendjajew, K. A.: Taschenbuch der Mathematik. 5. Aufl. Frankfurt: Harri Deutsch, 2000

[BRUN06] Bruni, C.; Forcellese, A.; Gabrielli, M.; Simoncini, M.: Effect of the lubrication-cooling technique, insert technology and machine bed material on the workpart surface finish and tool wear in finish turning of AISI 420B. In: International Journal of Machine Tools and Manufacture. 46. Jg., 2006, Nr. 12. S. 1547–1554

[BRUN08] Bruni, C.; Forcellese, A.; Gabrielli, M.; Simoncini, M.: Hard turning of an alloy steel on a machine tool with a polymer concrete bed. In: Journal of Materials Processing Technology. 202. Jg., 2008, Nr. 1. S. 493–499

[BUCH84] Buchholz, W.: Anwendungen von Polymerbeton im Maschinenbau. In: IPIC '84 - Vierter Internationaler Kongress Polymere und Beton. Darmstadt, 19.-21. September. Technische Hochschule Darmstadt (Veranst.). S. 125–127

[BUCK73] Buck, K.; Scharpf, D.; Stein, E.; Wunderlich, W.: Finite Elementein der Statik. Berlin, München, Düsseldorf: Wilhelm Ernst & Sohn, 1973

[BUNK91] Bunke, N.: Prüfung von Beton: Empfehlungen und Hinweise als Ergänzung zu DIN 1048. (Reihe: Schriftenreihe des Deutschen Ausschusses für Stahlbeton. Bd. 422). Berlin: Beuth Verlag GmbH, 1991

[CARI84] Carino, N. J.; Snsalone, M.: Pulse-echo method for flaw detection in concrete. Washington DC, 1984

[CEB88] CEB; Comite Euro-International du Beton: Fatigue of Concrete Structures: State of the Art Report. Lausanne, 1988

[CHO11] Cho, S.-K.; Kim, H.-J.; Chang, S.-H.: The application of polymer composites to the table-top machine tool components for higher stiffness and reduced weight. In: Composite Structures. 93. Jg., 2011, Nr. 2. S. 492–501

[COOK81] Cook, R.: Concepts and Applications of Finite Element Analysis. New York, London: John Wiley & Sons Inc, 1981

[CORN81] Cornelissen, H.; Timmers, G.: Fatigue of Plain Concrete in Uniaxial Tension and in Alternating Tension-Compression Experiment and Results. Report Nr. 5-81-7 Delft University of Technology, 1981

[CORN84a] Cornelissen, H.: Fatigue Failure of Concrete in Tension. In: Heron. 29. Jg., 1984, Nr. 4

[CORN84b] Cornelissen, H.: Constant-amplitude tests on plain concrete in uniaxial tension and tension-compression. Report Stevin Laboratory, Concrete Structures 5-84-1 Delft University of Technology, 1984

[CORN84c] Cornelissen, H.; Reinhardt, H. W.: Uniaxial Tensile Fatigue Failure of Concrete Under Constant-Amplitude and Programme Loading. In: Magazine of Concrete Re-search. 36. Jg., 1984, Nr. 129. S. 216–226

[CRAI68] Craig, R.; Bampton, M.: Coupling of substructures for dynamic analyses. In: AIAA Journal. 6. Jg., 1968, Nr. 7. S. 1313–1319

[DEBR82] deBruin, W.: Dimensional Stability of Materials for Metrological and Structural Applications. In: Annals of the CIRP. 31. Jg., 1982, Nr. 2. S. 553–560

[DEUS09] Deuse, T.: Von der Mirkodur- zur Nanodur-Technologie. In: BFT international. 75. Jg., 2009, Nr. 5

[DEUS12a] Deuse, T.; Sagmeister, B.: Anwendung von UHPC auf Basis eines Spezialbindemittels in Bautechnik und Maschinenbau. In: Betonwerk International BWI. 15. Jg., 2012, Nr. 1. S. 34–40

[DEUS12b] Deuse, T.: Hochleistungsbeton für Alle. Nanotechnologische optimierter, langlebiger, energieeffizienter und insbesondere anwendungs-freundlicher Hochleistungsbeton. Wiesbaden, 2012. NanoTecture: Erschließung höherer Ressourcen-/Energieeinspar- und Leistungspotenziale sowie neuer Funktionalitäten

[DEUS14] Deuse, T.; Ritter, W.; Drössler, C.; Drössler, T.: Hochleistungsbeton mit Klebeverbindung. In: BetonWerk International, 2014, Nr. 6. S. 52–59

[DEUS18] Deuse, T.; Mutke, S.; Parker, F.; Qvaeschning, D.; Wulff, M.: Nanotechnisch optimierte Bindemittel für die Herstellung von anwendungsfreundlichem Hochleistungsbeton Teil 1. In: beton. 68. Jg., 2018, Nr. 6. S. 2–10

[DEUS19] Deuse, T.; Mutke, S.; Parker, F.; Qvaeschning, D.; Wulff, M.: Nanotechnisch opitmierte Bindemittel für die Herstellung von anwendungsfreundlichem Hochleistungsbeton Teil 2. In: beton. 69. Jg., 2019, Nr. 1. S. 11–20

[DEUT20] Deutscher, M.; Tran, N. L.; Scheerer, S.: Experimental Investigations on Temperature Generation and Release of Ultra-High Performance Concrete during Fatigue Tests. In: Applied Sciences. 10. Jg., 2020, Nr. 17. S. 5845

[DEUT23] Deutscher, M.: Berücksichtigung von Temperaturfeldern bei Ermüdungsversuchen an UHPC. Dissertation TU Dresden, 07.03.2023

[DEY84] Dey, H. J.: Geklebte Verbindungen an Werkzeugmaschinengestellen aus Reaktionsharzbeton. In: IPIC '84 - Vierter Internationaler Kongress Polymere und Beton. Darmstadt, 19.-21. September. Technische Hochschule Darmstadt (Veranst.). S. 129–133

[DEY91] Dey, H. J.: Das Verformungs- und Bruchverhalten von Reaktionsharzbeton und die Auswirkungen auf Maschinenbauteile. Dissertation Technische Hochschule Darmstadt, 1991

[DIN03] DIN DIN 8580 (2003). Fertigungsverfahren - Begriffe, Einteilung

[DIN14] EN 206:2014-07 (2014). Beton-Festlegung, Eigenschaften, Herstellung und Konformität

[DIN21] DIN DIN EN 12390 (2021). Prüfung von Festbeton

[DIN22] DIN 50100:2022-12 (2022). Schwingfestigkeitsversuch - Durchführung und Auswertung von zyklischen Versuchen mit konstanter Lastamplitude für metallische Werkstoffproben und Bauteile

[DIN78] DIN DIN 50100:1978-02 (1978). Werkstoffprüfung; Dauerschwingversuch, Begriffe, Zeichen, Durchführung, Auswertung (zurückgezogen)

[DIN91] DIN DIN 1048-5:1991-06 (1991). Prüfverfahren für Beton, Festbeton, gesondert hergestellte Probekörper

[DO93] Do, M. T.; Chaalal, O.; Aitcin, P.-C.: Fatigue Behavior of High Performance Concrete. In: Journal of Materials in Civil Engineering. 5. Jg., 1993, Nr. 1. S. 96–111

[DOHM04]Dohmeyer: BST-F4-Beton. URL: http://www.unics.uni-hannover.de/tarsb/baustoffkunde/BST-F4-Beton.pdf

[DREY66] Dreyer, W. F.: Über die Steifigkeit von Werkzeugmaschinenständern und vergleichende Untersuchungen an Modellen. Disseration RWTH Aachen, 1966

[DUCA03] Ducatti, V. A.; Lintz, R.; Santos, J. d.: Comparative study with alternative materials for manufacture of machine tool structures. In: Proceedings of COBEM 2003. So Paulo, 10-14 November

[DUCR14] ducrete GmbH: Präzision durch Beton. In: Maschine und Werkzeug. 2014. Jg., 2014, Nr. Sonderdruck März

[DUCR15] ducrete GmbH: Massive Maschinenbetten aus NANODUR Beton. Limburg, 2015. Firmenschrift

[DUNA20a] Dunaj, P.; Berczyński, S.; Marcin Chodzko: Method of modeling steel-polymer concrete frames for machine tools. In: Composite Structures. 242. Jg., 2020

[DUNA20b] Dunaj, P.; Powałka, B.; Berczyński, S.; Chodźko, M.; Okulik, T.: Increasing lathe machining stability by using a composite steel–polymer concrete frame. In: CIRP Journal of Manufacturing Science and Technology. 31. Jg., 2020. S. 1–13

[DURC25] Durcrete: Firmenwebsite. URL: https://www.durcrete.de/

[DYDU94] Dyduch, K.; Szerszen, M.; Destrebecq, J.-F.: Experimental investigation of the fatigue strength of plain concrete under high compressive loading. In: Materials and Struc-tures (Rilem). 27. Jg., 1994, Nr. 173. S. 505–509

[ECKS87] Eckstein, R.: Beurteilung der statischen Last-Verformungseigenschaften von Werkzeugmaschinen mit Hilfe der quasistatischen Meßtechnik. Dissertation RWTH Aachen, 1987

[ELO11] ELO Elementbau Osthessen: Firmenbroschüre UHPC – Ein Hightech-Baustoff für die Zukunft, 2011

[ENKE82] Enke, C.: Polymerbeton ersetzt Stahlbeton und Grauguß im Maschinenbau. In: Maschine. 36. Jg., 1982, Nr. 10. S. 32–34

[ENKE84] Enke, C.; VDI: Polymerbeton im Maschinenbau : Neuere Ergebnisse aus For-schung und Praxis. In: Die Maschine. 38. Jg., 1984, Nr. 6. S. 25–26

[EURO11] Eurocode 2 = EC 2-Reihe DIN EN1992 (2011). Bemessung und Konstruktion von Hoch- und Ingenieurbauten aus Beton, Stahlbeton und Spannbeton

[EWIN00] Ewins, D. J.: Modal testing. (Reihe: Mechanical engineering research studies. Engineering dynamics series. Bd. 10). 2. Aufl. Baldock, Hertfordshire, England, Philadelphia: PA: Research Studies Press, 2000

[FEHL05] Fehling, E.; Schmidt, E.; Teichmann, T.; Bunje, K.; Bornemann, R.; Middendorf, B.: Entwicklung, Dauerhaftigkeit und Berechnung Ultrahochfester Betone (UHPC), Universität Kassel. Kassel, 2005

[FEHL08] Fehling, E.; Schmidt, M.; Stürwald, S. (Hrsg.): Proceedings of the Second International Symposium on Ultra High Performance Concrete. (Reihe: Baustoffe und Massivbau. Bd. 10). Kassel: Unidruckerei University of Kassel, 2008

[FEHL16] Fehling, E.; Middendorf, B.; Thiemicke, J.: Ultra High Performance Concrete and High Performance Construction Materials, Proceedings of HiPerMat. In: 4th International Symposium on Ultra-High Performance Concrete and High Performance Construction Materials. Kassel

[FELD13] Feldhusen, J.; Grote, K.-H.: Methoden und Anwendung erfolgreicher Produktentwicklung. Berlin, Heidelberg: Springer, 2013

[FERD20] Ferdous, W.; Manalo, A.; Wong, H. S.; Abousnina, R.; AlAjarmeh, O. S.; ZHuge, Y.; Schubel, P.: Opotimal design for epoxy polymer concrete based on mechanical properties and durability aspects. In: Construction and Building Materials. 232. Jg., 2020

[FEY15] Fey, M.: Identifikation geeigneter parametrierter Dämpfungsmodelle für Komponenten einer Linearachse. Dissertation RWTH Aachen, 2015

[FITI12] Fitik, B.: Ermüdungsverhalten von ultrahochfestem Beton (UHPC) bei zyklischen Beanspruchungen im Druck-Zug-Wechselbereich. Dissertation Technische Universität München, 2012

[FLOH14] Flohr, A.; Dimmig-Osburg, A.; Hahn, C.; Theska, R.: Funktionsfertige urgeformte Betonbauteile für den Präzisionsmaschinenbau. In: BWI Betonwerk International, 2014, Nr. 6. S. 44–51

[FRAM13] Framag Industrieanlagen: Hydropol Light/Hydropol Superlight - Wir dämpfen dort, wo Schwingungen entstehen. Frankenburg, 2013

[FRAM15] Framag Industrieanlagen: Schwingungsdämpfende Strukturbauteile. In: x-Technik Fertigungstechnik, 2015, Nr. 2. S. 104–105

[FRAM17] Framag Industrieanlagen: Hydropol - Der optimierte Verbundwerkstoff für Maschinenbetten. Frankenburg, 2017

[GADD16] Gadd, K.: TRIZ für Ingenieure. 1. Aufl. Weinheim: Wiley, 2016

[GALL76] Gallagher, R.: Finite-Elemente-Analysis. Berlin, Heidelberg, s.l.: Springer, 1976

[GERL89] Gerloff, H.: Beitrag zum Einsatz von Reaktionsharzen in Werkzeugmaschinen. Dissertation Technische Universität Braunschweig, 1989

[GHAS20] Ghassemi, P.; Toufigh, V.: Durability of epoxy polymer and ordinary cement concrete in aggressive environments. In: Construction and Building Materials. 234. Jg., 2020. S. 117887

[GIEL06] Gieler, R. P.; Dimmig-Osburg, A.: Kunststoffe für den Bautenschutz und die Betonin-standsetzung : Der Baustoff als Werkstoff. Basel: Birkhäuser, 2006

[GROS07] Gross, D.: Bruchmechanik. 3. Aufl. Berlin: Springer, 2007

[GROß10] Großmann, K.; Rudolph, H.; Brecher, C.; Fey, M.; Zäh. M.F.; Niehues, K.; Schwarz, S.: Dämpfungseffekte in Werkzeugmaschinen. In: ZWF. 105. Jg., 2010, Nr. 7. S. 676–680

[GROT12] Grotz A.: Natü rliches Hartgestein als Basis fuür hochdynamische Positionier- und Bewegungssysteme. In: Proceedings Wangener Maschinen Tage. Wangen, 09.-10.05.2012

[GRÜB01] Grübl, P.; Weigler, H.; Karl, S.: Beton. (Reihe: Handbuch für Beton-, Stahlbeton- und Spannbetonbau). 2. Aufl. Aufl. Berlin: Ernst & Sohn, 2001

[GRUB03] Grube, H.: Definition der verschiedenen Schwindarten, Ursachen, Größe der Verfor-mungen und baupraktische Bedeutung. In: beton. 53. Jg., 2003, Nr. 12. S. 598–603

[GRÜB89] Grübl, P.: Anforderungen an Polymerbeton, Eigenschaften und Verarbeitung. Zürich : Internationale Vereinigung für Brückenbau und Hochbau. In: IABSE Reports Vol. 57/1 (1989). Lisbon, 06.09-08.09.1989. S. 181–186

[HAAR16] Haar von der, C.; Marx, S.: Untersuchungen zur Steifigkeit und Ultraschallgeschwin-digkeit dynamisch beanspruchter Betonproben. In: Beton- und Stahlbetonbau. 111. Jg., 2016, Nr. 3. S. 141–148

[HADD13] Haddad, H.; Kobaisi, M.: Influence of moisture content on the thermal and mechanical properties and curing behavior of polymeric matrix and polymer concrete composite. In: Materials & Design. 49. Jg., 2013. S. 850–856

[HAHM13] Hahm, C.; Theska, R.; John, K.; Flohr, A.; Dimmig-Osburg, A.: Concrete based parts for high precision applications. In: Proceedings of the 13th International Conference of the European Society for Precision Engineering and Nanotechnology. European Society for Precision Engineering and Nanotechnology (Veranst.). S. 171–174

[HATA20] Hatala, M.; Dupláková, D.; Duplák, J.; Goldyniak, D.; Kužma, J.: New Trends of Mineral Composite Application in the Production of CNC Machine Tools. In: TEM Journal, 2020. S. 977–982

[HE01] He, J.; Fu, Z.-F.: Modal analysis. Oxford, Boston: Butterworth-Heinemann, 2001

[HEEK16] Heek, P.; Mark, P.: Zur Ermüdung von Beton und Stahlfaserbeton. WÖHLERlinien unter Berücksichtigung spannungs- und materialabhängiger Duktilität. In: Beton- und Stahlbetonbau. 111. Jg., 2016, Nr. 4. S. 221–232

[HEHE11] Hehenberger, P.: Computerunterstütze Fertigung – Eine kompakte Einführung. Berlin, Heidelberg: Springer, 2011

[HEID14] HeidelbergCement AG: Betontechnische Daten. Leimen, 2014

[HERB85] Herberg, F.: Einsatz von Klebemitteln und Füllstoffen zur Verbesserung der statischen und dynamischen Eigenschaften verschraubter Fügestellen. In: VDW-Bericht, 1985, Nr. 140

[HERM16] Hermansky, D.; Marek, J.: Steel-concrete Composite Material in CNC Machine Tool Structures. In: Acta Mechanica Slovaca. 20. Jg., 2016, Nr. 2

[HERM95a] Hermann, K.: Chemikalien, die auf Beton wirken. In: Cementbulletin, 1995, Nr. 12

[HERM95b] Hermann, K.: Stoffe, die chemisch auf Beton einwirken. In: Cementbulletin, 1995, Nr. 11

[HERR08] Herrnkind, V.; Scholz, S. G.: Berücksichtigung des Einflusses der unterschiedlichen Lagerungsarten „trocken“ und „feucht“ auf die Ergebnisse der Druckfestigkeitsprüfung. In: beton. 58. Jg., 2008, Nr. 4. S. 164–167

[HILS66] Hilsdorf, H. K.; Kesler, C. E.: Fatigue Strength of Concrete Under Varying Flexural Stresses. In: Journal of the ACI. 63. Jg., 1966, Nr. 10. S. 1059–1076

[HIPK16] Hipke, T.; Schneider, F.: Abschlussbericht zum Forschungsprojekt - Dämpfungsmessung an Stahlporfilen mit unterschiedlichen Füllstoffen. Chemnitz, 2016

[HOHB04] Hohberg, R.: Zum Ermüdungsverhalten von Beton. URL: https://opus4.kobv.de/opus4-tuberlin/files/722/hohberg_ralph.pdf

[HOLM79] Holmen, J. O.: Fatigue of Concrete by Constant and Variable Amplitude Loading University of Trondheim, 1979

[HORD91] Hordijk, D. A.: Local approach to fatigue of concrete. Dissertation University of Technology Delft, 1991

[HORD92] Hordijk, D. A.: Tensile and tensile fatigue behaviour of concrete; experiments, modelling and analyses. In: Heron. 37. Jg., 1992, Nr. 1. S. 1–79

[HSU 63] Hsu T. T. C.; Slate, F.; Sturman, G.; Winter, G.: Microcraking of plain concrete and the shape of the stress-strain curve. In: Journal of the American Concrete Institute. 60. Jg., 1963. S. 209–224

[HSU81] Hsu, T.: Fatigue of Plain Concrete. In: Journal of ACI. 78. Jg., 1981, Nr. 4. S. 292–305

[HUAN10] Huang, X.; Xie, Y. M.: Evolutionary topology optimization of continuum structures with an additional displacement constraint. In: Structural and Multidisciplinary Optimization, 2010

[HÜMM16] Hümme, J.; Haar von der, C. Lohaus, L.; Marx, S.: Fatigue Behaviour of a Normal-Strength Concrete - Number of Cycles to Failure and Strain Development. In: Structural Concrete. 17. Jg., 2016, Nr. 4. S. 637–645

[HUO 10] Huo D, Cheng K, Wardle F.: A Holistic Integrated Dynamic Design and Modelling Approach Applied to the Development of Ultraprecision Micro-Mill- ing Machines. In: International Journal of Machine Tools and Manufacture. 50. Jg., 2010. S. 335–343

[IBM 88] IBM Corporation: CAEDS Test Data Analysis. New York, USA, 1988

[IBUK10] Ibuk, H.: Ermüdungsverhalten von Beton unter Druckschwellbelastung. Dissertation Ruhr-Universität Bochum, 2010

[IGLE22] Iglesias, A.; Taner Tunç, L.; Özsahin, O.; Franco, O.; Munoa, J.; Budak, E.: Alternative experimental methods for machine tool dynamics identification: A review. In: Mechanical Systems and Signal Processing. 170. Jg., 2022. S. 108837

[ISIN01] Ising, M.: System zur sicherheitsgerechten Konstruktion von Werkzeugmaschinen. Dissertation Technische Universität Berlin, 2001

[JACK14] Jackisch, U.-V.; Neumann, M.: Maschinengestelle für hochdynamische Produktionstechnik. (Reihe: Die Bibliothek der Technik. Bd. 365). Landsberg am Lech: Verl. moderne Industrie, 2014

[JACK15] Jackisch, U.-V.: Mineralguss für den Maschinenbau. (Reihe: Die Bibliothek der Technik. Bd. 231). 2. Aufl. München: Verl. moderne Industrie, 2015

[JOHN08] John, S. P.: A Study of Static and Dynamic Modulus of Elasticity of Concrete, 2008

[KACH22] Kachkouch, F. Z.; Noberto, C. C.; Albuquerque Lima Babadopulos, L. F. de; Melo, A. R. S.; Machado, A. M. L.; Sebaibi, N.; Boukhelf, F.; El Mendili, Y.: Fatigue behavior of concrete: A literature review on the main relevant parameters. In: Construction and Building Materials. 338. Jg., 2022. S. 127510

[KALT17] Kalthoff, M.: Einfluss betontechnologischer Parameter sowie der Nachbehandlung auf das Ermüdungsverhalten von zementgebundenen Betonen bei hochfrequenter Wechsellastbeanspruchung. Masterarbeit RWTH Aachen, 2017

[KALT18] Kalthoff, M.; Gilleßen, F.; Raupach, M.; Schmidt, S.; Kiesewetter-Marko, C.; Brecher, C.: Einfluss der Prüfkörpergeometrie auf das Zugtragverhalten von zementgebundenen Betonen. In. Weimar, 12.-14.09.2018. F. A. Finger-Institut für Baustoffkunde Bauhaus-Universität-Weimar (Veranst.). S. 1115–1122

[KALT21] Kalthoff, M.; Raupach, M.; Matschei, T.: Influence of High Temperature Curing and Surface Humidity on the Tensile Strength of UHPC. In: Materials, 2021, Nr. 14

[KEPC22] Kepczak, N.; Witkowski, B.: Modal Assurance Criterion as an iron cast and hybrid machine tool's body comparison tool. In: Journal of Manufacturing Processes. 79. Jg., 2022. S. 881–886

[KERS90] Kerstiens, P.: Strukturelemente für Produktionsmaschinen aus Carbonfaserverstärkten Kunststoffen - Einsatzkriterien, Konstruktionsrichtlinien, Bauteilbeispiele. Dissertation RWTH Aachen, 1990

[KIM96] Kim, J.-K.; Kim, Y.-Y.: Experimental Study of the Fatigue Behavior of High Strength Concrete. In: Cement and Concrete Research. 26. Jg., 1996, Nr. 10. S. 1513–1523

[KIRL81] Kirlikovali, E.: Polymer/concrete composites?A review. In: Polymer Engineering and Science. 21. Jg., 1981, Nr. 8. S. 507–509

[KLAE95] Klaeger, U.: Untersuchungen zum Einsatz von Mineralguss für Werkstückspannvorrichtungen in der spanenden Fertigung. Dissertation Otto-von Guericke-Universität Magdeburg, 1995

[KLAU78] Klausen, D.: Festigkeit und Schädigung von Beton bei häufig wiederholter Beanspruchung. Dissertation Technische Hochschule Darmstadt, 1978

[KLAU79] Klausen, D.; Weigler, H.: Betonfestigkeit bei konstanter und veränderlicher Dauer-schwellbeanspruchung. In: Betonwerk und Fertigteil-Technik, 1979, Nr. 3. S. 158–163

[KOHL01] Kohlhase, M.; Riegel, A.; Schreiber, L.: Was bringt Mineralguss als Drehmaschinenbett? In: WB Werkstatt und Betrieb, 2001, Nr. 6. S. 39–43

[KOLL98] Koller, R.: Prinziplösungen Zur Konstruktion Technischer Produkte. 2nd ed. Aufl. Berlin, Heidelberg: Springer Berlin / Heidelberg, 1998

[KRAU84] Krause, J.; Dey, H. J.: Maschinenteile aus Polymerbeton. In: Maschine + Werkzeug. 85. Jg., 1984, Nr. 13

[KRAU87] Krausse, J.: Reaktionsharzbeton als Werkstoff für hochbeanspruchte Maschinenteile. Dissertation Technische Hochschule Darmstadt, 1987

[KUNC13] Kunc, M.: Identifikation und Modellierung von nichtlinearen Dämpfungseffekten in Vorschubachsen für Werkzeugmaschinen. Dissertation RWTH Aachen, 2013

[KUSH01] Kushnir, E. F.; Patel, M. R.; Sheehan, T. M.: Material Considerations in Optimization of Machine Tool Structure. In: Proceedings of 2001 ASME International Mechanical Engineering Congress and Exposition. New York, New York, 11. -16. November. American Society fo Mechanical Engineers (Veranst.)

[KUST05] Kustermann, A.: Einflüsse auf die Bildung von Mikrorissen im Betongefüge. Neubiberg, 2005

[LEE04] Lee, D. G.; Do Suh, J.; Sung Kim, H.; Min Kim, J.: Design and manufacture of composite high speed machine tool structures. In: Composites Science and Technology. 64. Jg., 2004, Nr. 10-11. S. 1523–1530

[LENG23] Leng, Y.; Rui, Y.; Zhonghe, S.; Dingqiang, F.; Jinnan, W.; Yonghuan, Y.; Qiqing, L.; Xiang, H.: Development of an environmental Ultra-High Performance Concrete (UHPC) incorporating carbonated recycled coarse aggregate. In: Construction and Building Materials. 362. Jg., 2023. S. 129657

[LEUT07] Leutbecher, T.: Rissbildung und Zugtragverhalten von mit Stabstahl und Fasern be-wehrtem Ultrahochfestem Beton (UHPC). Dissertation Universität Kassel, 2007

[LI14] Li, B.; Hong, J.; Liu, Z.: Stiffness design of machine tool structures by a biologically inspired topology optimization method. In: International Journal of Machine Tools and Manufacture. 84. Jg., 2014. S. 33–44

[LI22] Li, L.; Xu, L.; Le Huang; Xu, F.; Huang, Y.; Cui, K.; Zeng, Y.; Chi, Y.: Compressive fatigue behaviors of ultra-high performance concrete containing coarse aggregate. In: Cement and Concrete Composites. 128. Jg., 2022. S. 104425

[LI23] Li, B.; Wu, C.; Wang, S.; Li, Y.; Wu, F.; Xia, D.; Hu, J.: Monotonic and cyclic compressive behavior of ultra-high performance concrete with coarse aggregate: Experimental investigation and constitutive model. In: Journal of Building Engineering. 68. Jg., 2023. S. 106002

[LOEW56] Loewenfeld, K.: Die Gestaltsteife von Stäben. In: maschinenmarkt. 71. Jg., 1956

[MAHE15] Mahendrakumar, N., Thyla, P.R., Mohanram, P.V., Sabareeswaran, A., Manas, R.B., Srivatsan, S.: Mechanical and dynamic properties of nettle-polyester composite. In: Mater. Expr. 5. Jg., 2015, Nr. 6. S. 505–517

[MAHE20] Mahendrakumar, N.; Thyla, P. R.; Mohanram, P. V.; Ramu, M.; Prabhu Raja, V.; Raja Kumaran, C.; Manojkumar, K. N.; Siddarth, A.: Enhancement of Static and Dynamic Characteristics on Micro-lathe Bed by the Use of Alternate Form Design and Composite Materials. In Shunmugam, M.; Kanthababu, M. (Hrsg.): Advances in simulation, product design and development. (Reihe: Proceedings of AIMTDR 2018 / M. S. Shunmugan, M. Kanthababu, editors. Bd. volume 5). Singapore: Springer, 2020. S. 611–621

[MAIA97] Maia, N. M. M.; Montalvão e Silva, J. M: Theoretical and experimental modal analysis. (Reihe: Mechanical engineering research studies. Engineering dynamics series. Bd. 9). Taunton, Somerset: Research Studies Press, 1997

[MAIL24] Mailith: Polymerbeton. URL: https://www.maillith.de/de-wAssets/docs/downloads/maillith-polymerbeton-de.pdf. [Stand: 10.05.2024]

[MANI87] Mani, P.; Gupta, A. K.; Krishnamoorthy, S.: Comparative study of epoxy and polyester resin-based polymer concretes. In: International Journal of Adhesion and Adhesives. 7. Jg., 1987, Nr. 3. S. 157–163

[MANO12] Manoharan, D.: Aktive Systeme zur Leistungssteigerung von Fräsprozessen. Dissertation RWTH Aachen, 2012

[MARX17] Marx, S.; Grünberg, J.; Hansen, M.; Schneider S.: Sachstandbericht - Grenzzustände der Ermüdung von dynamisch hoch beanspruchten Tragwerken aus Beton. Berlin, 2017

[MEDE15] Medeiros, A.; Zhang, X.; Ruiz, G.; Yu, R. C.; Velasco, M. d. S. L.: Effect of the loading frequency on the compressive fatigue behavior of plain and fiber reinforced concrete. In: International Journal of Fatigue. 70. Jg., 2015. S. 342–350

[MERK10] Merkel, M.; Oechsner, A.: Eindimensionale Finite Elemente. Berlin: Springer, 2010

[MESC91] Meschke, J.; Westkämper, E.: Verhalten von Bauteilen aus Mineralguß und deren Einfluss auf die Maschineneigenschaften. In Prößler, E.-K.

(Hrsg.): Mineralguß im Maschinenbau. (Reihe: Kontakt & Studium. Bd. 327). Ehningen bei Böblingen: Expert-Verlag, 1991. S. 64–88

[MESC95] Meschke, J.: Verbesserung des dynamischen Verhaltens von Werkzeugmaschinen durch Erhöhung der Systemdämpfung. (Reihe: Schriftenreihe des IWF). Essen: Vulkan-Verl., 1995

[MINE45] Miner, M. A.: Cumulative damage ib Fatigue. In: Journal of Applied Mechanics. 12. Jg., 1945, Nr. 1

[MÖHR14] Möhring, H.-C.: Advanced materials for machine tool structures. In: Proceedings of the 16th International Machine Tool Engineer's Conference. Tokyo, Japan, 31 Oktober- 1 November

[MÖHR15] Möhring, H.-C.; Brecher, C.; Abele, E.; Fleischer, J.; Bleicher, F.: Materials in machine tool structures. In: CIRP Annals - Manufacturing Technology. 64. Jg., 2015, Nr. 2. S. 725–748

[MÖHR17] Möhring, H.-C.: Composites in production machines. In: Procedia CIRP. 66. Jg., 2017. S. 2–9

[MOTS23] Motschke, T.: Analyse und Modellierung der Dämpfungseigenschaften von Spindellagern. Dissertation RWTH Aachen, 2023

[MUHR84] Muhr, F. J.: Maschinenkörper aus vorgespanntem Mineralguß: Untersuchung kon-struktiver und wirtschaftlicher Aspekte an einem C-Pressengestell. Dissertation RWTH Aachen, 1984

[MÜLL15] Müller, H. S.; Haist, M.; Kvitsel, V.; Breiner, R.: Kriechen und Schwinden von Beton - Mechanismen, Einflussgrößen und stoffgesetzliche Modelle. In: Betonverformungen beherrschen - Grundlage für schadensfreie Bauwerke. Karlsruhe, 12.03.2015. S. 37–54

[MÜLL16] Müller, S.: Zur Auslegung von innovativen Betonkollektorelementen für solarthermi-sche Parabolrinnenkraftwerke. Dissertation Technische Universität Kaiserslautern, 2016

[MÜLL99] Müller, G.; Groth, C.: FEM für Praktiker. Renningen, Malmsheim: Expert-Verl., 1999

[MUNI08] Munirathnam, M.: Einfluss masseoptimierter Kragarmstrukturen auf die dynamische Bahngenauigkeit von HSC-Fräsmaschinen. Dissertation Technische Hochschule Darmstadt, 2008

[NAEF12] Naefe, P. (.: Einführung in das Methodische Konstruieren. 2., überarb. u. erw. Aufl. 2013. Aufl. Wiesbaden: Springer Fachmedien Wiesbaden, 2012

[NAIK93] Naik, T. R.; Singh, S. S.; Ye, C.: Fatigue Behavior of Plain Concrete Made with or with-out Fly Ash. Milwaukee, 1993

[NATI03] National Agency for Finite Element Methods and Standards: How to Use Elements Effectively. Glasgow, 2003

[NATK88] Natke, H. G.: Einführung in Theorie und Praxis der Zeitreihen- und Modalanalyse. (Reihe: Grundlagen der Ingenieurwissenschaften). 2. Aufl. Braunschweig: Vieweg, 1988

[NEBE15] Nebeling, P. H.: Dynamisches Verhalten von Gestellwerkstoffen in Werkzeugmaschinen. In: wt Werkstattstechnik online. 105. Jg., 2015, Nr. 5. S. 263–268

[NEUG04] Neugebauer R, Hipke T, Hohlfeld J, Thümmler R.: Metal foam as a combination of lightweight engineering and damping. In: Proceedings of the Symposium on Cellular Metals and Polymers CMaP 2004, Deutsche Forschungsgemeinschaft (DFG)

[NEUG06] Neugebauer R, H. T.: Machine Tools with Metal Foams. In: Advances in Engineering Materials. 8. Jg., 2006, Nr. 9

[NEUG07] Neugebauer, R.; Denkena, B.; Wegener, K.: Mechatronic Systems for Machine Tools. In: CIRP Annals - Manufacturing Technology. 56. Jg., 2007, Nr. 2. S. 657–686

[NEUG12a] Neugebauer, R.; Drossel, W.-G.; Ihlenfeldt, S.; Nestmann, S.; Richter, C.: Inherent thermal error compensation of machine tool structures with grated meneral casting. In: 9th International Conference on Machine Tools, Automation, Robotics and Technology. Prag, 12.- 14. September

[NEUG12b] Neugebauer, R.; Kolouch, M.; Richter, M.; Wittstock, V.; Saha, S. N.: Model updating of Machine Tools. In: 9th International Conference on Machine Tools, Automation, Robotics and Technology. Prag, 12.- 14. September

[NEUG13] Neugebauer, R.: Werkzeugmaschinen. 1. Aufl: Springer Vieweg, 2013

[NEUM85] Neumann, M.: Werkstoffgerechte Gestaltung und wirtschaftliche Fertigung dauerhaltbarer Maschinenbauteile aus Mineralguss. Dissertation RWTH Aachen, 1985

[NEUN17] Neunzig, C.; Raupach, M.: Beton für Maschinengestelle. In: beton, 2017, Nr. 10. S. 372–375

[NEUN18] Neunzig, C.: Betoneigenschaften in Werkzeugmaschinen?? Dissertation RWTH Aachen, 2018

[NICK83] Nicklau, R.-G.: Werkzeugmaschinengestelle aus Methacryharzbeton. (Reihe: Betriebstechnik. Bd. 94). Düsseldorf: VDI, 1983

[OH91a] Oh, B. H.: Fatigue-Life Distributions of Concrete for Various Stress Levels. In: ACI Ma-terials Journal. 88. Jg., 1991, Nr. 2. S. 122–128

[OH91b] Oh, B. H.: Cumulative Damage Theory of Concrete Under Variable-Amplitude Fatigue Loadings. In: ACI Materials Journal. 88. Jg., 1991, Nr. 1. S. 41–48

[ONES14] Oneschkow, N.: Analyse des Ermüdungsverhaltens von Beton anhand der Dehnungsentwicklung. Dissertation Technische Universität Hannover, 2014

[ORLO06] Orloff, M.: Grundlagen der klassischen TRIZ. 3. Aufl. Berlin, Heidelberg: Springer, 2006

[OSBU14] Osburg, A.; Flohr, A.; Theska, R.; Hahm, C.: Funktionsfertig urgeformte Betonbauteile für den Präzisionsmaschinenbau. In: BetonWerk International, 2014, Nr. 6. S. 45–51

[OZBO95] Ozbolt, J.: Maßstabseffekt und Duktilität von Beton- und Stahlbetonkonstruktionen. Habilitation Universität Stuttgart, 1995

[PALM24] Palmgren, A.: Die Lebensdauer von Kugellagern. In: Zeitschrift des Vereins Deutscher Ingenieure. 68. Jg., 1924, Nr. 14

[PAZM92] Pazmandy, Dipl.-Ing. Peter Paul: Beton im Werkzeugmaschinenbau. Dissertation Technische Universität Wien, April 1992

[PETK92] Petkovic, G.; Rosseland, S.; Stemland, H.: High-Strength Concrete SP3 - Fatigue. Report 3.2 Fatigue of High Strength Concrete. Trondheim, 1992

[PETU83] Petuelli, G.: Theoretische und experimentelle Bestimmung der Steifigkeits- und Dämpfungseigenschaften normalbelasteter Fügestellen. Dissertation RWTH Aachen, 1983

[PFAN03] Pfanner, D.: Zur Degradation von Stahlbetonbauteilen unter Ermüdungsbeanspruchung. Dissertation Ruhr-Universität Bochum, 2003

[PLAN24] Planotlith: Werkstoff Granit. URL: https://www.planolith.de/produktion/werkstoff-granit/. [Stand: 10.05.2024]

[PLOC72] Plock, R.: Untersuchung und Berechnung des elastostatischen Verhaltens von ebenen Mehrschraubenverbindungen. Dissertation RWTH Aachen, 1972

[POKL20a] Poklemba, R.; Zajac, J.; Duplakova, D.; Petruska, O.: Design of Bed Machine for Machine Tool Based on Polymer Concrete Mixtures. In: TEM Journal. 9. Jg., 2020, Nr. 1. S. 25–29

[POKL20b] Poklemba, R.; Duplakova, D.; Zajac, D.; Duplak, J.; Simkulet, V.; Goldyniak, D.: Design and Investigation of Bed Machine for Machine Tool Based on Polymer Concrete Mixture. In: International Journal of Simulation Modelling. 19. Jg., 2020, Nr. 2. S. 291–302

[PRÖß91] Prößler, E.-K. (Hrsg.): Mineralguß im Maschinenbau. (Reihe: Kontakt & Studium. Bd. 327). Ehningen bei Böblingen: Expert-Verlag, 1991

[PUTZ14] Putz, M.; Ihlenfeldt, S.; Wittstock, V.; Regel, J.; Richter, C.; Noffke, F.: Auswirkungen lokaler Erwärmung von Mineralguss. In: wt Werkstattstechnik online. 104. Jg., 2014, Nr. 9. S. 602–607

[QUEI05] Queins, M.: Simulation des dynamischen Verhaltens von Werkzeugmaschinen mit Hilfe flexibler Mehrkörpermodelle. Dissertation RWTH Aachen, 2005

[RAHM01] Rahman, M.; Mansur, M. A.; Lee, L. K.; Lum, J. K.: Development of a polymer impregnated concrete damping carriage for linear guideways for machine tools. In: International Journal of Machine Tools and Manufacture. 41. Jg., 2001, Nr. 3. S. 431–441

[RAHM88] Rahman, M.; Mansur, M. A.; Chua, K. H.: Evaluation of advanced cementitious composites for machine tool structures. In: CIRP Annals - Manufacturing Technology. 37. Jg., 1988, Nr. 1. S. 373–376

[RAHM93] Rahman, M.; Mansur, M. A.; Chua, K. H.: Evaluation of a Lathe with Ferrocement Bed. In: CIRP Annals. 42. Jg., 1993, Nr. 1. S. 437–440

[RAMP15] RAMPF Machine Systems GmbH & Co. KG: EPUDUR Ultrahochleistungsbeton (UHPC) für Maschinenbetten und Gestellbauteile, 2015. Firmenschrift

[RAMP23] RAMPF Machine Systems GmbH & Co. KG: EPUDUR Ultra-high performance concrete for machine beds. URL: file:///C:/Users/ksw/Downloads/Ultra-high-performance-EPUDUR-EN.pdf. [Stand: 11.08.2023]

[REIN78] Reinhardt, H. W.; Stroeven, P.; Kooistra, T. R.; Vrencken, J.: Einfluß von Schwingbreite, Belastungshöhe und Frequenz auf die Schwingfestigkeit von Beton bei niedrigen Bruchlastwechselzahlen. In: Betonwerk und Fertigteil-Technik. 44. Jg., 1978, Nr. 9. S. 498–503

[REIN84] Reinhardt, H.; Cornelissen, H.: Uniaxial tensile fatigue failure of concrete under constant-amplitude and programme loading. In: Magazine of Concrete Research. 129. Jg., 1984. S. 216–226

[RELE21] Relea, E.; Pfyffer, B.; Weiss, L.; Wegener, K.: Experimental comparative investigation on creep behavior of mineral cast, ultra-high-performance concrete, and natural stone for precision machinery structures. In: The International Journal of Advanced Manufacturing Technology. 117. Jg., 2021, Nr. 7-8. S. 2073–2081

[RELE23] Relea, E.; Weiss, L.; Wegener, K.: Dimensional Stability of Mineral Cast for Precision Machinery. In Leipzig, K. v.; Sacks, N.; Clelland M. Mc. (Hrsg.): Smart, Sustainable Manufacturing in an Ever-Changing World: Springer, Cham, 2023. S. 685–699

[REMM94] Remmel, G.: Zum Zug- und Schubtragverhalten von Bauteilen aus hochfestem Beton. In: Deutscher Ausschuss für Stahlbeton DAfStb, 1994, Nr. 444

[RILE85] RILEM Draft Recommendation: RILEM: Determination of the Fracutre Energy of Mor-tar and Concrete by Means of Three-Point Bend Tests on

Notched Beams. In: Materiaux et Construction. 18. Jg., 1985, Nr. 106. S. 285–290

[RING86] Rings, K.-H.: Unbewehrter und bewehrter Beton unter häufig wiederholter Wechselbeanspruchung. Dissertation Technische Hochschule Darmstadt, 1986

[RIYA23] Riyar, R. L.; Mansi; Bhowmik, S.: Fatigue behaviour of plain and reinforced concrete: A systematic review. In: Theoretical and Applied Fracture Mechanics. 125. Jg., 2023. S. 103867

[RYBC24] Rybczynski, S.: Ermüdungsinduzierte Schädigung von UHPC - Experimentelle Ergebnisse und BPM-Modellierung, 2024

[SAGM12] Sagmeister, B.: On the way to micrometer scale - Applications of UHPC in machinery construction. In: Proceedings of Hipermat 2012. 3rd International Symposium on UHPC and Nanotechnology for High Performance Construction Materials. Kassel, 7-9th of March

[SAGM17] Sagmeister, B.: Maschinenteile aus zementgebundenem Beton. 1. Aufl. Berlin: Beuth Verlag GmbH, 2017

[SAGM20] Sagmeister, B.: Beitrag zur Auslegung von Gewindehülsen in Spezialbeton für den Maschinenbau. (Reihe: Bauingenieurwesen. Bd. Band 28). Als Manuskript gedruckt. Aufl. Kaiserslautern: Technische Universität Kaiserslautern, 2020

[SAHM87] Sahm, D.: Reaktionsharzbeton für Gestellbauteile spanender Werkzeugmaschinen. Dissertation RWTH Aachen, 1987

[SALJ86] Salje, E.; Gerloff, H.: Werkzeugmaschinengestelle aus Grauguß oder Polymerbeton. In: VDI-Z. 128. Jg., 1986, Nr. 15/16. S. 595–602

[SALJ88] Saljé, E.; Gerloff, H.; Meyer, J.: Comparison of machine tool elements made of polymere concrete and cast iron. In: CIRP Annals - Manufacturing Technology. 37. Jg., 1988, Nr. 1. S. 381–384

[SAME23] Sameh, Y.; Arafa, M., I.; Doaa, F. A.: The impact of using natural waste biopolymer cement on the properties of traditional/fibrous concrete. In: Innovative Infrastructure Solutions. 8. Jg., 2023, Nr. 287

[SCHA07] Schachinger, A. I.: Maßnahmen zur Herstellung von rissfreien Bauteilen aus ultrahochfestem Beton hoher Duktilität. Dissertation Technische Universität München, 2007

[SCHA10] Schauerte, G.: Piezoaktorische Achsen im Präzisionsmaschinenbau am Beispiel eines aktiven Bohrwerkzeugs. Dissertation RWTH Aachen, 2010

[SCHÄ13] Schäffel, P.: Zum Einfluss schwindreduzierender Zusatzmittel und Wirkstoffe auf das autogene Schwinden und weitere Eigenschaften von Zementstein. Dissertation, 2013

[SCHÄ19] Schäfer, N.; Gudžulić, V.; Timothy, J. J.; Breitenbücher, R.; Meschke, G.: Fatigue behavior of HPC and FRC under cyclic tensile loading: Experiments and modeling. In: Structural Concrete. 20. Jg., 2019, Nr. 4. S. 1265–1278

[SCHA76] Schaible, B.: Ermittlung des statischen und dynamischen Verhaltens insbesondere der Dämpfung von verschraubten Fugenverbindungen für Werkzeugmaschinen. Dissertation RWTH Aachen, 1976

[SCHE19] Scheiden, T.; Oneschkow, N.: Influence of coarse aggregate type on the damage mechanism in high-strength concrete under compressive fatigue loading. In: Structural Concrete. 20. Jg., 2019, Nr. 4. S. 1212–1219

[SCHE98] Schellekens P, R. N.: Design for Precision: Current Status and Trends. In: Annals of the CIRP. 47. Jg., 1998, Nr. 2. S. 557–586

[SCHI91] Schießl, P.; Reuter, C.: Durchlässigkeit von gerissenem Beton gegenüber Flüssigkeiten und Gasen. In: Deutscher Ausschuss für Stahlbeton, 1991, Nr. 416

[SCHM04] Schmidt, M.; Fehling, E.; Geisenhanslüke, C.: Ultra High Performance Concrete (UHPC). Kassel, 2004

[SCHM08] Schmidt, M.; Bunje, K.; Dehn, F.; Droll, K.; Fehling, E.; Greiner, S.; Horvath, J.; Kleen, E.; Müller, C.; REineck, K.-H.; Schachinger, I.; Teichmann, T.; Teutsch, M.; Thiel, R.; Tue, N. V.: Sachstandsbericht Ultrahochfester Beton. Berlin: Beuth Verlag GmbH, 2008

[SCHM12] Schmidt, M.; Fehling, E.; Glotzbach, C.; Fröhlich, S.; Piotrowski, S. (Hrsg.): Proceedings of Hipermat 2012. 3rd International Symposium on UHPC and Nanotechnology for High Performance Construction Materials, 2012

[SCHM14] Schmidt, M.; Fehling, E.; Fröhlich, S.; Thiemicke, J.: Nachhaltiges Bauen mit Ultrahochfestem Beton, Ergebnisse des Schwerpunktprogrammes 1182. Kassel: Kassel Univ. Press, 2014

[SCHN12] Schneider, S.; Vöcker, D.; Marx, S.: Zum Einfluss der Belastungsfrequenz und der Spannungsgeschwindigkeit auf die Ermüdungsfestigkeit von Beton. In: Beton- und Stahlbetonbau. 107. Jg., 2012, Nr. 12. S. 836–845

[SCHN21] Schneider, S.: Frequenzabhängigkeit des Ermüdungswiderstandes von hochfestem Beton. Dissertation Leibniz Universität Hannover, 2021

[SCHN95] Schneider, U.; Chen, S.-W.: Behaviour of High Performance Concrete (HPC) Under Chemical Attack. In: Proceedings of the Fourth Weimar Workshop on High Performance Concrete held at Hochschule für Architektur und Bauwesen. Freiburg, October 4-5. S. 177–193

[SCHN99] Schneider, C.: Strukturmechanische Berechnungen in der Werkzeugmascchinenkonstruktion. Dissertation Technische Universität München, 1999

[SCHU00] Schulz, M.: Stahlfasern: Eigenschaften und Wirkungsweisen : Einfluß auf den Beton. In: beton. 50. Jg., 2000, Nr. 7. S. 382–387

[SCHU84] Schulz, H.: Statisches und dynamisches Verhalten von Werkzeugmaschinen-Gestellen aus Kunstharzbeton. In: IPIC '84 - Vierter Internationaler Kongress Polymere und Beton. Darmstadt, 19.-21. September. Technische Hochschule Darmstadt (Veranst.). S. 121–124

[SCHU92] Schulz, H.; Moriwaki, T.: High-speed Machining. In: CIRP Annals. 41. Jg., 1992, Nr. 2. S. 637–643

[SELV12] Selvakumar, A.; Mohanram, P. V.: Analysis of Alternative Composite Material For High Speed Precision Machine Tool Structures. In: Annals of Faculty Engineering Hunedoara-International Journal of Engineering. 10. Jg., 2012, Nr. 2. S. 1584–2665

[SELV13] Selvakumar, A.; Mohanram, P. V.: Analysis of effective thermal conductivity for mineral cast material structures with varying epoxy content using TPS method. In: Materials Research. 16. Jg., 2013, Nr. 2. S. 315–321

[SHI93] Shi, X. P.; Fwa, T. F.; Tan, S. A.: Flexural Fatigue Strength of Plain Concrete. In: ACI Materials Journal. 90. Jg., 1993, Nr. 5. S. 435–440

[SOLE19] Soleimani, S. M.; Boyd, A. J.; Komar, A. J.; Roudsari, S. S.: Fatigue in Concrete under Low-Cycle Tensile Loading Using a Pressure-Tension Apparatus. In: Applied Sciences. 9. Jg., 2019, Nr. 16. S. 3217

[SONA17] Sonawane, H.; Subramanian, T.: Improved dynamic characteristics for machine tools structure using filler materials. In: Procedia CIRP - 16th CIRP Conference on Modelling of Machining Operations (CMMO). Cluny, Burgundy, Frankreich, June 15-16th. S. 399–404

[SPOO75] Spooner, D. C.; Dougill, J. W.: A Quantitative Assessment of Damage Sustained in Concrete During Compressive Loading. In: Magazine of Concrete Research. 27. Jg., 1975, Nr. 92. S. 151–160

[STIP09] Stipp, P.: Hochleistungsbeton, 2009

[SUGI88] Sugishita, H.; Nishiyama, H.; Nagayasu, O.; Shin-nou, T.; Sato, H.; O-hori, M.: Development of concrete machining center and identification of dynamic and thermal structural behavior. In: CIRP Annals - Manufacturing Technology. 37. Jg., 1988, Nr. 1. S. 377–380

[SUH08] Suh, J. D.; Lee, D. G.: Design and manufacture of hybrid polymer concrete bed for high-speed CNC milling machine. In: International Journal of Mechanics and Materials in Design. 4. Jg., 2008, Nr. 2. S. 113–121

[TANA94] Tanabe, I.; Takada, K.: Thermal Deformation of Machine Tool Structures Using Resin Concrete : Thermal Behaviour of Concrete Bed of Machine Tool in Fluctuating Ambient Temperature. In: JSME International Journal

Series C Mechanical Systems, Machine Elements and Manufacturing. 37. Jg., 1994, Nr. 2. S. 384–389

[TANN83] Tanner, H.: Respecta Baumaschinen-Gesellschaft mbH: Polymerbeton im Werk-zeugmaschinenbau. In: Industrie-Anzeiger, 1983, Nr. 49. S. 4 Seiten Sonderdruck

[TANN84] Tanner, H.: Anwendung von Polymerbeton im Maschinenbau. In: IPIC '84 - Vierter Internationaler Kongress Polymere und Beton. Darmstadt, 19.-21. September. Technische Hochschule Darmstadt (Veranst.)

[TEPF77] Tepfers, R.; Friden, C.; Georgsson, L.: Study of the Applicability to the Fatigue of Concrete of the Palmgren-Miner Partial Damage Hypothesis. In: Magazine of Con-crete Research. 29. Jg., 1977, Nr. 100. S. 123–130

[TEPF79] Tepfers, R.; Kutti, T.: Fatigue Strength of Plain, Ordinary, and Lightweight Concrete. In: ACI Journal. 76. Jg., 1979. S. 635–652

[THIE15] Thiele, M.: Experimentelle Untersuchung und Analyse der Schädigungsevolution in Beton unter hochzyklischen Ermüdungsbeanspruchungen Bundesanstalt für Materialforschung und -prüfung (BAM), 2015

[THOM24] Thome Präzision: Präzisionsgranitteile. URL: https://www.thome-praezision.de/deu/documents/Praezisionsgranit-katalog-Messplatten-THOME-Praezision-20091004.pdf. [Stand: 10.05.2024]

[THUM41] Thum, A.; Petri, O.: Steifigkeit und Verformung von Kastenquerschnitten mit Verrippungen, Wanddurchbrechungen und bei Behinderung der Querschnittsverwölbung. In: VDI Forschungsheft, 1941, Nr. 409

[TÖNS95] Tönshoff, H. K.: Werkzeugmaschinen. (Reihe: Springer-Lehrbuch). Berlin, Heidelberg: Springer Berlin Heidelberg; Imprint; Springer, 1995

[UHLM16] Uhlmann, E.; Kaulfersch, F.: Fräsbearbeitung hochabrasiver Mineralgusswerkstoffe. In: wt Werkstattstechnik online. 106. Jg., 2016, Nr. 1. S. 14–20

[URIA13] Uriarte, L.; Zatarain, M.; Axinte, D.; Yagüe-Fabra, J.; Ihlenfeldt, S.; Eguia, J.; Olarra, A.: Machine tools for large parts. In: CIRP Annals. 62. Jg., 2013, Nr. 2. S. 731–750

[VDI05] VDI - Richtlinien 3830 (2005). Werkstoff- und Bauteildämpfung Versuchstechniken zur Ermittlung von Dämpfungskenngrößen

[VDI14a] VDI-Richtlinie 2230 (2014). Systematische Berechnung hochbeanspruchter Schraubenverbindungen

[VENK21] Venkata Ramana, M.; Thyla, P. R.; Mahendrakumar, N.; Praveena, K.: Selection of resin and aggregates for particulate polymer concrete machine tool structures-A review. In: Materials Today: Proceedings. 46. Jg., 2021. S. 8621–8628

[VENU19] Venugopal, P. R.; Kalayarasan, M.; Thyla, P. R.; Mohanram, P. V.; Nataraj, M.; Mohanraj, S.; Sonawane, H.: Structural investigation of steel-reinforced epoxy granite machine tool column by finite element analysis. In: Proceedings of the Institution of Mechanical Engineers, Part L: Journal of Materials: Design and Applications. 233. Jg., 2019, Nr. 11. S. 2267–2279

[VENU20] Venugopal, P. R.; Dhanabal, P.; Thyla, P. R.; Mohanraj, S.; Nataraj, M.; Ramu, M.; Sonawane, H.: Design and analysis of epoxy granite vertical machining centre base for improved static and dynamic characteristics. In: Proceedings of the Institution of Mechanical Engineers, Part L: Journal of Materials: Design and Applications. 234. Jg., 2020, Nr. 3. S. 481–495

[VISW21] Viswanath, S.; LaFave, J. M.; Kuchma, D. A.: Concrete compressive strain behavior and magnitudes under uniaxial fatigue loading. In: Construction and Building Materials. 296. Jg., 2021. S. 123718

[VIVE16] Vivek, A.; Holla, V.; Krupashankara, M. S.: Polymer Concretes for Machine Tool Structures - A Review. In: International Journal of Innovative Research in Science, Engineering and Technology. 5. Jg., 2016, Nr. 10. S. 17764-17772

[VOND90] Vonderhagen, H.: Konstruktionsrichtlinien zur Erhöhung der Gestaltsteifigkeit und -festigkeit von Eisengussbauteilen im Werkzeugmaschinenbau. Aachen, 1990

[VRTA04] Vrtanoski, G.; Dukovski, V.: Modelling and Design of Main Spindle Box Made of Polymer Concrete. In: Proceedings of the 34th International MATADOR Conference. Umist, July. S. 459–464

[WANG10] Wang Z. G., Cheng X., Nakamoto K., Kobayashi S., Yamazaki K.: Design and Development of a Precision Machine Tool Using Counter Motion Mechanism. In: International Journal of Machine Tools and Manufacture. 50. Jg., 2010. S. 357–365

[WECK71] Weck, M.: Dynamisches Verhalten spanender Werkzeugmaschinen: Einflussgrössen, Beurteilungsverfahren, Messtechnik. Habitilation RWTH Aachen, 1971

[WECK77] Weck, M.; Teipel, K.: Dynamisches Verhalten spanender Werkzeugmaschinen. Berlin: Springer, 1977

[WECK84] Weck, M.; Recktenwald, J.: Getriebegehäuse aus Reaktionsharzbeton - Konstruktion, Berechnung und Meßergebnisse. In: IPIC '84 - Vierter Internationaler Kongress Polymere und Beton. Darmstadt, 19.-21. September. Technische Hochschule Darmstadt (Veranst.). S. 135–138

[WECK95] Weck, M.: Werkzeugmaschinen-Atlas. Berlin: Springer, 1995

[WEFE10] Wefer, M.: Materialverhalten und Bemessungswerte von ultrahochfestem Beton unter einaxialer Ermüdungsbeanspruchung. Dissertation Leibniz Universität Hannover, 2010

[WEI23] Wei, H.; Liu, T.; Zhou, A.; Zou, D.; Li, Y.: Toughening static and dynamic damping characteristics of ultra-high performance concrete via interfacial modulation approaches. In: Cement and Concrete Composites. 136. Jg., 2023. S. 104879

[WESC93] Wesche, K. H.: Baustoffe für tragende Bauteile. (Reihe: Beton, Mauerwerk. Bd. 2). 3. Aufl. Wiesbaden: Bauverlag, 1993

[WIEB98] Wiebusch, R.: Polymerbeton eignet sich für die Untergestelle von Präzisionsferti-gungsmaschinen. In: maschinenmarkt, 1998

[WINK10] Winkler, H.: Über mechanische Eigenschaften von normalfestem und hochfestem Beton unter besonderer Berücksichtigung des Elastizitätsmoduls, 2010

[WISC75] Wischers, G.; Krumm, E.: Zur Wirksamkeit von Betondichtungsmitteln. In: beton. 25. Jg., 1975, Nr. 8; 9; 10. S. 279–282; 314-318; 351-355

[WITT84] Wittmoser, A.: Verbundwerkstoff Eisenguß/Polymerbeton für Konstruktionsteile im Maschinenbau. In: IPIC '84 - Vierter Internationaler Kongress Polymere und Beton. Darmstadt, 19.-21. September. Technische Hochschule Darmstadt (Veranst.). S. 151–155

[YIN21] Yin, J.; Zhang, J.; Yin, Y.: Mechanical properties stability of Jinan black granite particulate-filled polymer composite at different temperatures. In: Materials Today: Communication, 2021, Nr. 27

[YOSH11] Yoshioka H., S. H.: Design Concept and Structural Configuration of Advanced Nano-Pattern Generator with Large Work Area. In: 'ANGEL'. International Journal of Automation Technology. 5. Jg., 2011, Nr. 1. S. 38–44

[ZHAO08] Zhao, L.; Chen, W.; Ma, J.; Yang, Y.: Structural Bionic Design and Experimental Verification of a Machine Tool Column. In: Journal of Bionic Engineering. 5. Jg., 2008, Nr. S1. S. 46–52

[ZHAO23] Zhao, H.; Xie, Y.; Long, G.; Zhu, S.; Tang, Z.; Ma, G.; Yang, T.; Cheng, Z.; Umar, H. A.; Wu, Z.: Experimental study on the static and fatigue splitting failure behaviors of bonding interface between bi-concrete materials. In: Journal of Building Engineering. 76. Jg., 2023. S. 107326

[ZHOU13] Zhou, B.; Uchida, Y.: Fiber orientation in ultra high performance fiber reinforced concrete and its visualization. In: Proceedings of the 8th International Conference on Fracture Mechanics of Concrete and Concrete Structures, FraMCoS 2013, 2013

[ZHOU21] Zhou, M.; Wu, Z.; Ouyang, X.; Hu, X.; Shi, C.: Mixture design methods for ultra-high-performance concrete - a review. In: Cement and Concrete Composites. 124. Jg., 2021. S. 104242

10 Anhang

10.1 Weiterführende Informationen zum Stand der Technik in Forschung und Industrie

Eigenschaften und Ermüdung von Beton

Im Laufe der Jahre befassten sich zahlreiche Forschungsarbeiten mit der Untersuchung und Optimierung der mechanischen Kennwerte von Polymerbeton für den Werkzeugmaschinenbau. So untersuchte beispielsweise Nicklau Polymerbeton auf Basis von Methylmethacrylatharz und optimierte hier eine Mischung unter anderem bzgl. E-Modul, Druck- sowie Biegezugfestigkeit, Dichte und Dämpfung [NICK83]. Krausse und Sahm hingegen vergleichen Mischungen mit den unterschiedlichen Kunstharzen Methylmethacrylatharz, ungesättigtem Polyesterharz, Epoxidharz oder Vinylesterharz unter anderem in Bezug auf die Schlagzähigkeit, den E-Modul, die Dämpfung, die Druckfestigkeit sowie die zentrische Zugfestigkeit bzw. die Biegezugfestigkeit [KRAU87]; [SAHM87]. Auch Dey und Barth befassen sich mit den mechanischen Kennwerten von Polymerbetonmischungen mit den drei erstgenannten Kunstharzen als Bindemittel [DEY91]; [BART93]. Bär hingegen analysiert zunächst die mechanischen Eigenschaften verschiedener Kunstharze ohne Gesteinsmischung, wählt basierend hierauf Epoxidharz als Bindemittel aus und optimiert danach erst eine Polymerbetonmischung inklusive Gesteinskörnungen [BÄR07]. Jackisch gibt in [JACK14] einen guten Überblick über den damaligen industriellen Stand der Materialeigenschaften von Polymerbeton im deutschsprachigen Raum. Auch international existieren zahlreiche Forschungsarbeiten bzgl. der Auswirkungen von verwendetem Kunstharz sowie Art und Packungsdichte der Gesteinskörnungen auf die mechanischen Kennwerte von Polymerbeton (z B. [KIRL81]; [MANI87]; [BEDI13]; [BAI09]; [HADD13] [FERD20]) Einen guten Überblick hierzu liefern Vivek et. al. [VIVE16] sowie Venkata et. al [VENK21]. Da ein erhöhter Anteil an Kunstharz in der Mischung sich allgemein negativ auf die statischen mechanischen Kennwerte auswirkt, wird meist ein möglichst geringer Kunstharzanteil in der Rezeptur angestrebt [SAGM17]; [HATA20]. Gleichzeitig sollte die Packungsdichte des Gesteins möglichst hoch sein. Aufgrund der Kombination aus guter Verarbeitbarkeit und erreichbaren mechanischen Kennwerten werden im Werkzeugmaschinenbau häufig Mischungen auf Epoxidharzbasis verwendet und mit Quarzsand oder –kies und/oder Granit- oder Basaltkörnungen gemischt [JACK14]; [JACK15]; [SAGM17]; [VIVE16]; [VENK21]; [HATA20]. Gemäß den Forschungsergebnissen kann Polymerbeton in Bezug auf das statische Nachgiebigkeitsverhalten als isotroper und homogener Werkstoff nach dem Hook'schen Gesetz betrachtet werden [DEY91]; [JACK14]. Die Festigkeiten von Polymerbeton sind im Druck- und Zugbereich stark unterschiedlich ausgeprägt, wobei die Festigkeiten im Druckbereich deutlich über den Zugfestigkeiten liegen. In Bezug auf den E-Modul konnte ein Unterschied im Bereich von 5% zwischen Zug- und Druckbelastung ermittelt werden [SAHM87]. Da die Ergebnisse der Prüfungen zur Bestimmung der mechanischen Kennwerte stark von der Geometrie sowie den Lagerungsbedingungen der Probekörper abhängen, wurde eine entsprechende Norm erarbeitet, um die Vergleichbarkeit der Ergebnisse sicherzustellen [JACK15]. Die Norm DIN 51290 erschien 1991 wurde inzwischen jedoch wieder zurückgezogen [SAGM17].

Weitere Betoneigenschaften

Als autogenes Schwinden wird die sichtbare Volumenänderung eines Bauteils aufgrund von mangelndem Überschusswasser in der Mischung verstanden. Da die Hydratation des Materials dennoch weiter voranschreitet, kommt es zu einer Selbstaustrocknung des Betons und somit zu Eigenspannungen. [GRUB03]; [NEUN18]

Beim Trocknungsschwinden hingegen verdunstet Wasser aus dem Beton über die Oberfläche. Dies ist abhängig von den Umgebungsbedingungen und endet, wenn eine Ausgleichsfeuchtigkeit zwischen Beton und Umgebung erreicht ist. Speziell bei massiven Bauteilen mit vergleichsweise hohen Feuchtegradienten können dadurch Eigenspannungen entstehen. Der Anteil des Trocknungsschwindens bei UHPC ist allerdings wesentlich geringer als der des autogenen Schwindens. [SCHÄ13]; [NEUN18]

10.2 Ergebnisse der messtechnischen und simulationsgestützten Untersuchung der DemoBAZ als Stahlversion

Tabelle 10.1: Abgeglichene Eigenfrequenzen der Modalanalyse der DemoBAZ
Calibrated natural frequencies of the modal analysis of the DemoBAZ

Mode Nr.	Eigenfrequenz gemessen [Hz]	Eigenfrequenz berechnet [Hz]	Prozentuale Abweichung [%]
1	19	18,2	-4,21
2	35	36,1	3,14
3	38	36,6	-3,68
4	57	55,8	-2,11
5	80	88,7	10,88
6	90	98,3	9,22
7	113	109,5	-3,10
8	119	122,9	3,28
9	156	146,8	-5,90
10	177	156,1	-11,81
11	227	227,5	0,22
12	266	263,9	-0,79
13	282	264,6	-6,17
14	345	349,7	1,36
15	390	372,6	-4,46
16	428	444,2	3,79
17	495	489,9	-1,03
18	509	524,6	3,06
19	519	544,2	4,86
20	543	521,3	-4,00
21	554	560	1,08
22	685	648,2	-5,37
23	758	797,2	5,17

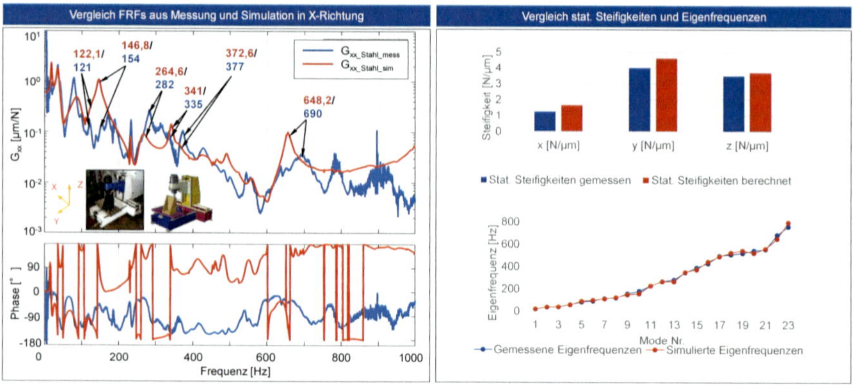

Bild 10.1: Ergebnisse des Abgleichs von Messung und Simulation der DemoBAZ aus Stahl (Statik, Eigenmoden und FRF in X-Richtung)

Results of comparison of measurement vs. simulation of the DemoBAZ made of steel (Static, natural modes and FRF in X direction)

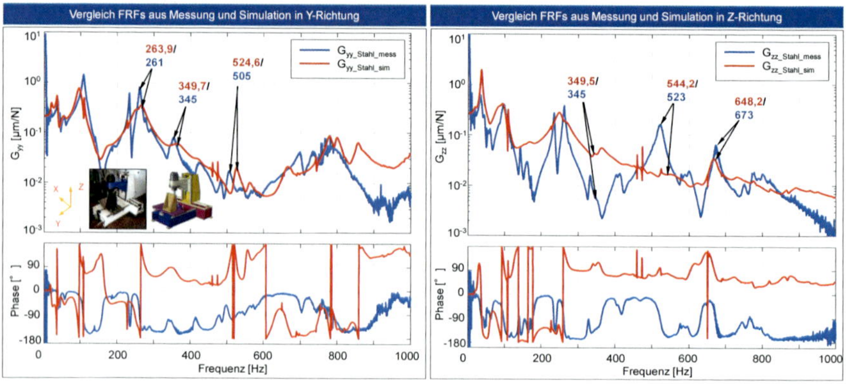

Bild 10.2: Ergebnisse des Abgleichs von Messung und Simulation der DemoBAZ aus Stahl (FRFs in Y- und Z-Richtung)

Results of comparison of measurement vs. simulation of the DemoBAZ made of steel (FRFs in Y and Z direction)

10.3 Ergebnisse der Ermüdungsversuche am DynaForce

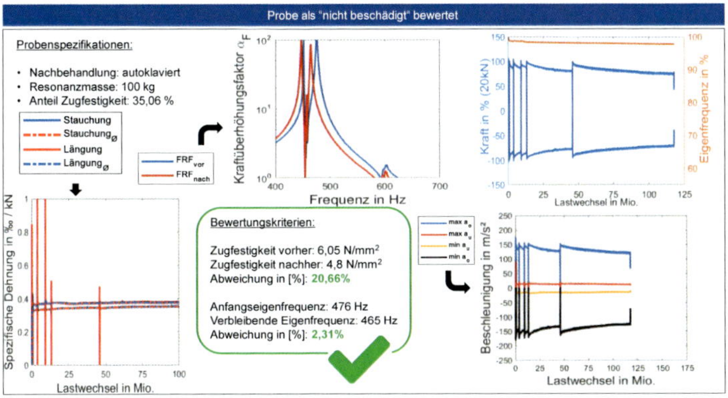

Bild 10.3: Beispiele für Auswertdiagramme und charakteristische Bewertungskriterien (**180413_UHPCoSF_F1064_17_5_23118**)

*Examples for analysis diagrams and characteristic evaluation criteria ((**180413_UHPCoSF_F1064_17_5_23118**)*

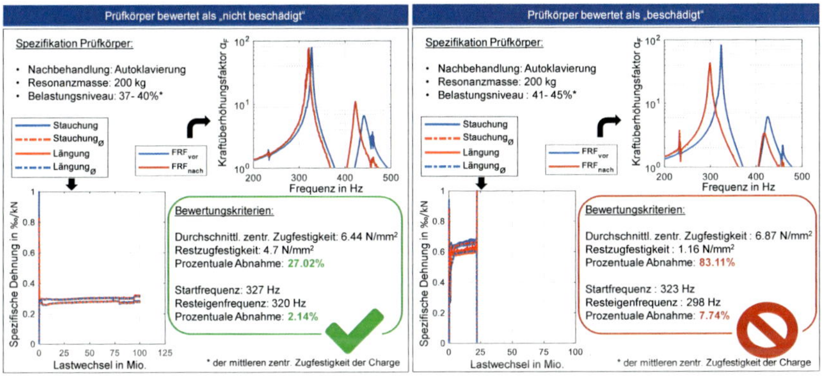

Bild 10.4: Beispiele für Auswertdiagramme und charakteristische Bewertungskriterien (**180626_UHPCoSF_F1064_19_6_30118**)

*Examples for analysis diagrams and characteristic evaluation criteria (**180626_UHPCoSF_F1064_19_6_30118**)*

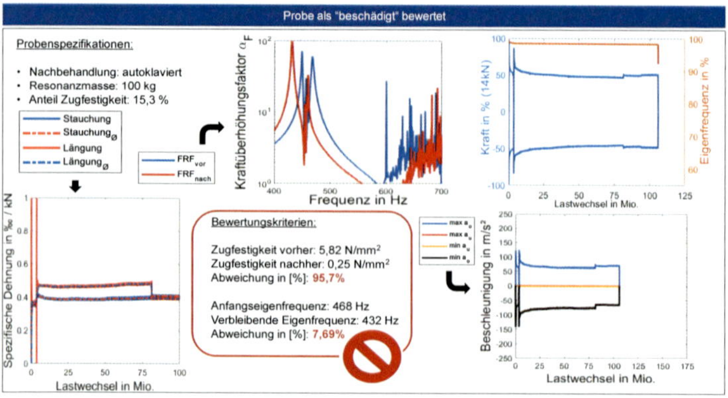

Bild 10.5: Beispiele für Auswertdiagramme und charakteristische Bewertungskriterien (**180629_UHPCoSF_F1064_19_4_30118**)

*Examples for analysis diagrams and characteristic evaluation criteria (**180629_UHPCoSF_F1064_19_4_30118**)*

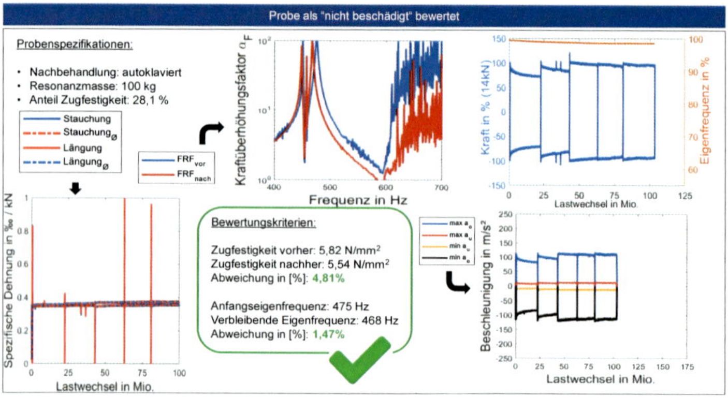

Bild 10.6: Beispiele für Auswertdiagramme und charakteristische Bewertungskriterien (**180710_UHPCoSF_F1064_19_8_30118**)

*Examples for analysis diagrams and characteristic evaluation criteria (**180710_UHPCoSF_F1064_19_8_30118**)*

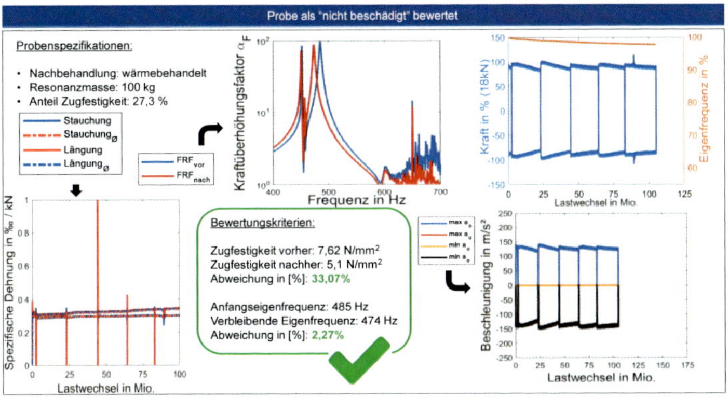

Bild 10.7: Beispiele für Auswertdiagramme und charakteristische Bewertungskriterien (**180814_UHPCoSF_F1064_50_5_25418**)

*Examples for analysis diagrams and characteristic evaluation criteria (**180814_UHPCoSF_F1064_50_5_25418**)*

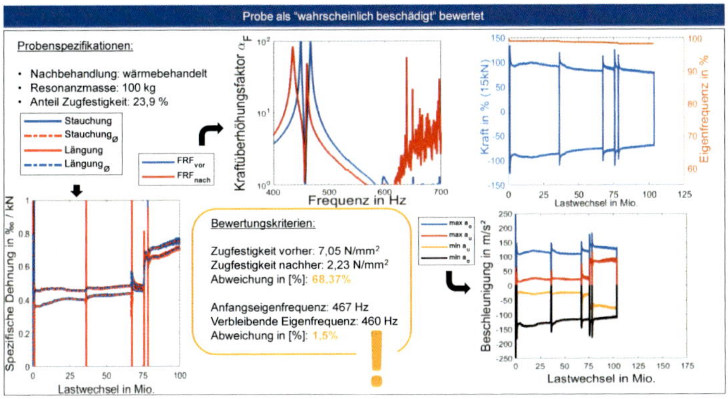

Bild 10.8: Beispiele für Auswertdiagramme und charakteristische Bewertungskriterien (**181120_UHPCoSF_F1064_64_4_23518**)

*Examples for analysis diagrams and characteristic evaluation criteria (**181120_UHPCoSF_F1064_64_4_23518**)*

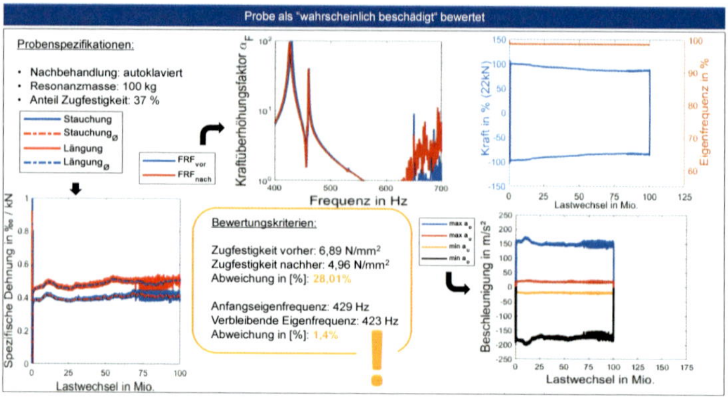

Bild 10.9: Beispiele für Auswertdiagramme und charakteristische Bewertungskriterien (**181214_UHPCoSF_F1064_95_9**)

*Examples for analysis diagrams and characteristic evaluation criteria (**181214_UHPCoSF_F1064_95_9**)*

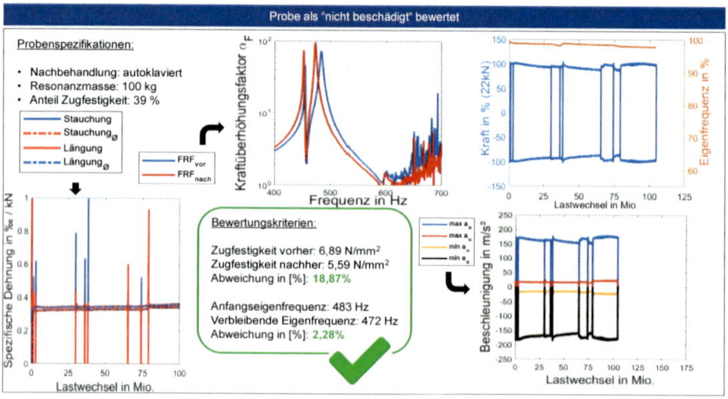

Bild 10.10: Beispiele für Auswertdiagramme und charakteristische Bewertungskriterien (**181218_UHPCoSF_F1064_95_7**)

*Examples for analysis diagrams and characteristic evaluation criteria (**181218_UHPCoSF_F1064_95_7**)*

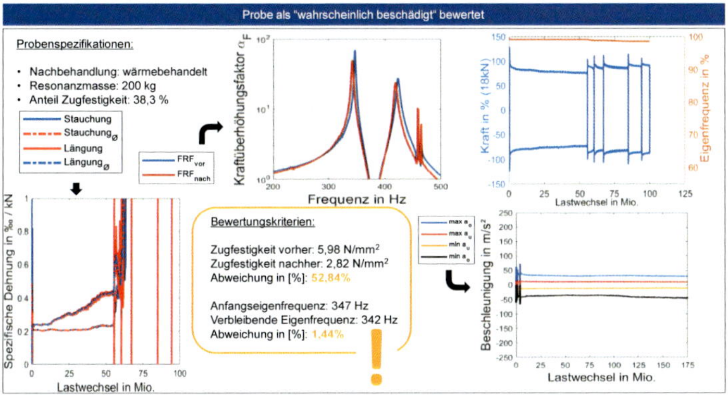

Bild 10.11: Beispiele für Auswertdiagramme und charakteristische Bewertungskriterien (**190209_UHPCoSF_F1064_103_2_081118_ZM_18KN_FF**)

*Examples for analysis diagrams and characteristic evaluation criteria (**190209_UHPCoSF_F1064_103_2_081118_ZM_18KN_FF**)*

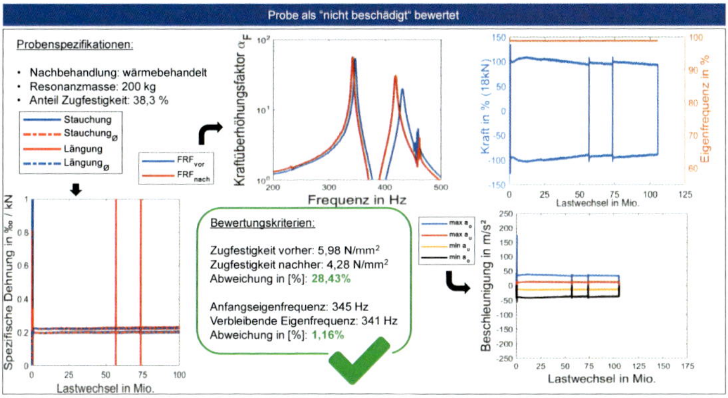

Bild 10.12: Beispiele für Auswertdiagramme und charakteristische Bewertungskriterien (**190205_UHPCoSF_F1064_103_3_081118_ZM_18KN_FF**)

*Examples for analysis diagrams and characteristic evaluation criteria (**190205_UHPCoSF_F1064_103_3_081118_ZM_18KN_FF**)*

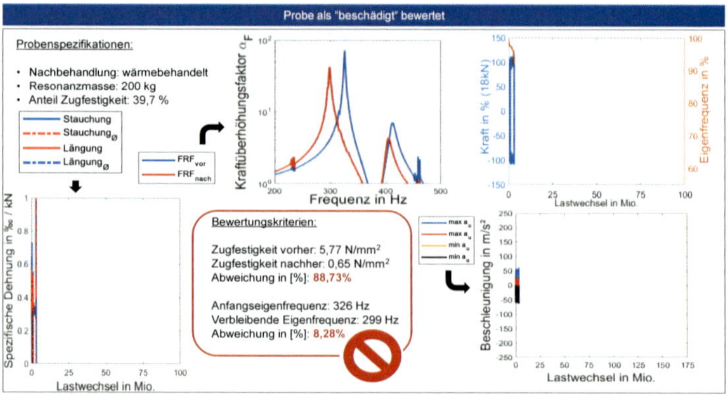

Bild 10.13: Beispiele für Auswertdiagramme und charakteristische Bewertungskriterien (**190218_UHPCoSF_F1064_103_8_081118_ZM_18kN**)

*Examples for analysis diagrams and characteristic evaluation criteria (**190218_UHPCoSF_F1064_103_8_081118_ZM_18kN**)*

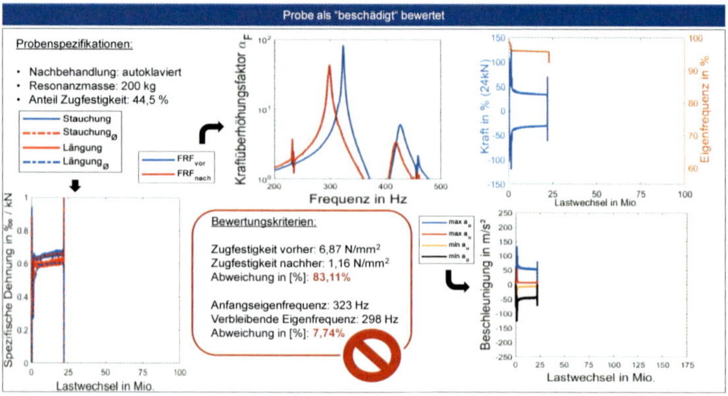

Bild 10.14: Beispiele für Auswertdiagramme und charakteristische Bewertungskriterien (**190506_UHPCoSF_F1064_124_8_250219_ZM_24**)

*Examples for analysis diagrams and characteristic evaluation criteria (**190506_UHPCoSF_F1064_124_8_250219_ZM_24**)*

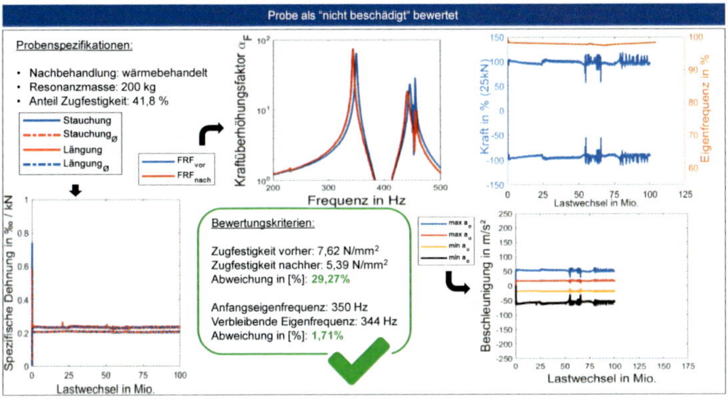

Bild 10.15: Beispiele für Auswertdiagramme und charakteristische Bewertungskriterien (**190527_UHPCoSF_F1064_131_5_060319_ZM_25_FF**)

*Examples for analysis diagrams and characteristic evaluation criteria (**190527_UHPCoSF_F1064_131_5_060319_ZM_25_FF**)*

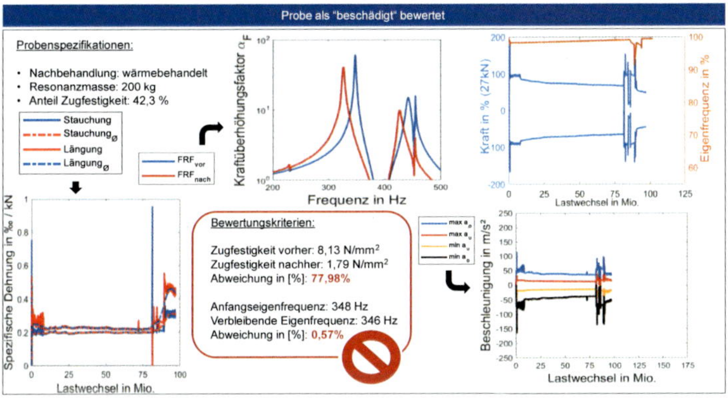

Bild 10.16: Beispiele für Auswertdiagramme und charakteristische Bewertungskriterien (**190621_UHPCoSF_F1064_139_3_030419_ZM_27_FF**)

*Examples for analysis diagrams and characteristic evaluation criteria (**190621_UHPCoSF_F1064_139_3_030419_ZM_27_FF**)*

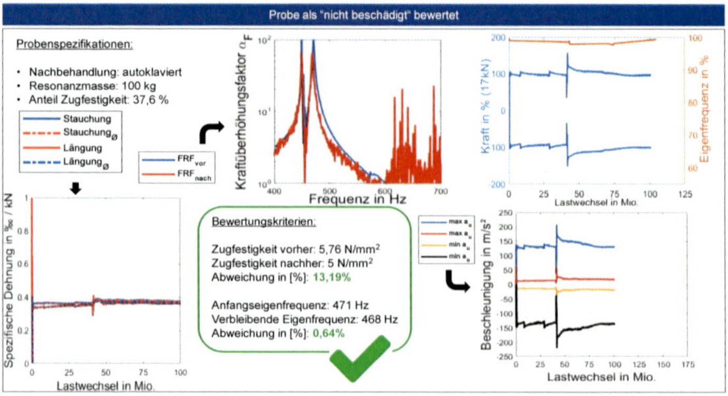

Bild 10.17: Beispiele für Auswertdiagramme und charakteristische Bewertungskriterien (**190722_UHPCoSF_F1064_151_5_140519_17**)

*Examples for analysis diagrams and characteristic evaluation criteria (**190722_UHPCoSF_F1064_151_5_140519_17**)*

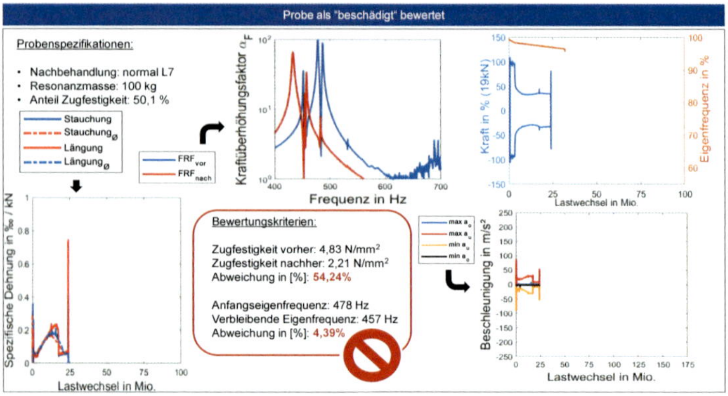

Bild 10.18: Beispiele für Auswertdiagramme und charakteristische Bewertungskriterien (**190917_UHPCoSF_F1064_168_6_220719_19**)

*Examples for analysis diagrams and characteristic evaluation criteria (**190917_UHPCoSF_F1064_168_6_220719_19**)*

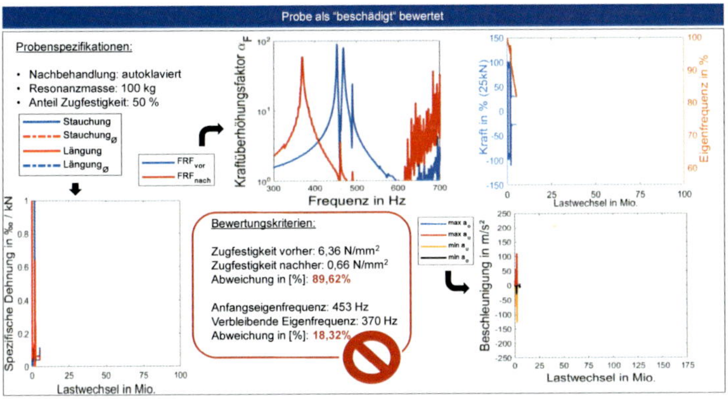

Bild 10.19: Beispiele für Auswertdiagramme und charakteristische Bewertungskriterien (**200114_UHPCoSF_F1064_171_4_161019_25**)

*Examples for analysis diagrams and characteristic evaluation criteria (**200114_UHPCoSF_F1064_171_4_161019_25**)*

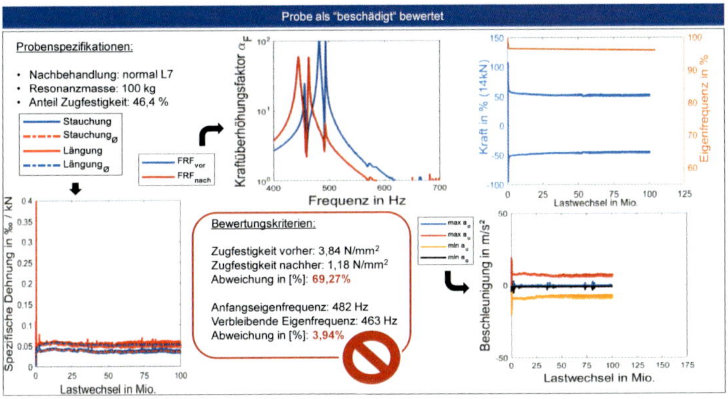

Bild 10.20: Beispiele für Auswertdiagramme und charakteristische Bewertungskriterien (**191008_UHPCoSF_F1064_169_6_240719_14**)

*Examples for analysis diagrams and characteristic evaluation criteria (**191008_UHPCoSF_F1064_169_6_240719_14**)*

10.4 Ergebnisse der messtechnischen Untersuchung der Baugruppenvarianten der DemoBAZ mit Bauteilen aus UHPC

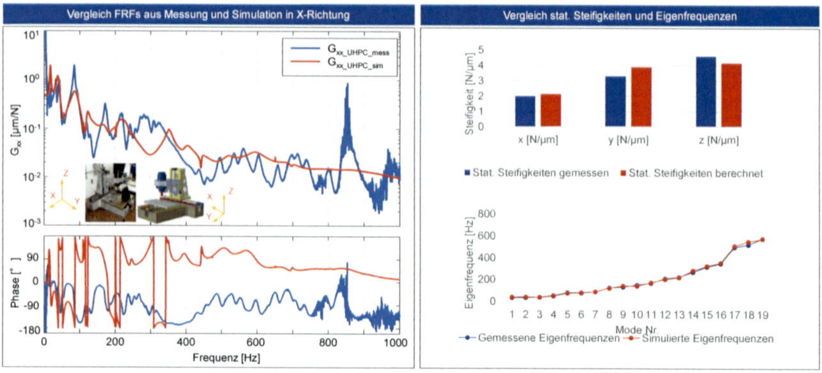

Bild 10.21: Ergebnisse des Abgleichs von Messung und Simulation der DemoBAZ aus UHPC (Statik, Eigenmoden und FRF in X-Richtung)

Results of comparison of measurement and simulation of the DemoBAZ made of UHPC (Static, natural modes and FRF in X direction)

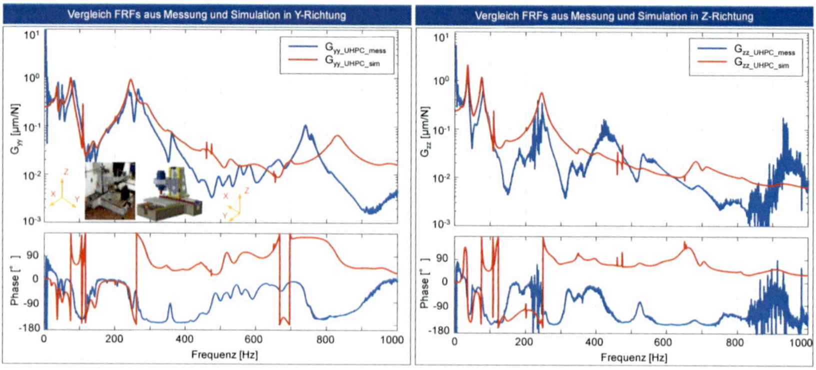

Bild 10.22: Ergebnisse des Abgleichs von Messung und Simulation der DemoBAZ aus UHPC (FRFs in Y- und Z-Richtung)

Results of comparison of measurement and simulation of the DemoBAZ made of UHPC (FRFs in Y and Z direction)

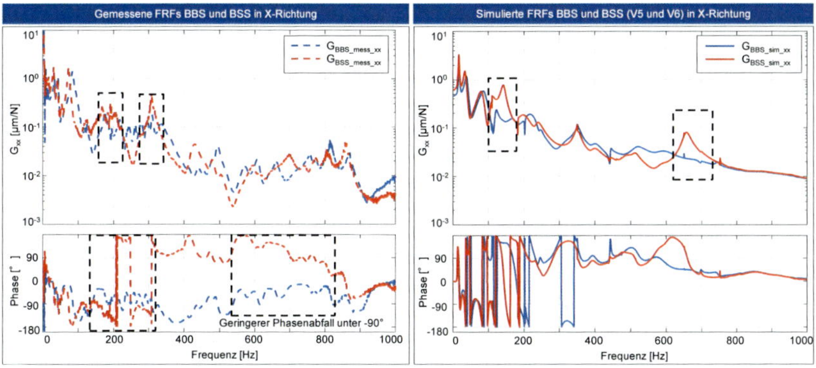

Bild 10.23: Validierung des simulationsgestützten Variantenvergleichs der DemoBAZ anhand Baugruppenversionen BBS und BSS (FRFs in X-Richtung)

Validation of the simulated comparison of variants of the DemoBAZ for machine variants BBS and BSS (FRFs in X direction)

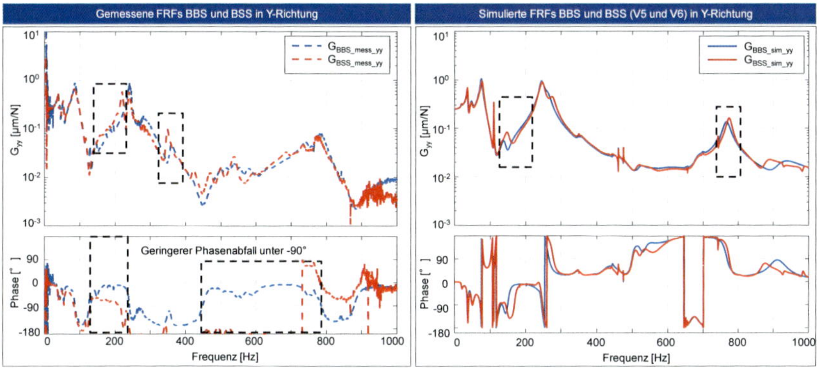

Bild 10.24: Validierung des simulationsgestützten Variantenvergleichs der DemoBAZ anhand Baugruppenversionen BBS und BSS (FRFs in Y-Richtung)

Validation of the simulated comparison of variant of the DemoBAZ for machine variants BBS and BSS (FRFs in Y direction)

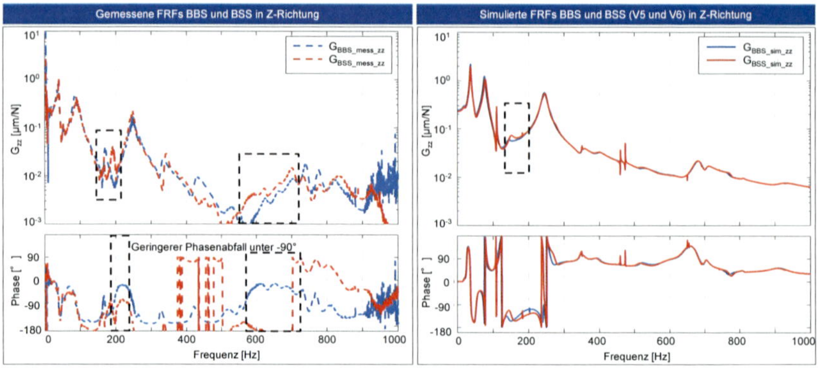

Bild 10.25: Validierung des simulationsgestützten Variantenvergleichs der DemoBAZ anhand Baugruppenversionen BBS und BSS (FRFs in Z-Richtung)

Validation of the simulated comparison of variant of the DemoBAZ for machine variants BBS and BSS (FRFs in Z direction)

Bzgl. des Einflusses von Beton für den Spindelkasten auf das statische Verhalten lässt sich aus der Analyse der Vergleichsgruppen 1.1-1.4 zusammenfassen, dass bei Verwendung des Stahlbetts, kein nennenswerter Einfluss des Betonspindelkastens festgestellt werden kann (vgl. **Bild 10.26; Bild 7.9**). Dies gilt auch unabhängig davon, ob zusätzlich ein Stahl oder Betonständer verwendet wird. Bei Einsatz des Spindelkastens aus Beton in Kombination mit Betonbett und -ständer kann hingegen in Y- und Z-Richtung eine Erhöhung der statischen Steifigkeit gegenüber dem Stahlspindelkasten erreicht werden. Wird hingegen der Stahlständer in Kombination mit dem Betonbett verwendet, so führt der Einsatz des Betonspindelkastens in Z-Richtung zu einer leichten Reduktion der statischen Steifigkeit, während in X- und Y-Richtung kein Unterschied festzustellen ist. Insgesamt sind die Unterschiede in der statischen Steifigkeit jedoch gering, sodass der Spindelkasten aus Beton beliebig kombiniert werden kann.

Die Auswertung des Ständereinflusses anhand der Vergleichsgruppen 2.1-2.4 ergibt, dass bei Verwendung des Stahlbetts, der Betonständer in X- und Z-Richtung zu einer deutlichen Erhöhung der statischen Steifigkeit führt, während in Y-Richtung kein Einfluss erkennbar ist (siehe **Bild 10.26; Bild 7.9**). Dies gilt unabhängig vom verwendeten Spindelkasten. Bei Einsatz des Betonbetts und des Betonspindelkastens hingegen wird durch den Betonständer ebenfalls in X- und Z-Richtung eine Erhöhung der statischen Steifigkeit erzielt, in Y-Richtung jedoch sogar eine leichte Reduktion. Bei Kombination von Betonbett und Stahlspindelkasten führt der Einsatz des Betonständers lediglich in X-Richtung zu höherer statischer Steifigkeit, während in Y- und Z-Richtung eine Steifigkeitsreduktion auftritt. Der Einsatz von Beton im Ständer hat demnach einen positiveren Effekt auf das statische Verhalten als der Einsatz des Spindelkastens aus Beton. Dies liegt daran, dass die gewählte Konstruktionsweise des Ständers deutlich steifer ausgeführt ist als die Stahlversion.

Der Einfluss des Bettmaterials auf die statischen Steifigkeiten wird aufgrund der Analyse der Vergleichsgruppen 3.1-3.4 ermittelt. Bei Kombination des Betonbetts mit dem Stahlständer wird die statische Steifigkeit in X-Richtung nicht beeinflusst, in Y-Richtung reduziert und in Z-Richtung erhöht (vgl. **Bild 10.26; Bild 7.9**). Dies gilt unabhängig vom eingesetzten Spindelkasten. Wird das Bett hingegen mit Ständer und Spindelkasten aus Beton kombiniert, so führt das Betonbett in X- und Z-Richtung zu einer Erhöhung der Steifigkeit und in Y-Richtung weiterhin zu einer Reduktion. Wird statt des Betonspindelkastens die Version aus Stahl verwendet, so bleibt der Effekt in X- und Y-Richtung ähnlich, während in Z-Richtung das Betonbett nun zu einer leichten Reduktion der statischen Steifigkeit führt. Die Reduktion der Steifigkeit in Y-Richtung kann dabei auf die bereits in Kapitel 6.2.4 erläuterte weichere Anbindung der KGT-Lager bei der Betonversion des Betts zurückgeführt werden. Damit ist diese Beobachtung aus der Simulation messtechnisch validiert.

Beim Vergleich der Varianten SSS und BBB (Vergleichsgruppe 4), bei denen jeweils für alle Gestellbauteile das gleiche Material verwendet wird, ist wie in der Simulation, eine Erhöhung der statischen Steifigkeiten in X- und Z-Richtung und eine Reduktion in Y-Richtung festzustellen. Damit ist auch in diesem Punkt die Simulation validiert.

Gruppe Nr.	Versionen	Auswertung Statische Steifigkeiten		
		X	Y	Z
Nr. 1.1	SSS +SSB	=	=	=
Nr. 1.2	SBB + SBS	=	=	=
Nr. 1.3	BBB + BBS	=	+	+
Nr. 1.4	BSS + BSB	=	=	-
Nr. 2.1	SSS + SBS	+	=	+
Nr. 2.2	SSB + SBB	+	=	+
Nr. 2.3	BBB + BSB	+	-	+
Nr. 2.4	BBS + BSS	+	-	-
Nr. 3.1	SSS + BSS	=	-	+
Nr. 3.2	SSB + BSB	=	-	+
Nr. 3.3	SBB + BBB	+	-	+
Nr. 3.4	SBS + BBS	+	-	-
Nr. 4	SSS + BBB	+	-	+

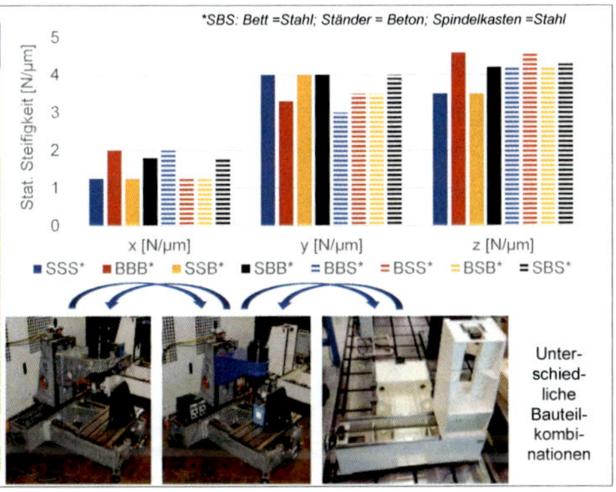

Bild 10.26: Zusammenfassung und Ergebnisanalyse der Vergleichsgruppen aus statischen Messungen der DemoBAZ mit unterschiedlichen Bauteilkombinationen

Overview and analysis of the groups of comparison regarding the static measurements of the DemoBAZ with different combined parts

Bzgl. des dynamischen Verhaltens ergibt die Analyse des Spindelkasteneinflusses anhand von Vergleichsgruppe 1.1-1.4, dass bei Verwendung von Stahlbett und –ständer insbesondere in Y- und Z-Richtung (im Bereich von 300-500 Hz bzw. von 250-700 Hz) eine Verbesserung des dynamischen Verhaltens auftritt (vgl. **Bild 10.27** links). In X-Richtung sind dagegen nur geringfügige Verbesserungen bei einzelnen Moden festzustellen (200-300 Hz und 580 Hz). Wird statt des Stahlständers, der Betonständer kombiniert, so führt der Einsatz des Betonspindelkastens in Y- und Z-Richtung erst ab 500 Hz zu leichten Verbesserungen des dynamischen Verhaltens. In X-Richtung werden geringfügige Verbesserungen im Bereich von 200-400 Hz und ab 550 Hz erzielt.

Wobei insbesondere im Bereich von 200-400 Hz die Verbesserungen vor allem in leichter Amplitudenreduktion bestehen. In Kombination mit Betonbett und –ständer hat der Betonspindelkasten in X- und Z-Richtung lediglich sehr lokal bei einzelnen Moden einen positiven Einfluss auf das dynamische Verhalten (450-550 Hz in X sowie 150-200 Hz und 300-400 Hz in Z), während in Y-Richtung keine wesentlichen Verbesserungen feststellbar sind. Wird statt des Betonständers die Stahlversion verwendet, so führt der Einsatz des Betonspindelkastens zwar nicht zu einer Amplitudenreduktion, aber zu einer teilweise deutlichen Reduktion des Phasengangverlaufs unterhalb von -90°. In X-Richtung betrifft dies die Bereiche 250-300 Hz und 450-750 **Bild 10.27** rechts)

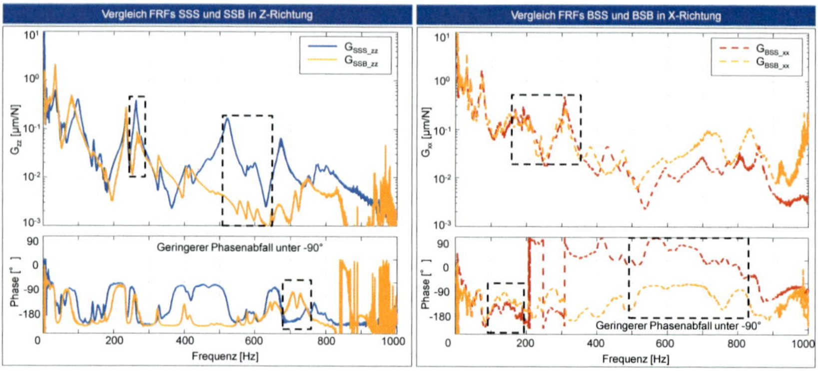

Bild 10.27: Beispiele für FRFs der Vergleichsgruppe 1 aus dynamischen Messungen der DemoBAZ mit unterschiedlichen Bauteilkombinationen

Examples for FRFs of the group 1 of dynamic measurements of the DemoBAZ with different combined parts

Aus der Analyse der Vergleichsgruppen 2.1-2.4 geht hervor, dass in Kombination mit Stahlbett und –spindelkasten, der Betonständer in allen drei Koordinatenrichtungen vereinzelt zu einem geringeren Anteil des Phasengangs unterhalb von -90° führt (siehe **Bild 10.28** links). In X-Richtung ist dies für 100-230 Hz und 450-550 Hz, in Y-Richtung für den lokalen Bereich um 500 Hz und in Z-Richtung für 450-650 Hz zu beobachten. Auch bei Verwendung des Beton- statt des Stahlspindelkastens ist ein ähnlicher Einfluss des Betonständers feststellbar. Hierbei sind die Verbesserungen in X-Richtung für 100-200 Hz, in Y-Richtung bei 500 Hz und in Z-Richtung bei 380-700 Hz feststellbar. Kombiniert mit Betonbett und –spindelkasten begrenzt sich der positive Einfluss des Betonständers in X-Richtung auf 100-200 Hz und 480 Hz in Y-Richtung weiterhin der lokale Bereich um 500 Hz und 450-750 Hz sowie in Z-Richtung für 200-230 Hz und 580-700 Hz positiv aus (vgl. **Bild 10.28** rechts).

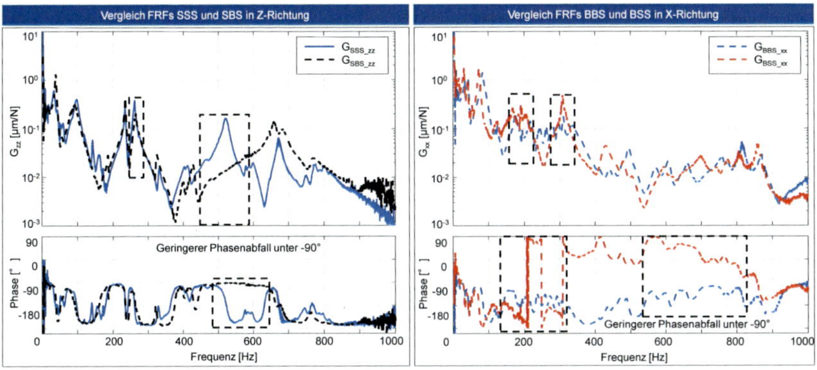

Bild 10.28: Beispiele für FRFs der Vergleichsgruppe 2 aus dynamischen Messungen der DemoBAZ mit unterschiedlichen Bauteilkombinationen

Examples for FRFs of the group 2 of dynamic measurements of the DemoBAZ with different combined parts

Beim Vergleich zwischen Stahlbett und Betonbett anhand der Vergleichsgruppen 3.1-3.4 fällt auf, dass bei Verwendung der Betten mit Stahlständer und –spindelkasten, das Betonbett einen größeren Anteil des Phasenverlaufs unter -90° aufweist und lediglich bei vereinzelten Moden (bei denen der Phasenverlauf für beide Varianten unterhalb von -90° liegt) eine Amplitudenreduktion gegenüber dem Stahlbett erreicht werden kann (bei 200-300 Hz sowie bei 600-700 Hz in X-Richtung, bei 100 Hz und 420 Hz in Y-Richtung und bei 160 Hz sowie 520-650 Hz in Z-Richtung). Wird statt des Stahlspindelkastens hingegen die Betonversion kombiniert, so führt das Betonbett insbesondere in X- und Z-Richtung zu deutlicheren Verbesserungen im dynamischen Verhalten (siehe **Bild 10.29** links). In X-Richtung sind hierbei die Bereiche 100-300 Hz und 400-700 Hz, in Y-Richtung 100-150 Hz sowie ebenfalls 400-700 Hz und in Z-Richtung 80-200 Hz und 400-700 Hz betroffen. In Kombination mit Betonständer und –spindelkasten hat das Betonbett hingegen speziell in X- und Y-Richtung deutlich positive Einflüsse, während in Z-Richtung weniger positive Veränderungen vorhanden sind. Die relevanten Bereiche in X-Richtung sind in diesem Fall 100-250 Hz, 300 Hz sowie 400-600 Hz, in Y-Richtung 80-250 Hz und 450-750 Hz sowie in Z-Richtung 300-400 Hz. Ähnliches ist auch bei Verwendung des Stahl- anstelle des Betonspindelkastens zu beobachten. Hierbei sind die positiven Veränderungen des dynamischen Verhaltens durch das Betonbett in X-Richtung bei 200-300 Hz sowie bei 500-800 Hz (vgl. **Bild 10.29** rechts), in Y-Richtung bei 80-150 Hz sowie in abgeschwächter Form bei

500-700 Hz und in Z-Richtung bei 200 Hz sowie bei 600-750 Hz feststellbar.

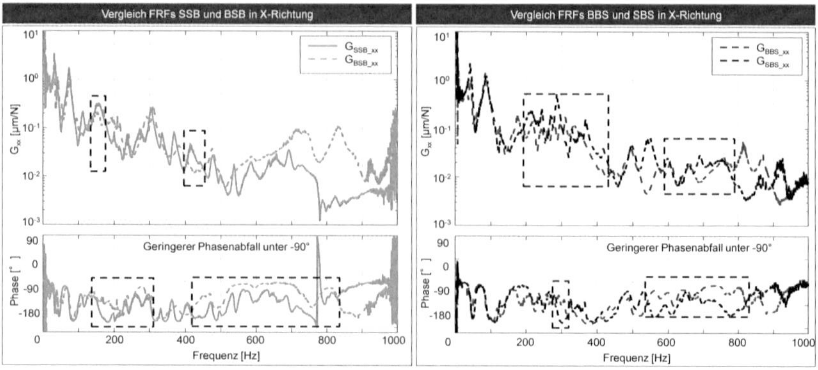

Bild 10.29: Beispiele für FRFs der Vergleichsgruppe 3 aus dynamischen Messungen der DemoBAZ mit unterschiedlichen Bauteilkombinationen

Examples for FRFs of the group 3 of dynamic measurements of the DemoBAZ with different combined parts

10.5 Zusammensetzung der verwendeten Betonmischungen

In der Arbeit wurden unterschiedliche Zusammensetzungen von Betonmischungen nach [NEUN18] verwendet:

Tabelle 10.2: Verwendete Betonmischungen nach [NEUN18]

Utilized mixtures of concrete according to [NEUN18]

Mischung	**UHPC-2**	**UHPC-4**	**NB 0,40-2**
Zementart	CEM I 52,5 R	CEM I 52,5 R	CEM I 52,5 R
Zementgehalt [kg/m³]	832,0	650,0	365,0
$w/z_{(eq)}$-Wert	0,20	0,23	0,40
Fließmitteltyp	1	1	1
Fließmittelgehalt [Massenprozent von Zementgehalt]	3,53	4,66	0,62
Silikatgehalt [kg/m³]	135,0	177,0	-
Gesteinskörnungsgehalt [kg/m³]	1,248(1) 1,183(2)	1,477(1) 1,404(2)	1,883(1)
Größtkorndurchmesser [mm]	0,5	8	8

(1) ohne Stahlfasern (2) mit Stahlfasergehalt 195,1 kg/m³

Tabelle 10.3: Verwendete Betonmischungen für die Maschinenbauteile
Utilized mixtures of concrete for the machine components

Zutaten		**UHPC**	**NB**
Zementart		CEM I 52,5 R	CEM I 52,5 R
Zementgehalt [kg]		49,20	29,20
Wasser [kg]		8,96	11,58
Aggregate [kg] (durchschnittliche Größe in mm)	0,1 – 0,5	58,52	30,00
	0,5 – 1,0	-	16,59
	1,0 – 2,0	-	22,42
	2,0 – 4,0	-	39,41
	4,0 – 8,0	-	42,28
	Milisil W12	12,44	
Gesamtaggregate [kg]		70,96	150,70
Stahlfasern [kg] (Ø16 mm; Länge 8 mm)		11,70	-
Silikatgehalt (Centrilit Fume SX Pulver) [kg]		8,10	-
Schwindreduzierer [kg]		1,00	-
Superplastizierer (Glenium-51)		1,76	0,102
w/z-Wert		0,18	0,40
Gesamtzutaten		152,40	191,58

In der Reihe **Ergebnisse aus der Produktionstechnik** zuletzt erschienen:

Kiesewetter-Marko, Caroline:
Verwendung von Zementbeton für dynamisch belastete Strukturbauteile von Werkzeugmaschinen
ISBN: 978-3-98555-322-8
Erscheinungsdatum: 27.01.2026

Dehn, Mathias:
Korrektur des thermo-elastischen Maschinenfehlers von Fräsmaschinen mithilfe von künstlichen neuronalen Netzen und maschineninternen Daten
ISBN: 978-3-98555-326-6
Erscheinungsdatum: 13.01.2026

Wiesch, Marian:
Lernende Prozesskraftmodellierung zur Planung und Überwachung in der Einzelteilfertigung für Fräsanwendungen
ISBN: 978-3-98555-324-2
Erscheinungsdatum: 13.01.2026

Blanke, Philipp:
Temporäre Automatisierung von Werkzeugmaschinen
ISBN: 978-3-98555-314-3
Erscheinungsdatum: 24.11.2025

Beckschulte, Sebastian:
Gestaltungsmodell zur Systematisierung der Fehlerdatenerfassung im manuellen Montageprozess
ISBN: 978-3-98555-311-2
Erscheinungsdatum: 17.11.2025

Bergs, Christian:
Untersuchung von Werkzeugschnittstellen für Fräsmaschinen unter Betriebsbedingungen
ISBN: 978-3-98555-320-4
Erscheinungsdatum: 13.01.2026

Niwar, Lea:
Methodik zur Arbeitsvorbereitung mittels Maschinensteuerungs- und Sensordaten für extrusionsbasierte additive Verfahren
ISBN: 978-3-98555-315-0
Erscheinungsdatum: 13.01.2026

Maetschke, Jan:
Wirtschaftliche Leistungssteigerung von Produktionslinien
ISBN: 978-3-98555-316-7
Erscheinungsdatum: 09.12.2025

Slawik, Viktor:
Datenbasierte Analyse vernetzter natürlich sprachlicher Anforderungen in der Produktentwicklung
ISBN: 978-3-98555-313-6
Erscheinungsdatum: 24.11.2025

de Oliveira Löhrer, Patrícia:
Influence of Material Removal Mechanisms on Thermo-Mechanical Loads in Continuous Generating Gear Grinding
ISBN: 978-3-98555-309-9
Erscheinungsdatum: 17.11.2025

Edition Wissenschaft
Apprimus

Zalfen, Moritz:
Einfluss der Dehnrate auf die Zahnfußtragfähigkeit schnelllaufender Zahnradgetriebe
ISBN: 978-3-98555-308-2
Erscheinungsdatum: 03.11.2025

Schäfer, Niklas:
Regelbasierte Planungsautomatisierung für die Digitale Fabrik
ISBN: 978-3-98555-304-4
Erscheinungsdatum: 29.09.2025

Trisjono, Julian Andreas:
Methodik zur Einführung datengetriebener Geschäftsmodelle im Werkzeugbau
ISBN: 978-3-98555-298-6
Erscheinungsdatum: 02.09.2025

Schollemann, Alexander:
Strategische Ausrichtung nachhaltiger Produktionsnetzwerke
ISBN: 978-3-98555-293-1
Erscheinungsdatum: 15.07.2025

Spindler, Sarah:
Multi-Source Energy Harvesting for Wireless IIoT Sensors
ISBN: 978-3-98555-285-6
Erscheinungsdatum: 02.06.2025

Chhor, Jimmy:
Cyclic Procedure Model for the Continuous Optimization of Digital Business Processes
ISBN: 978-3-98555-271-9
Erscheinungsdatum: 24.03.2025

Lossie, Karl:
Decision Model for Performance-Driven Prioritization of Operational Decisions on the Manufacturing Shop Floor
ISBN: 978-3-98555-305-1
Erscheinungsdatum: 29.09.2025

Klee, Lukas:
Auslegung des Druckprozesses beim Binder Jetting zur Herstellung von Verzahnungen mit hoher Zahnfußtragfähigkeit
ISBN: 978-3-98555-299-3
Erscheinungsdatum: 02.09.2025

Lee, Tae Hun:
Messung und Modellierung der thermo-elastischen Abweichungen von fünfachsigen Werkzeugmaschinen
ISBN: 978-3-98555-294-8
Erscheinungsdatum: 12.08.2025

Welschof, Lukas:
Ermüdungsfestigkeit drahtfunkenerodierter Nickelbasiswerkstoffe für Triebwerksanwendungen
ISBN: 978-3-98555-287-0
Erscheinungsdatum: 10.06.2025

Mendl-Heinisch, Michael:
Bewertung technischer Produktänderungen mittels prädiktiver Datenanalyse
ISBN: 978-3-98555-267-2
Erscheinungsdatum: 24.03.2025

Pullen, Thomas Wilhelm:
Überwachung des Verschleißzustandes von Bohrwerkzeugen mithilfe von Körperschallsignalen
ISBN: 978-3-98555-268-9
Erscheinungsdatum: 04.03.2025

Edition Wissenschaft
Apprimus